長沙走馬樓西漢簡牘

長沙簡牘博物館
湖南大學簡帛文獻研究中心
編著

嶽麓書社·長沙

凡例

一、本卷收錄走馬樓西漢簡部分文書内容，包括六組案例簡、未歸類簡，共555枚。

二、本卷圖版按照六組案例簡、未歸類簡的順序排列。六組案例簡分别按照彩色整版正面編聯原大圖版、紅外綫整版正背面編聯原大圖版、紅外綫單簡正背面圖版並附釋文的順序排列，釋文簡注附於每組單簡圖版之後。未歸類簡排序按每枚彩色正面圖版、紅外綫正面圖版、紅外綫背面圖版並附釋文的順序排列。

三、所有圖版原則上以原大形式呈現，但本卷對長簡圖版做特殊處理：案例《諸公、爵》單簡採取截斷的方式呈現原大圖版。未歸類簡中的長簡則按一定比例縮放，並在簡號右側加「☆」標識，讀者可根據彩色和紅外綫整版原大圖版，或者卷末所附《簡牘編號、材質及尺寸對照表》核對原簡信息。

四、爲便於核查，所有簡牘圖版上端依次標出本卷卷内序號與原始編號，兩枚以上的殘簡拼綴者，則同時注明其殘簡的原始編號。

五、在整理過程中，儘可能將殘斷的簡拼合復原，並根據文句内容、書體風格、背面反印文及揭取位置等加以編排。不能確定編排次序的簡，置於各組末尾。

六、本卷釋文以繁體字竪排。爲方便讀者，簡文除個别特有字形外，其他文字儘可能採用通行字，不一一嚴格隸定。

七、原簡符號「ᒪ」「ノ」「●」「·」於釋文中照錄，原簡中的重文、合文「〓」直接整理爲釋文，不特殊標注。

八、下列符號爲整理時所加：

□　表示未能釋出的字，一字一□。

……　表示不確定未釋字數。

[字]　表示有殘餘墨跡並據文意可以補釋的字。

（　）　表示異體字或通假字的正字。

〈　〉　表示錯訛字括注正字。

［　］　表示衍文。

〖　〗　表示據文例補出的脱文。

【　】　表示雖無墨跡，但據文意或相關簡文可以補充的殘簡、缺簡内容。

☑　表示原簡殘缺。

九、原簡行文中空白處，僅在簡注中加以推測説明，不加符號標注。簡文起首和簡文結束後的空白以及編繩處不做空白處理。

十、彩色與紅外綫圖版在簡文的清晰度和簡的完殘程度等方面不盡相同，釋文擇優而寫，不逐一注明圖版異同。

十一、簡注引用已刊出土材料時，一般祇標明篇章名，對原有篇章名與整理者所取的篇章名不加區別，注釋中間或有參考今人注釋，因體例所限，不另加注。

目録

彩色圖版

案例一　臨湘令史乘之回避逗留案　正面編聯圖版

001 0337

002 0400

003 0423

004 0776+0775

005 0414

006 0189+0249

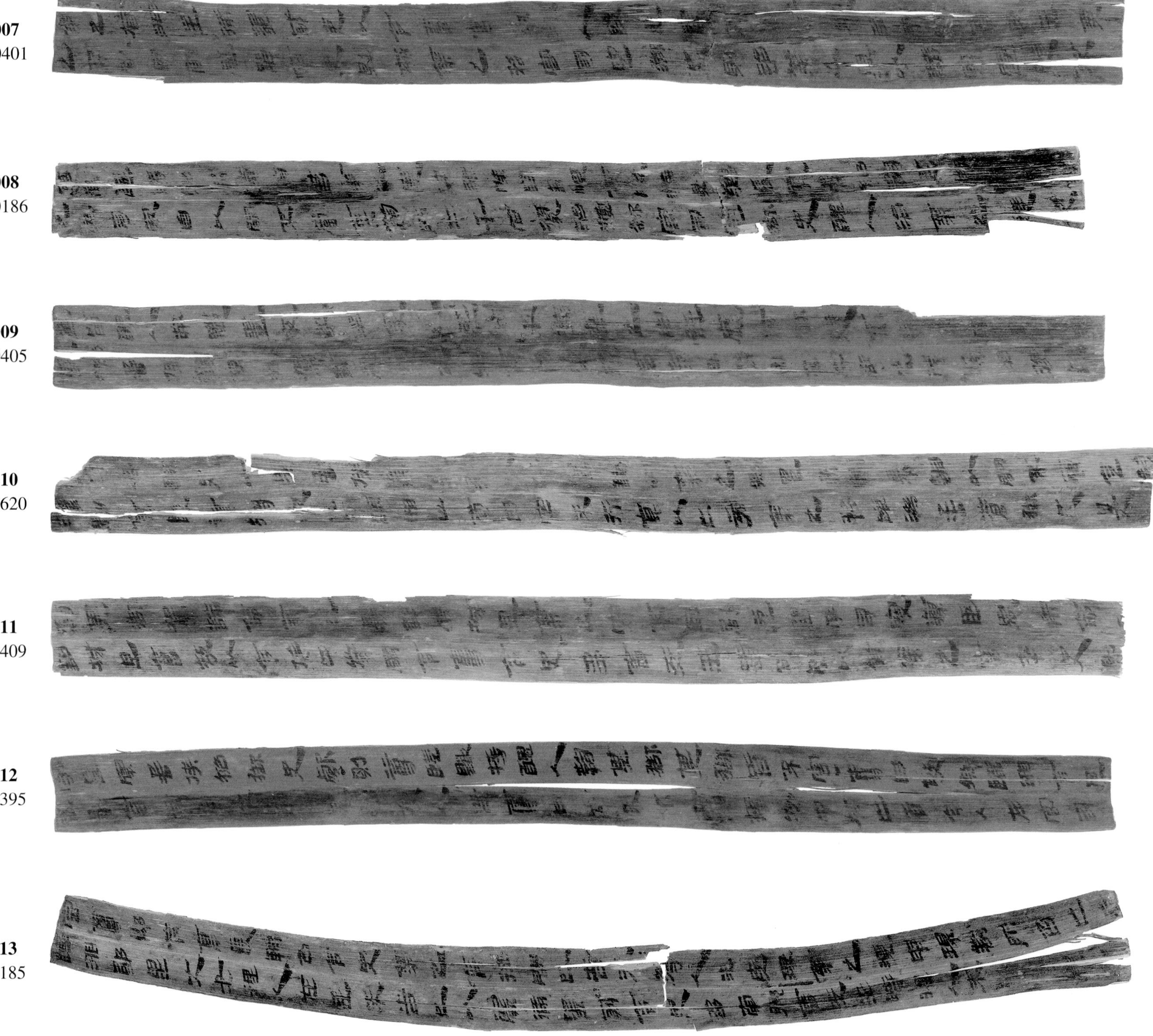

007
0401
008
0186
009
0405
010
0620
011
0409
012
0395
013
0185

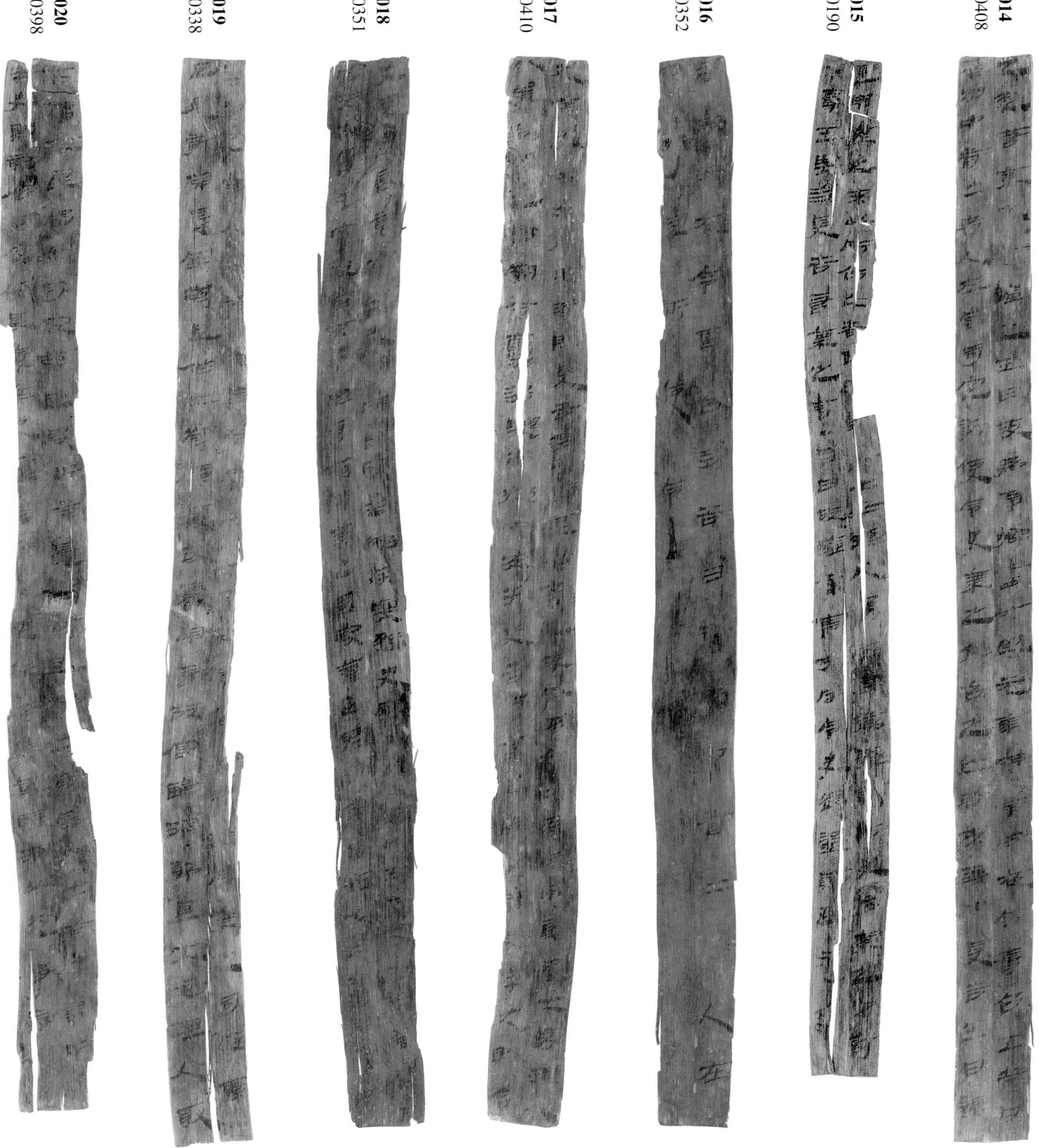

014 0408　**015** 0190　**016** 0352　**017** 0410　**018** 0351　**019** 0338　**020** 0398

021
0779

022
0180

023
0661

024
1145

025
0754

026
0624

027
1617+
0765+
1016+
0765-1

028 0730+1616

029 1654+0698

030 0269

031 0318

032 0724

033 0560

034 0280

035
0559
036
0536
037
0866
038
0250
039
0222
040
0404
041
0668

042 0399

043 0248

044 0630

045 0691

046 0406

047 0397

048 0676

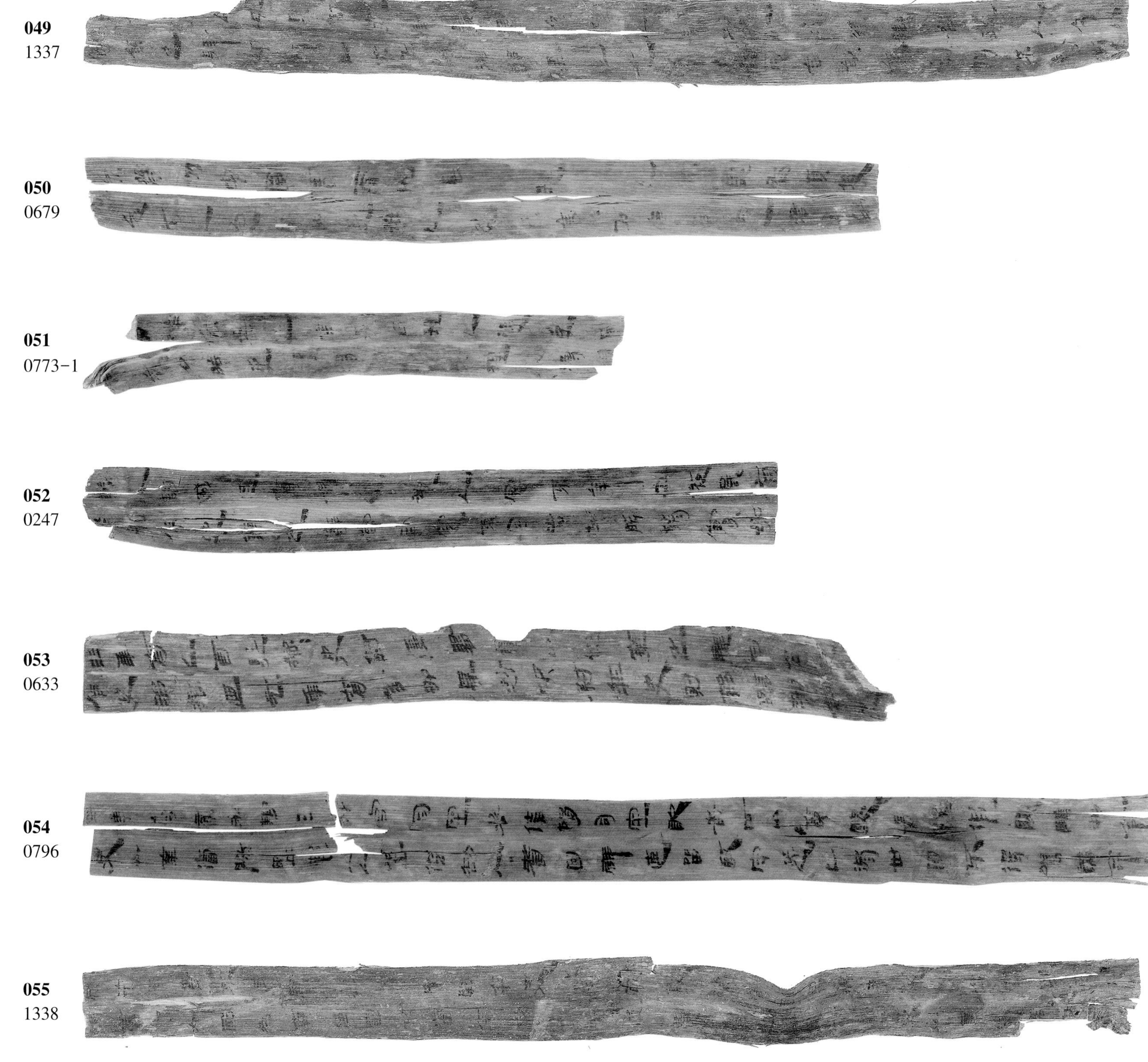

049 1337

050 0679

051 0773-1

052 0247

053 0633

054 0796

055 1338

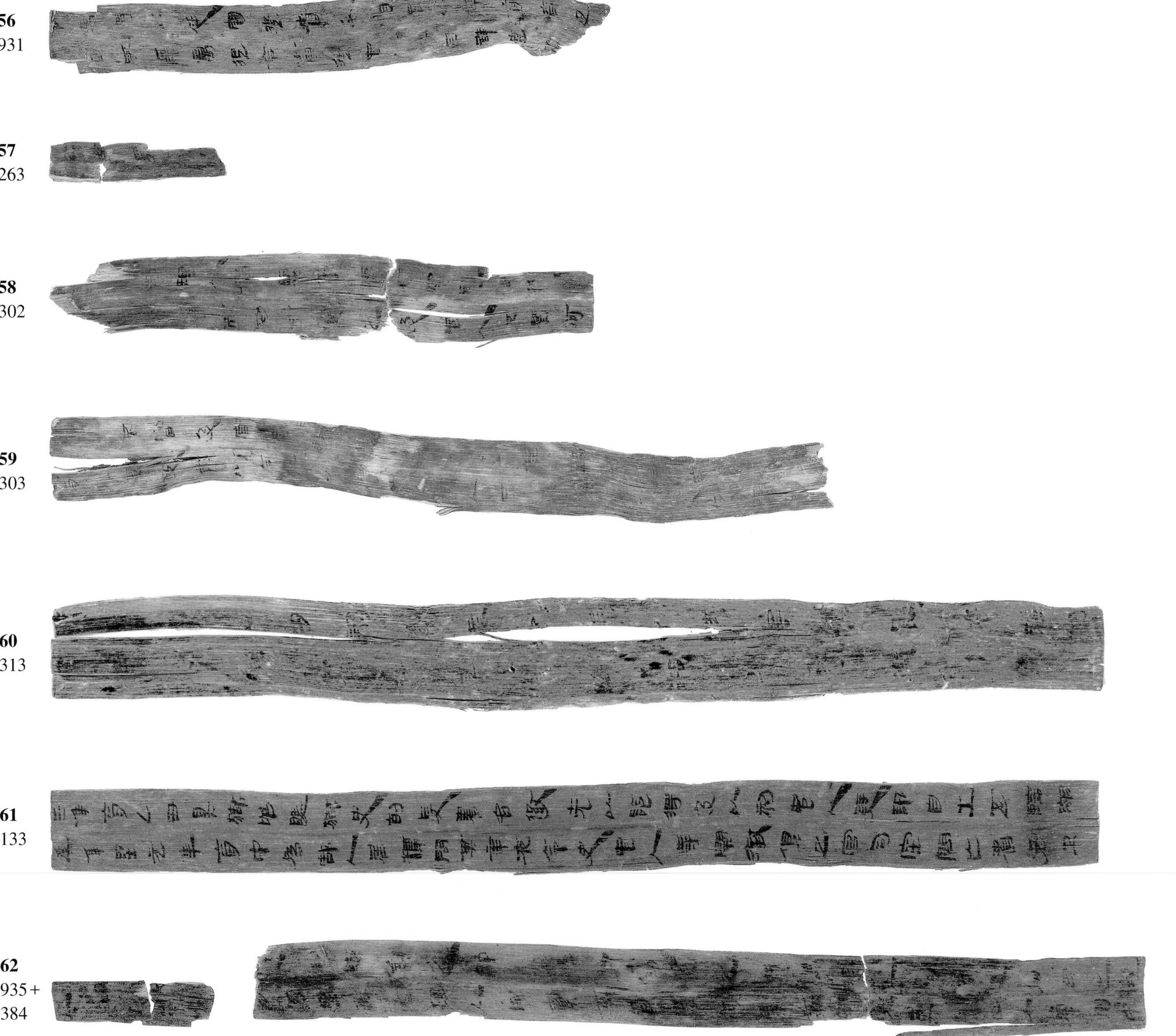

056 1931

057 1263

058 1302

059 1303

060 0313

061 0133

062 0935+0384

063 1608

064 0143

065 0462+0463

066 0761

067 1656+1607

068 0777

069 0562

070 0621

071 0848

072 0403

073 0407

074 0421

075 0416

076 2097

077 1282

078 0666

079 1975

080 0534

081 0773

082 1308

083 2129 + 2130

084
2130–1

085
0212

086
0241

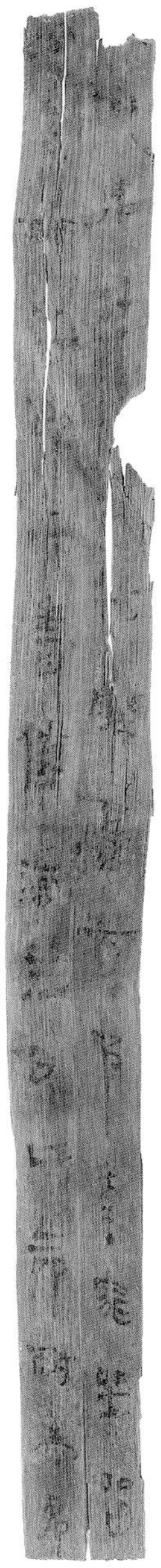

087
1610

088
0944

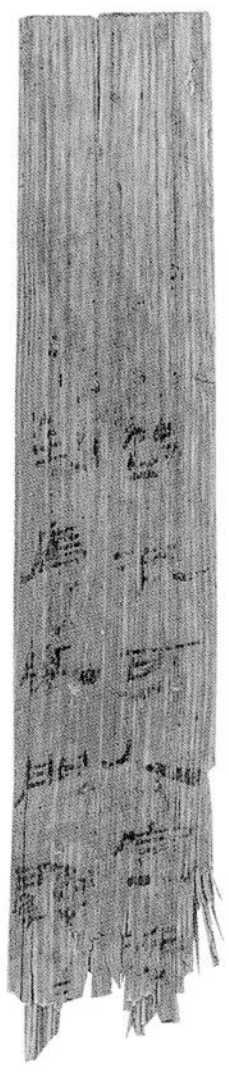

089
1270

090
1618

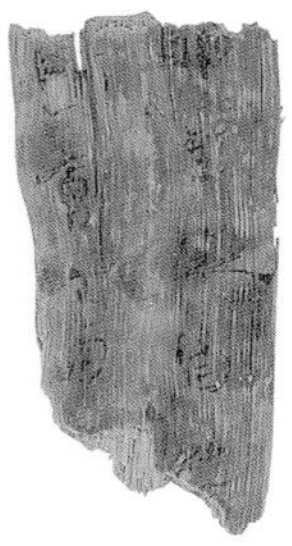

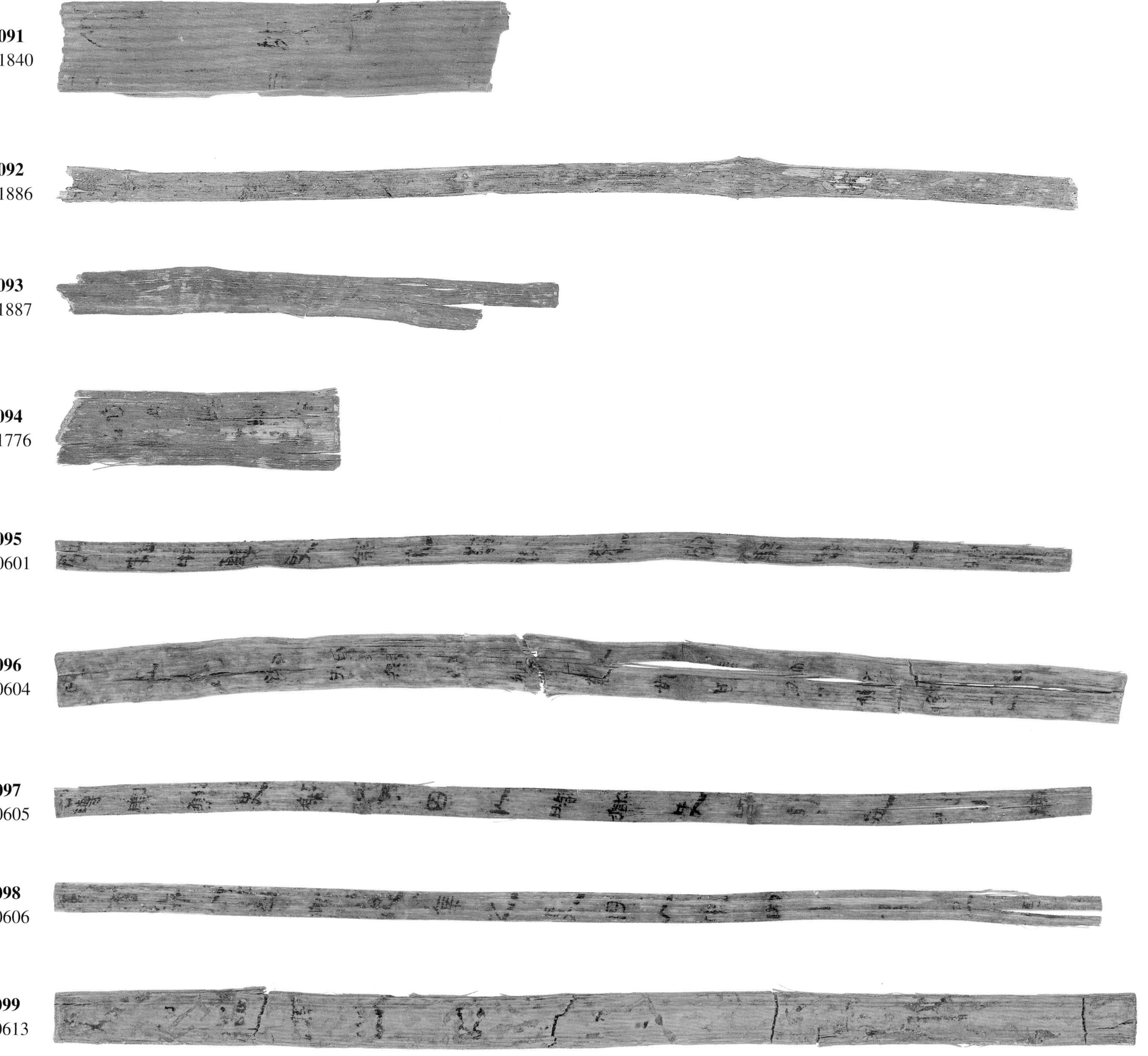

091
1840

092
1886

093
1887

094
1776

095
0601

096
0604

097
0605

098
0606

099
0613

100 0626

101 0640

102 0717

103 0721

104 0736

105 0741

106 0742

107 0756

108 0787

109 0812

110 1422

111 1641

112 0268

113 0278

114 0281

115 0321+0947

116 0376

117 0515

118 0548

119 0911

120 1393

案例二　非縱火時擅縱火　正面編聯圖版

121
0138

122
0139

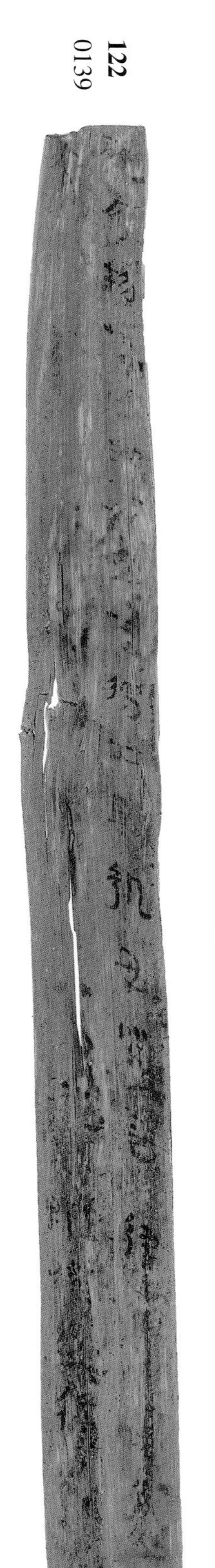

123
0194

124
0192

125
0176

126
0181

127
0451+
2312+
0876

128
1148

129
1517

130
1275

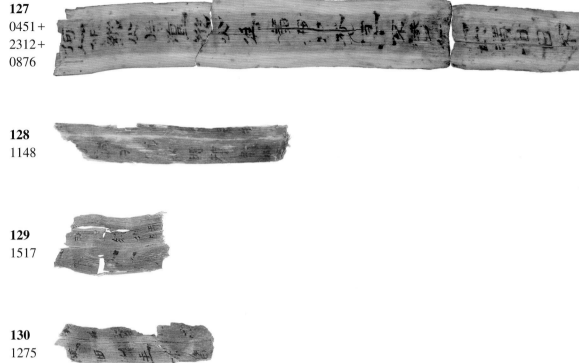

131
0283

132
0522

133
0516

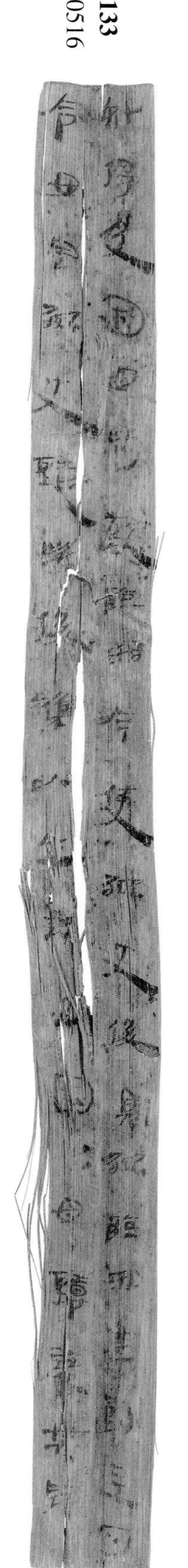

134
0279

135
0306

136
0316

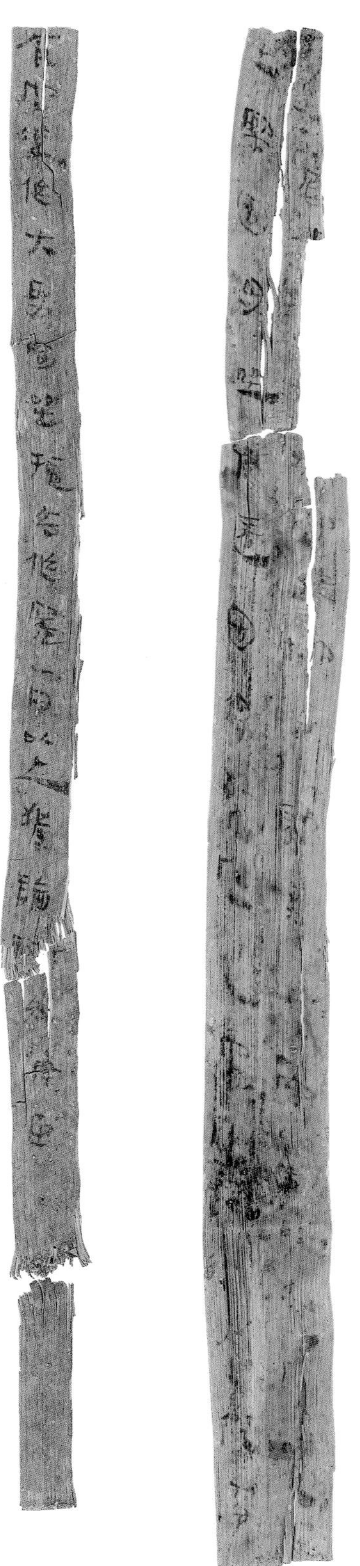

137 0818

138 0718

139 1545

140 0967

141 0913

142 0702

143
0323

144
0375

145
0158

146
0195

147
1572

案例五　諸公、爵　正面編聯圖版

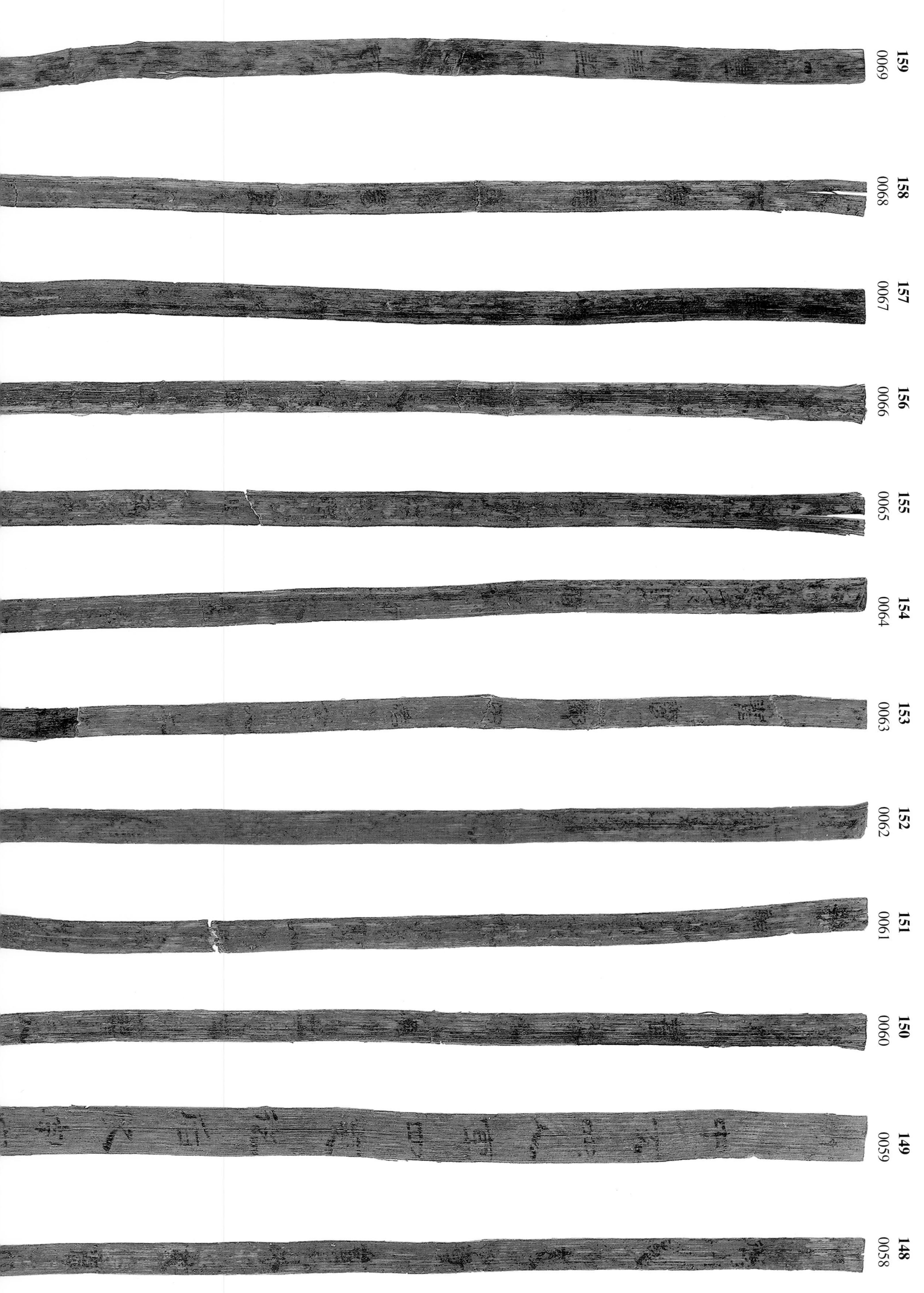

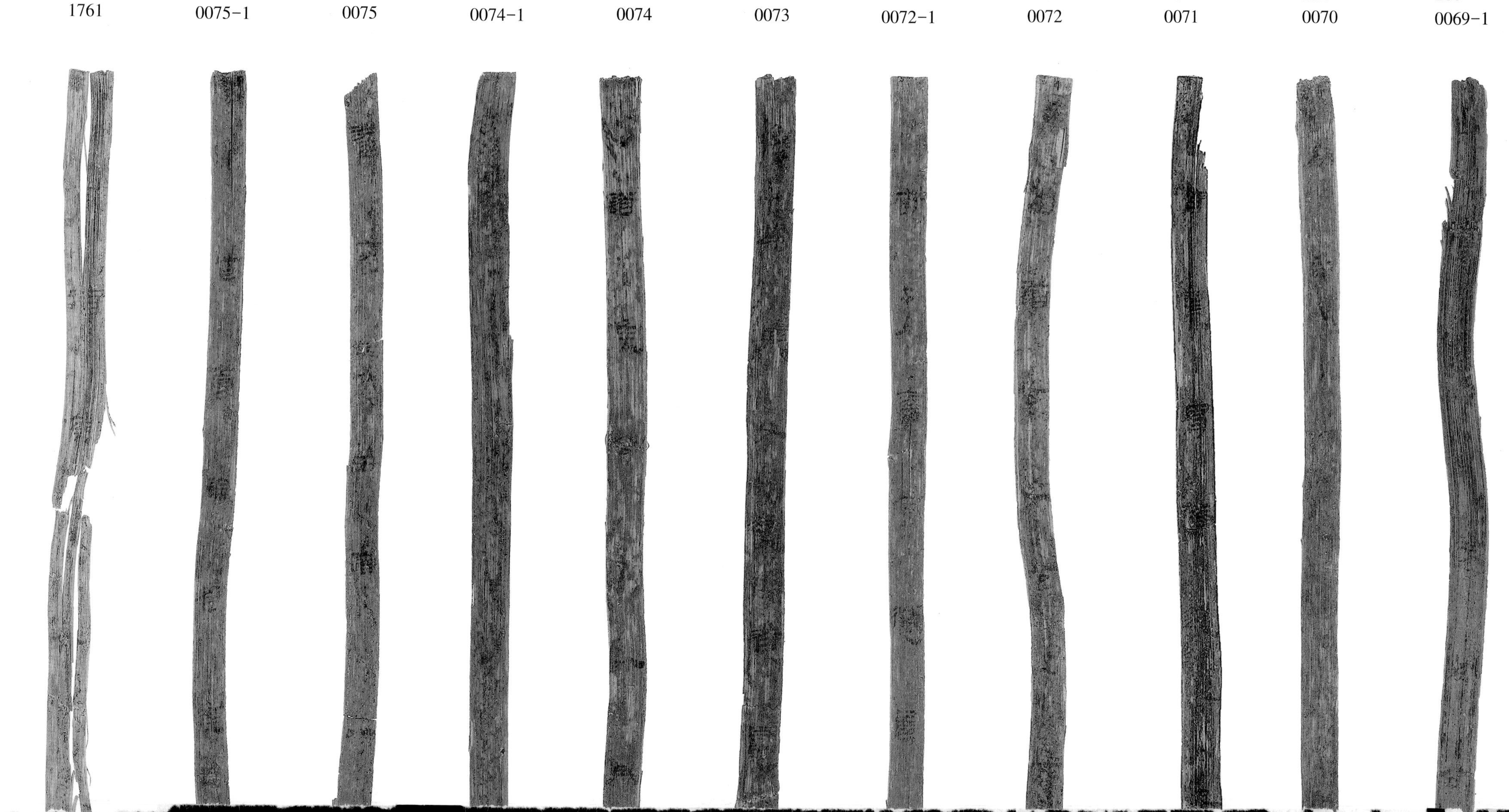

160
0069-1

161
0070

162
0071

163
0072

164
0072-1

165
0073

166
0074

167
0074-1

168
0075

169
0075-1

170
1761

案例六　慶盗縣官材案　正面編聯圖版

171
0286

172
2135

173
0253

174
0284

175
1447

176
0385

177
0294
178
0459
179
1147
180
0941
181
0952
182
1069
183
1192

184
1279

185
1324

186
1553

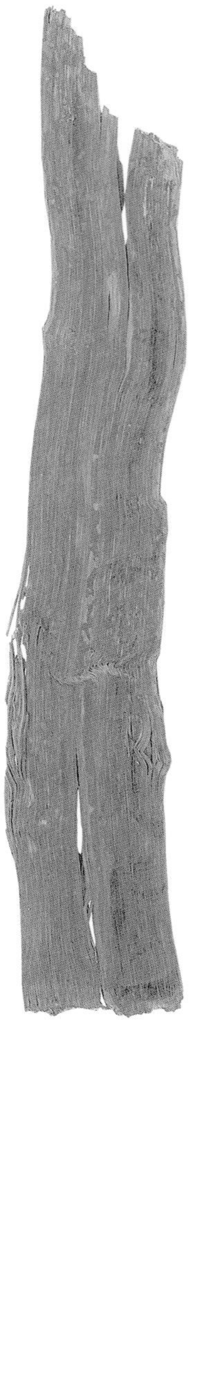

187
1035

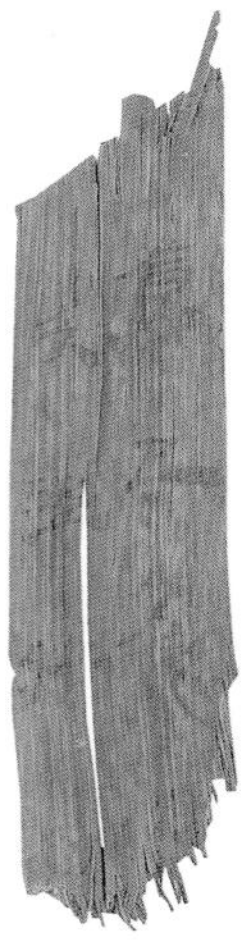

188
1585

189
0628

190
1240

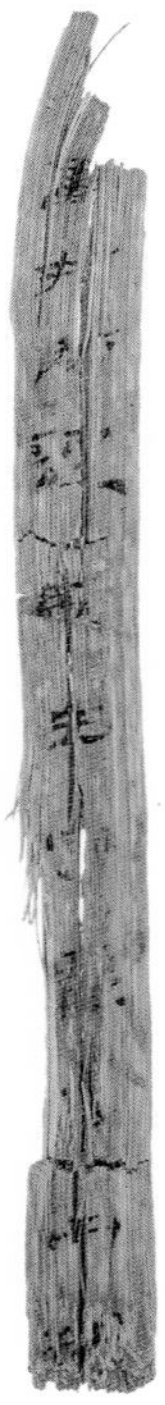

191
0962+
0898

192
2103

193
0712

194
0244

195
0457

196
1265

紅外綫圖版

案例一　臨湘令史乘之回避逗留案　正背面編聯圖版

001 0337

002 0400

003 0423

004 0776+0775

005 0414

006 0189+0249

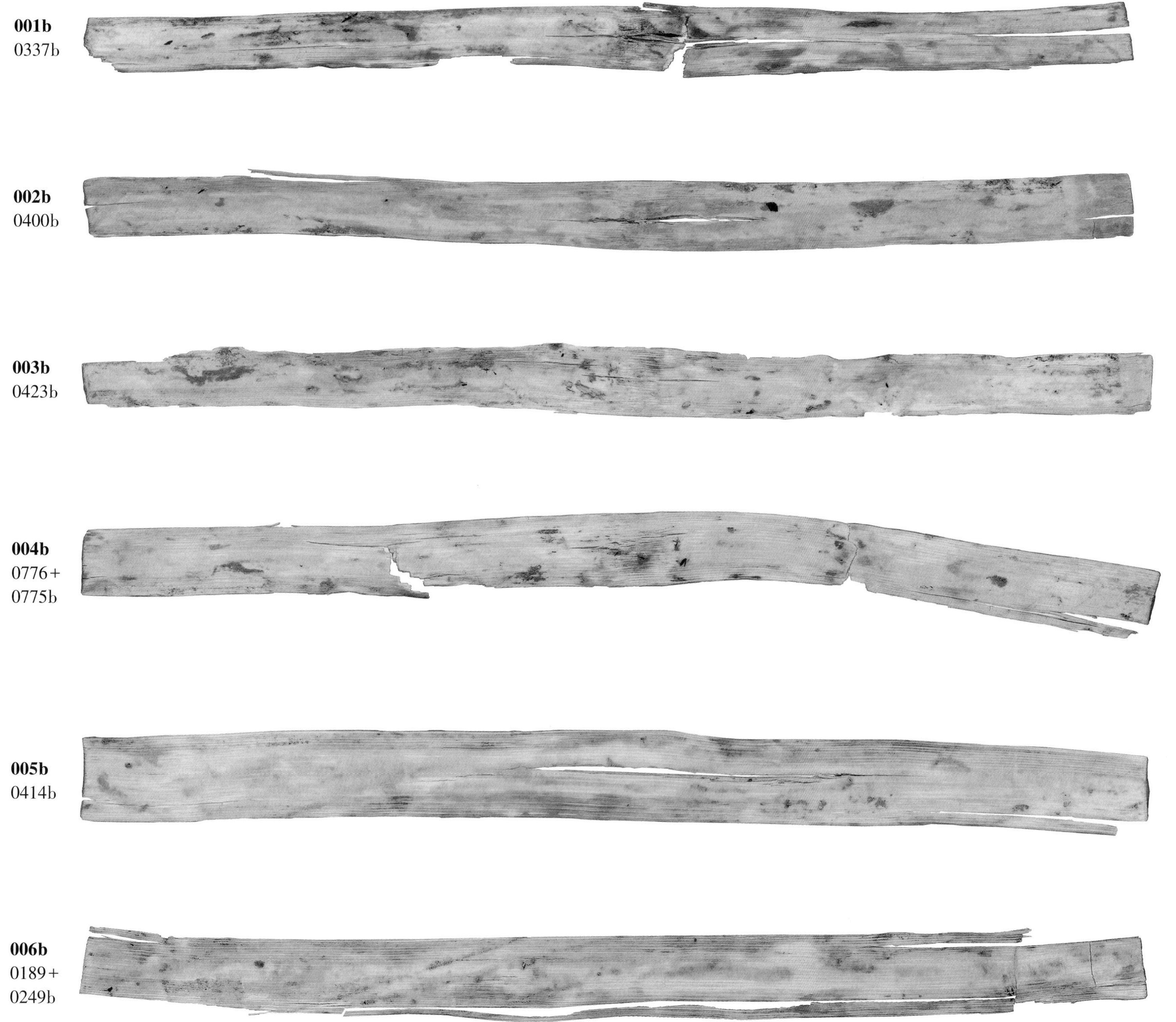

001b
0337b

002b
0400b

003b
0423b

004b
0776+
0775b

005b
0414b

006b
0189+
0249b

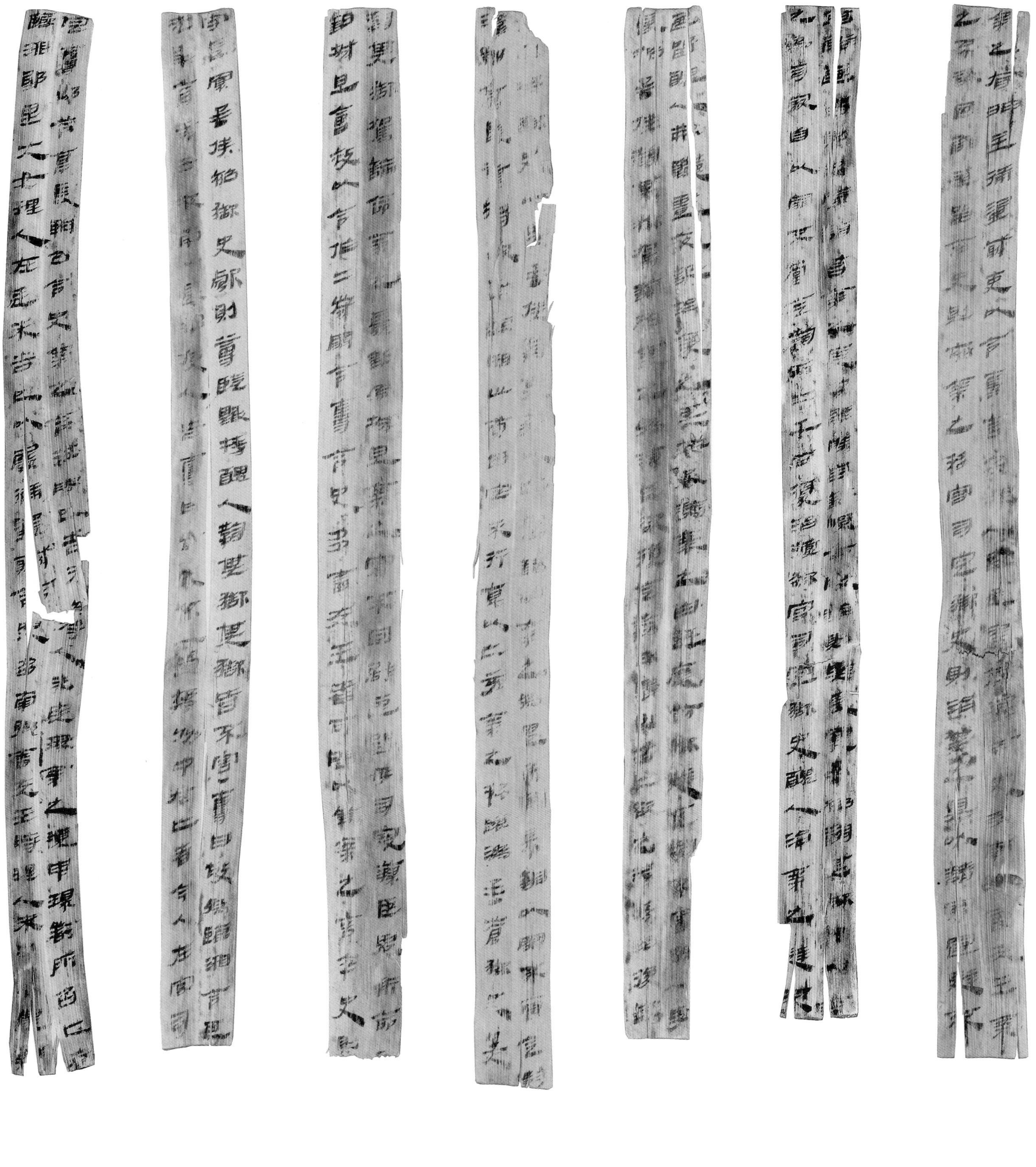

007 0401

008 0186

009 0405

010 0620

011 0409

012 0395

013 0185

007b
0401b
008b
0186b
009b
0405b
010b
0620b
011b
0409b
012b
0395b
013b
0185b

014 0408

015 0190

016 0352

017 0410

018 0351

019 0338

020 0398

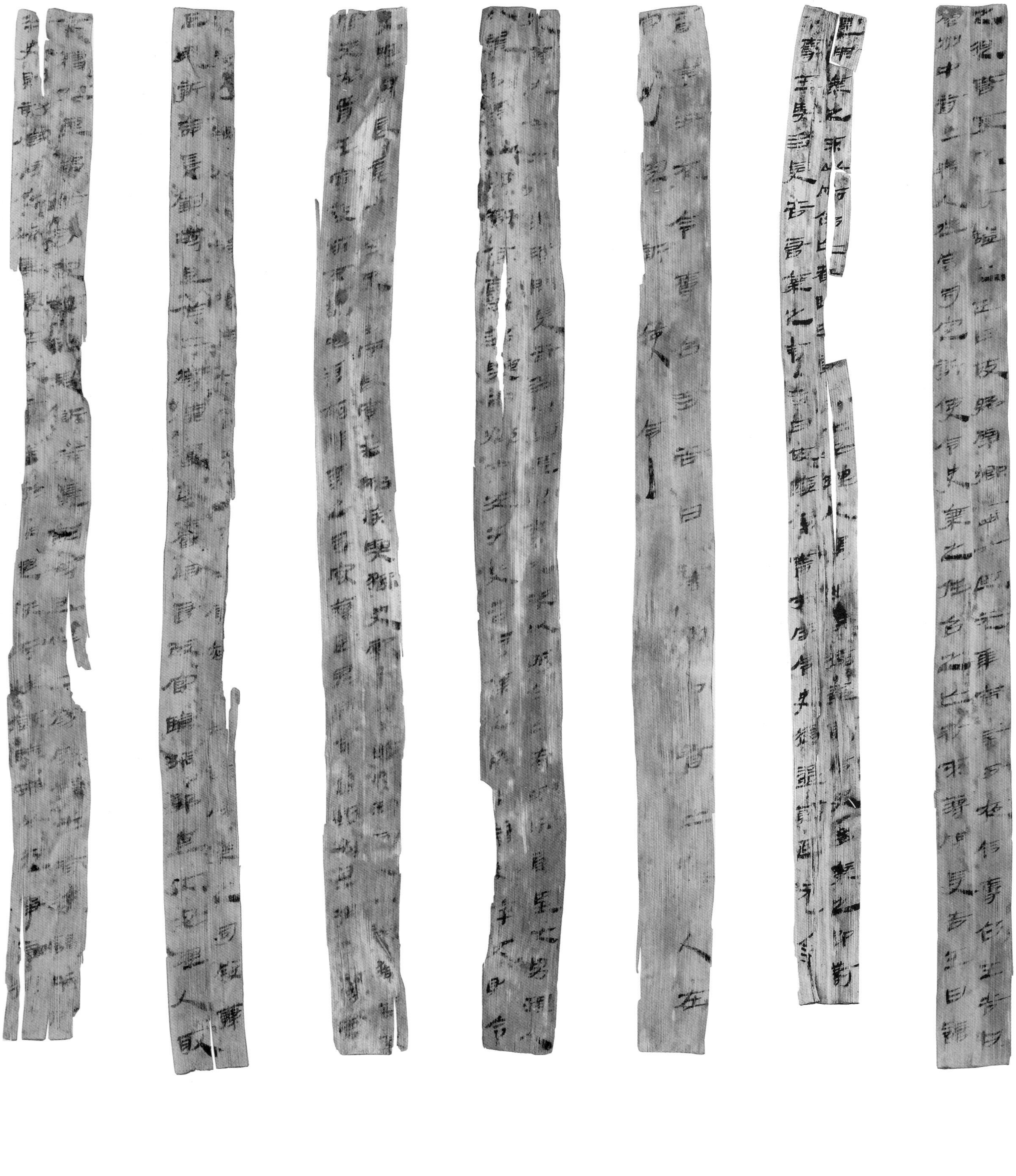

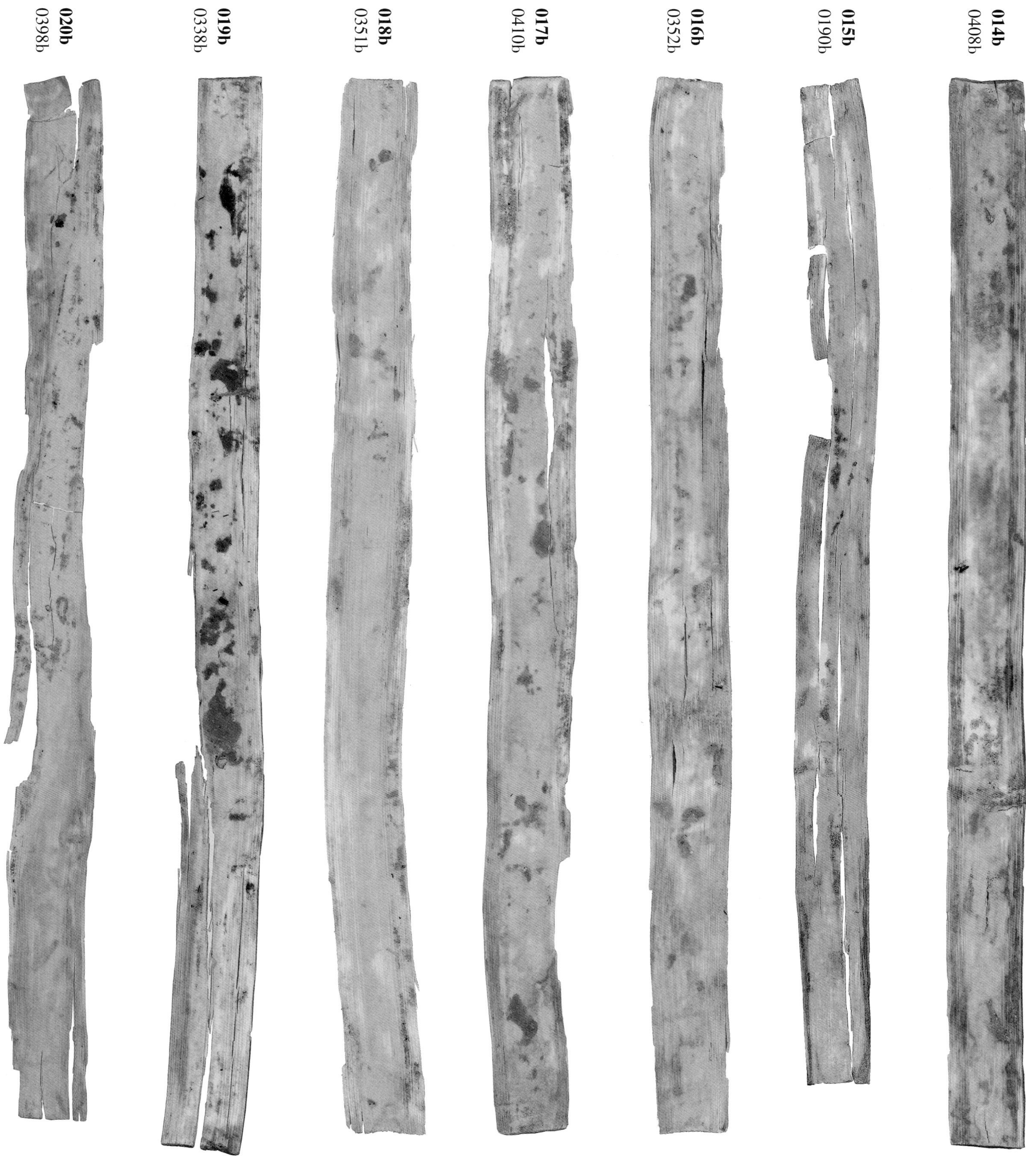

014b
0408b
015b
0190b
016b
0352b
017b
0410b
018b
0351b
019b
0338b
020b
0398b

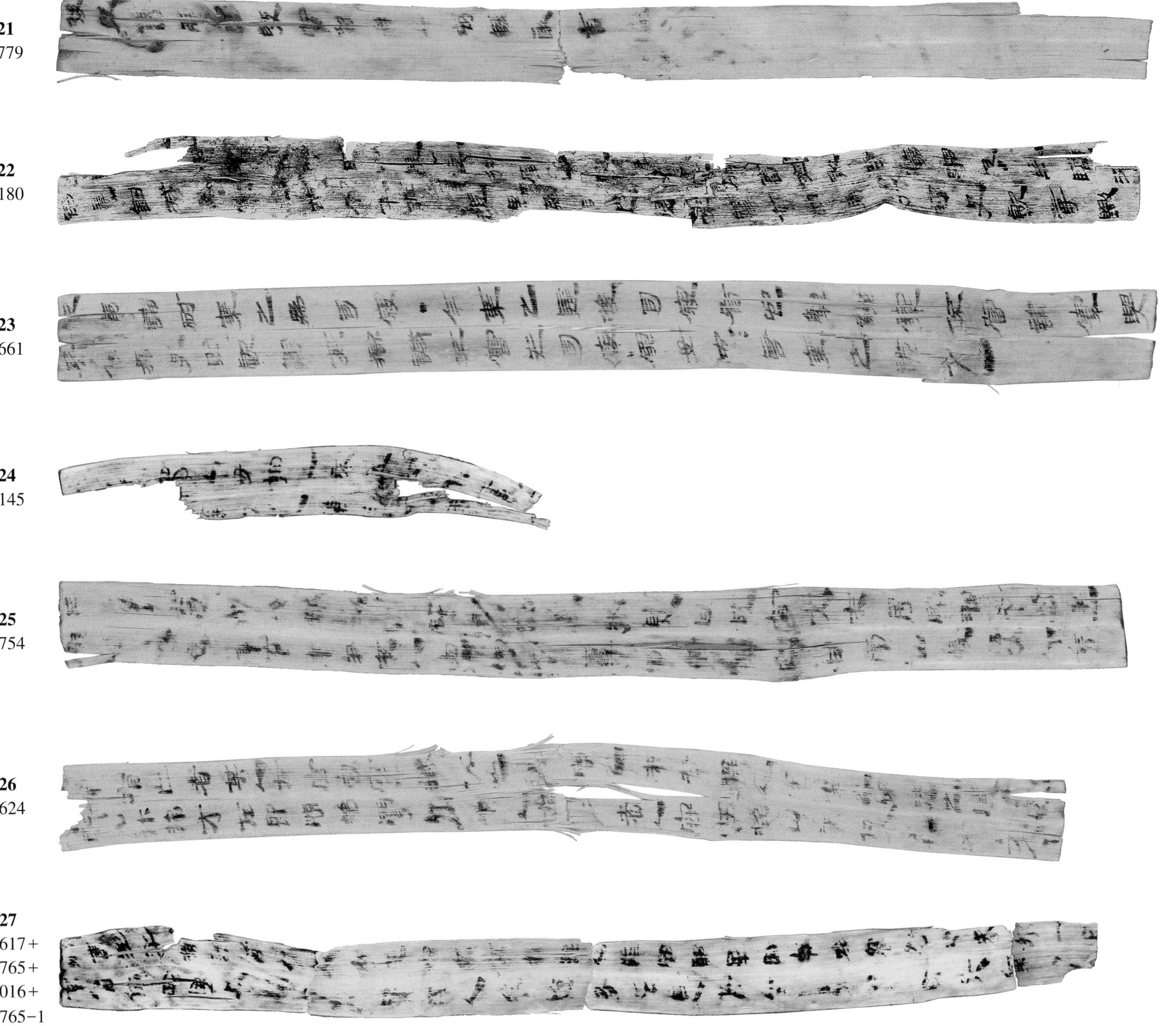

021 0779

022 0180

023 0661

024 1145

025 0754

026 0624

027 1617+0765+1016+0765-1

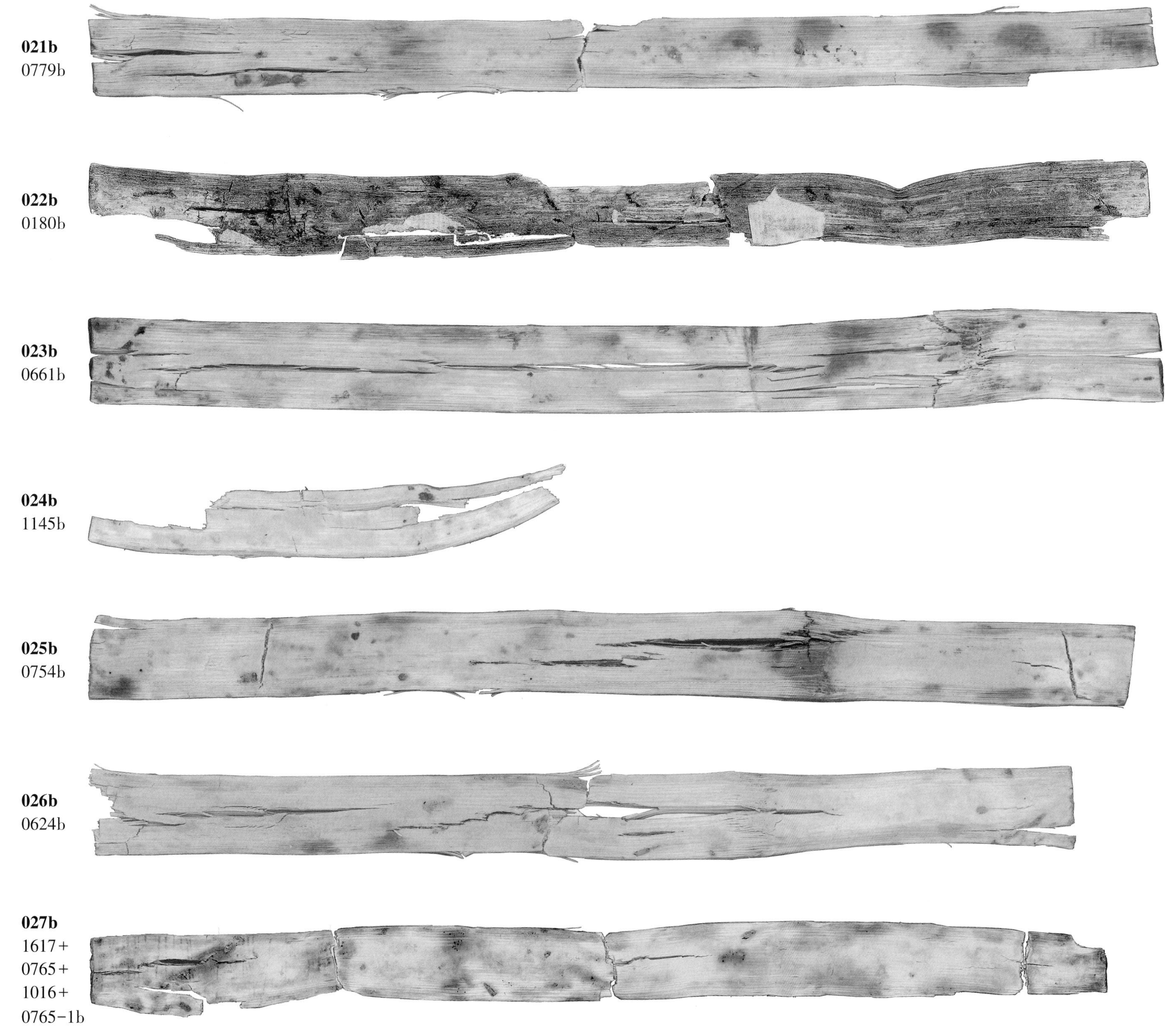

021b
0779b

022b
0180b

023b
0661b

024b
1145b

025b
0754b

026b
0624b

027b
1617+
0765+
1016+
0765-1b

028 0730+1616

029 1654+0698

030 0269

031 0318

032 0724

033 0560

034 0280

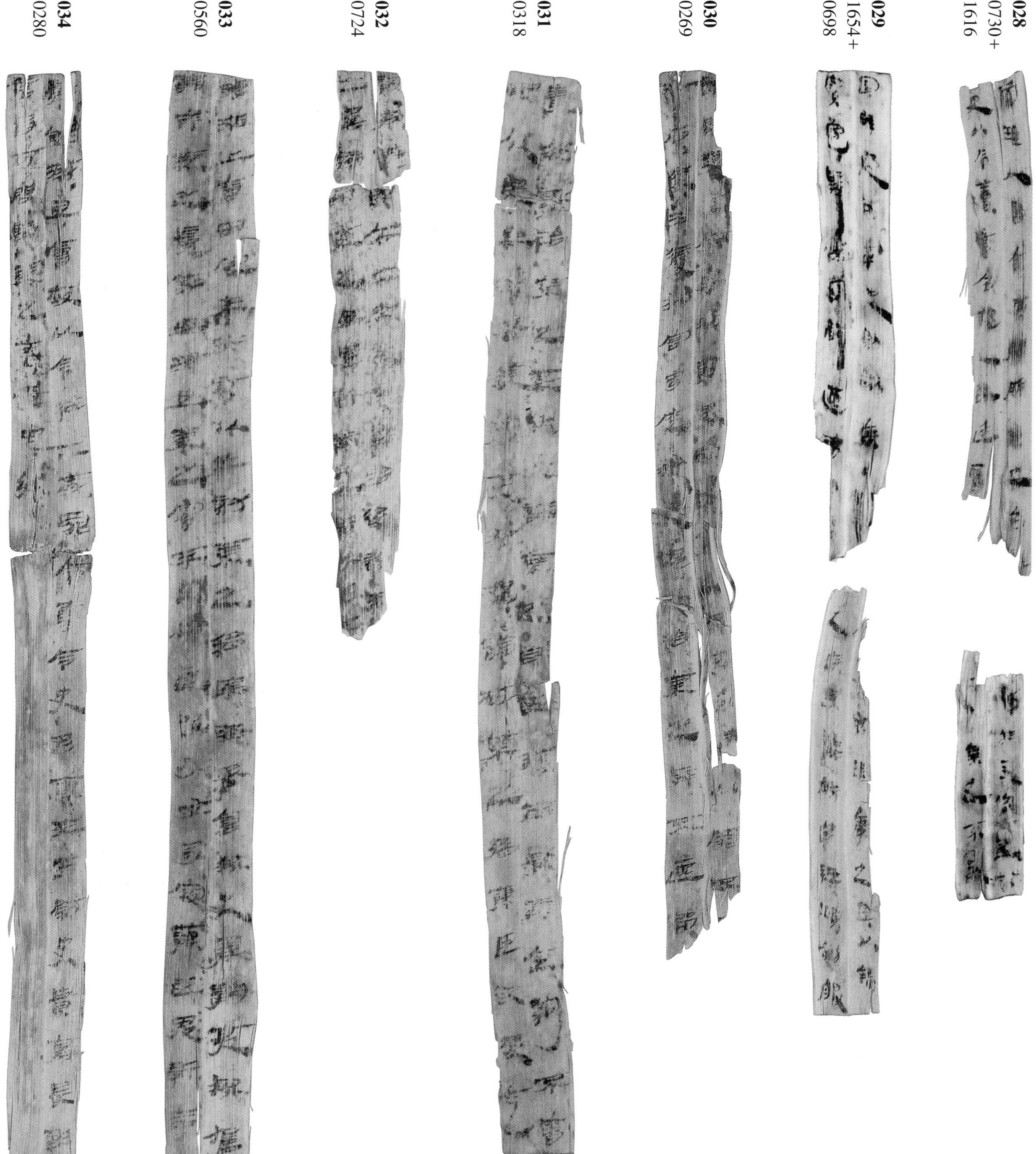

028b
0730+
1616b
029b
1654+
0698b
030b
0269b
031b
0318b
032b
0724b
033b
0560b
034b
0280b

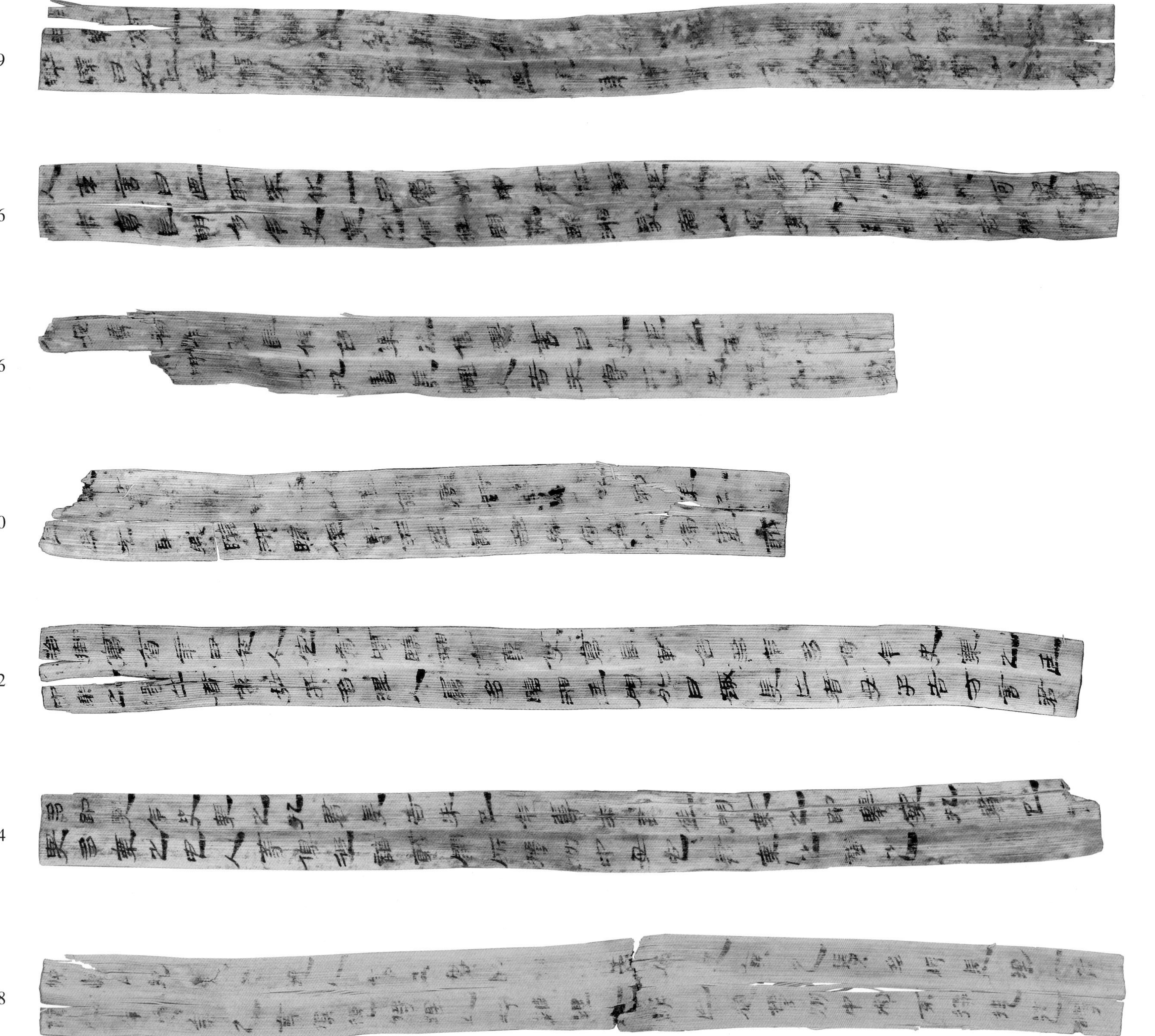

035 0559

036 0536

037 0866

038 0250

039 0222

040 0404

041 0668

035b 0559b
036b 0536b
037b 0866b
038b 0250b
039b 0222b
040b 0404b
041b 0668b

042 0399

043 0248

044 0630

045 0691

046 0406

047 0397

048 0676

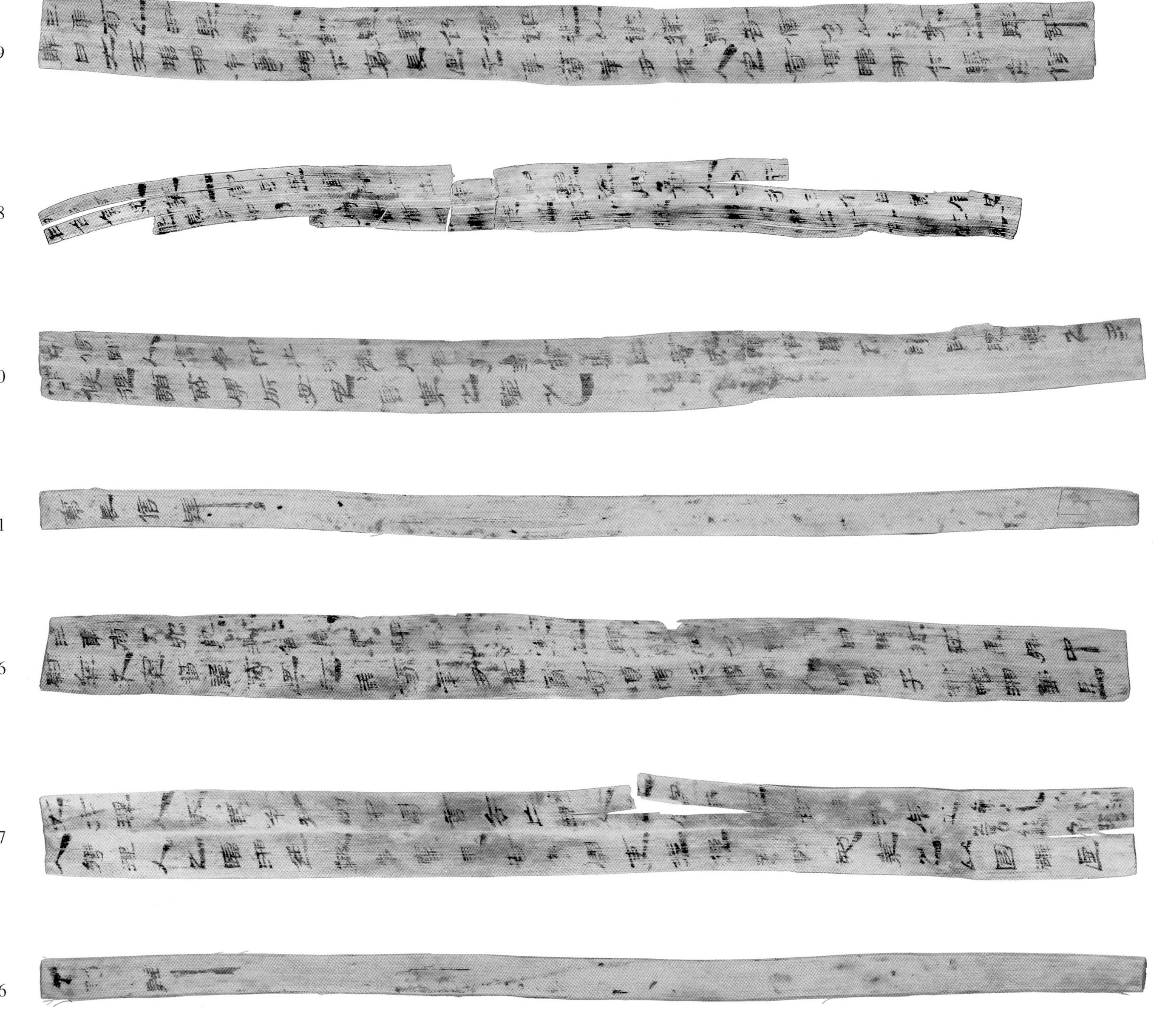

042b 0399b

043b 0248b

044b 0630b

045b 0691b

046b 0406b

047b 0397b

048b 0676b

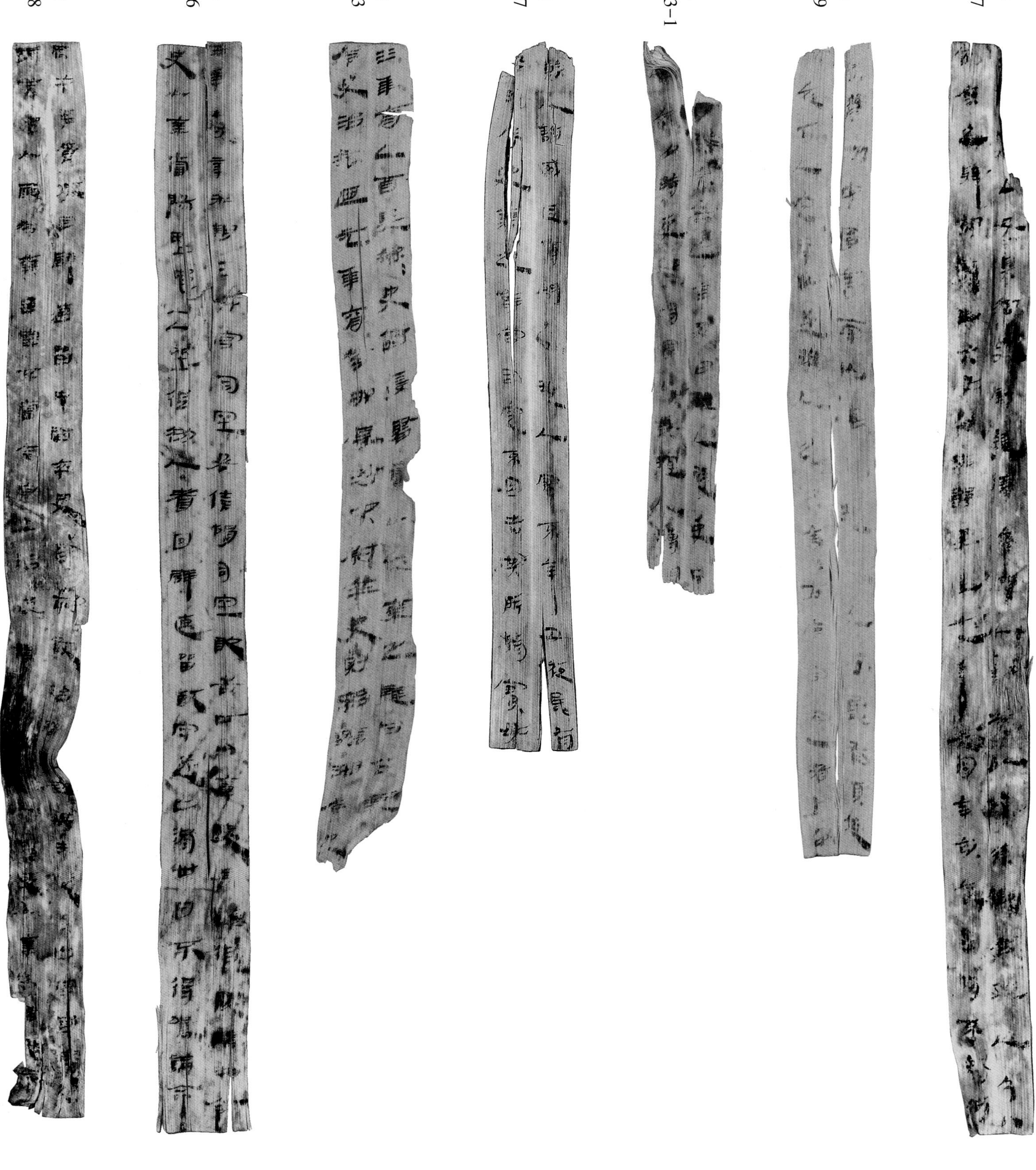

049 1337

050 0679

051 0773-1

052 0247

053 0633

054 0796

055 1338

049 1337b

050b 0679b

051b 0773-1b

052b 0247b

053b 0633b

054b 0796b

055b 1338b

056 1931

057 1263

058 1302

059 1303

060 0313

061 0133

062 0935+0384

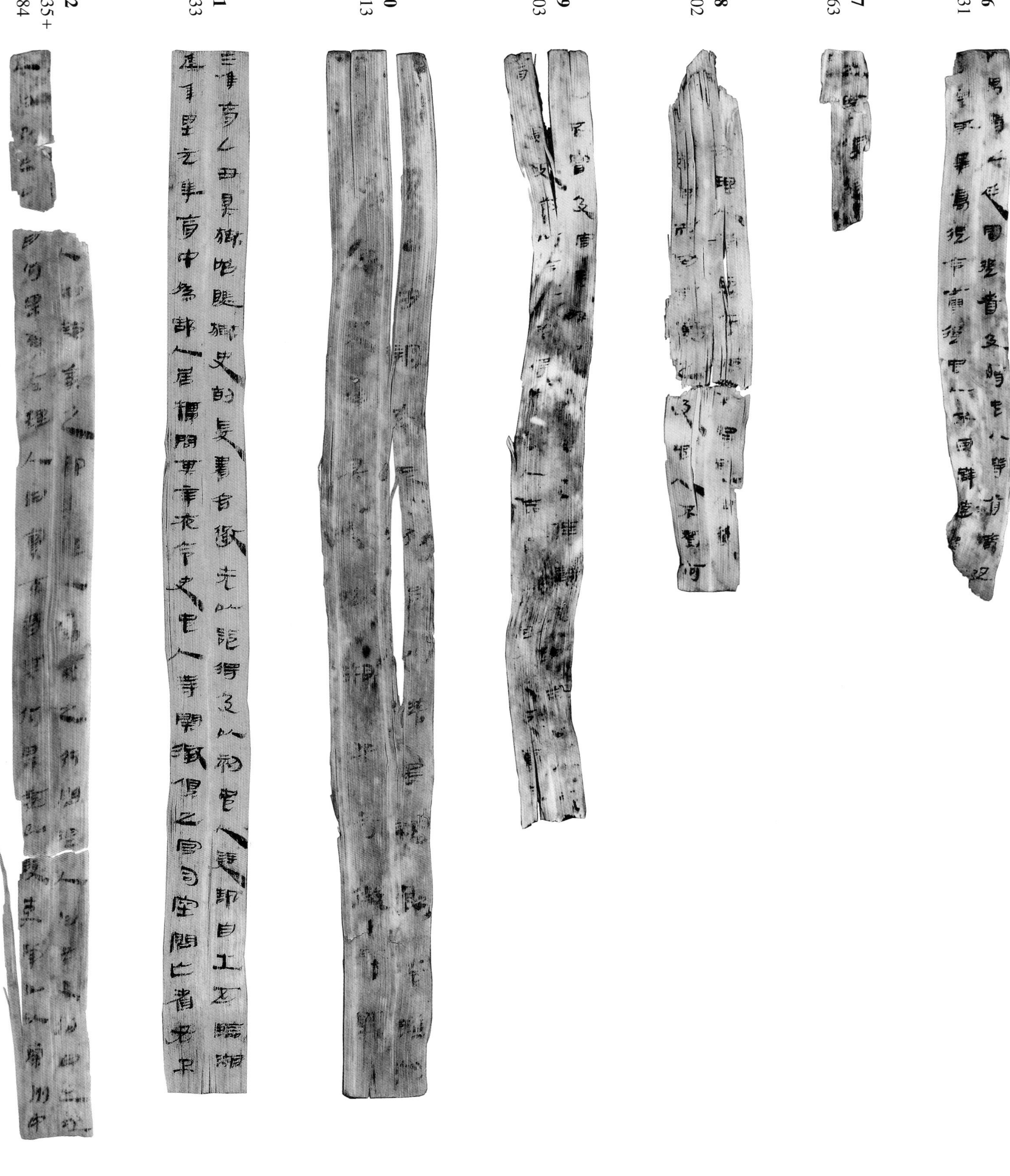

056b
1931b

057b
1263b

058b
1302b

059b
1303b

060b
0313b

061b
0133b

062b
0935+
0384b

063 1608

064 0143

065 0462+0463

066 0761

067 1656+1607

068 0777

069 0562

063b 1608b

064b 0143b

065b 0462+0463b

066b 0761b

067b 1656+1607b

068b 0777b

069b 0562b

070
0621

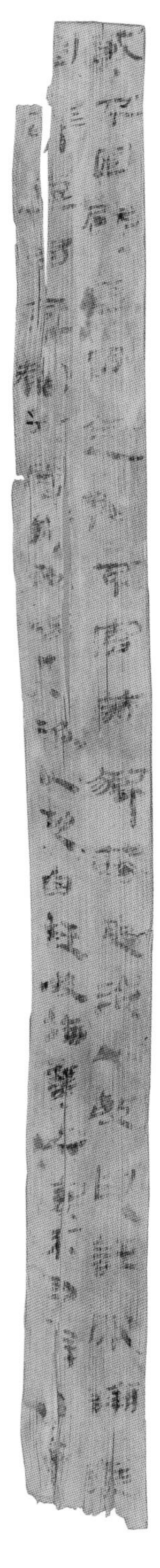

071
0848

072
0403

073
0407

074
0421

075
0416

076
2097

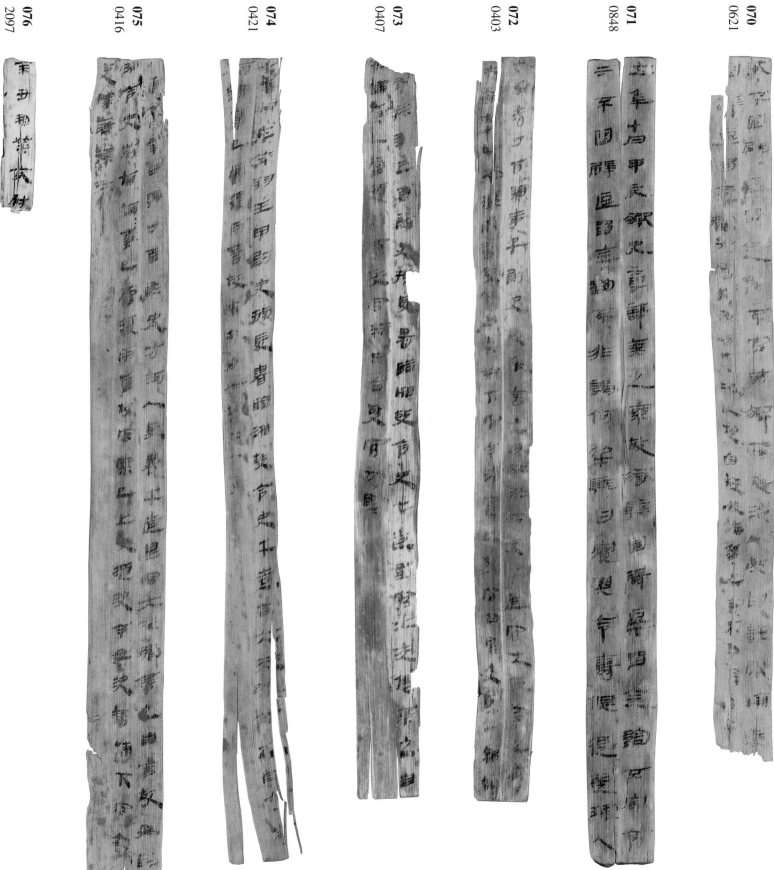

070b 0621b

071b 0848b

072b 0403b

073b 0407b

074b 0421b

075b 0416b

076b 2097b

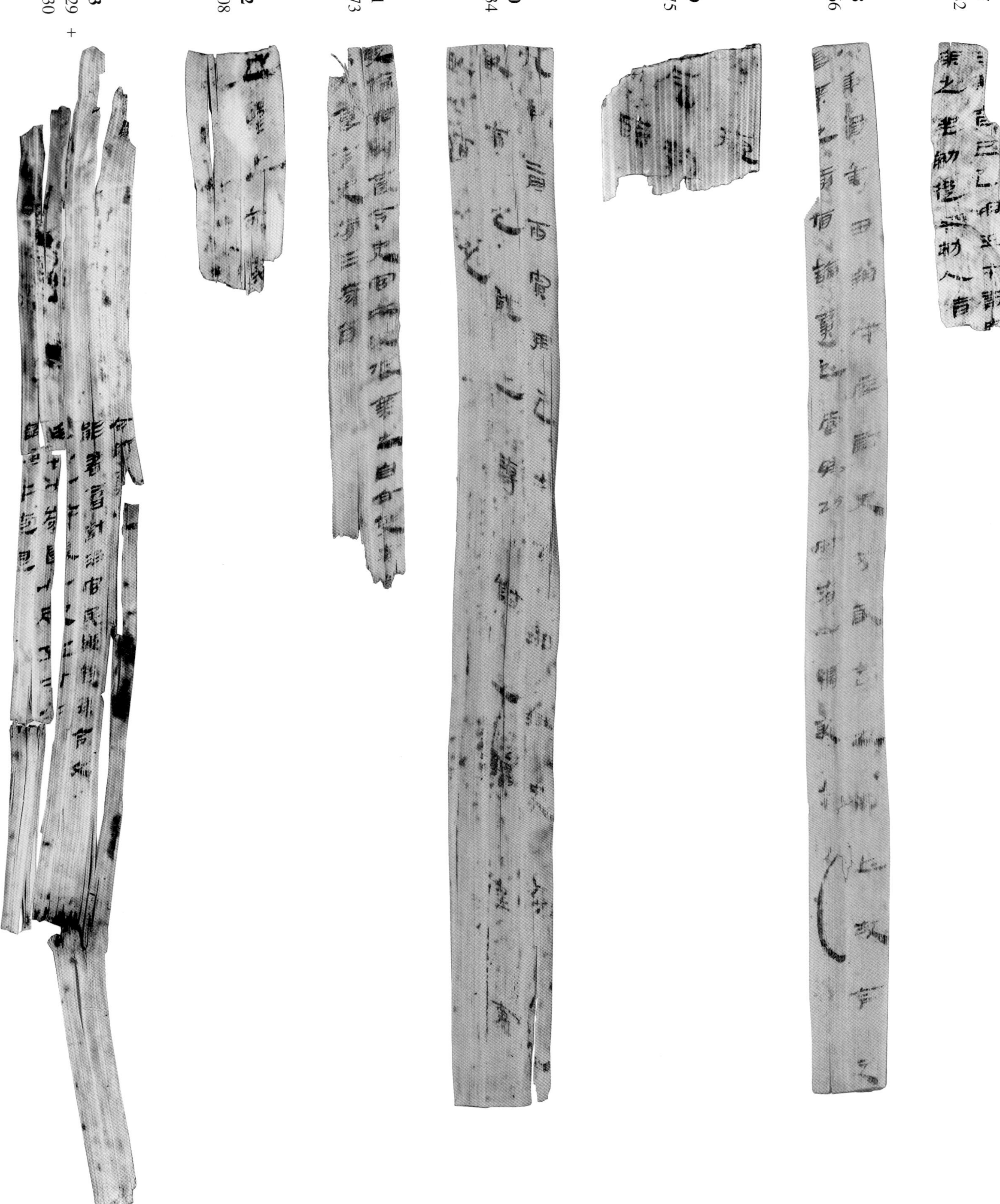

077 1282

078 0666

079 1975

080 0534

081 0773

082 1308

083 2129 + 2130

077b 1282b
078b 0666b
079b 1975b
080b 0534b
081b 0773b
082b 1308b
083b 2129+2130b

084 2130-1

085 0212

086 0241

087 1610

088 0944

089 1270

090 1618

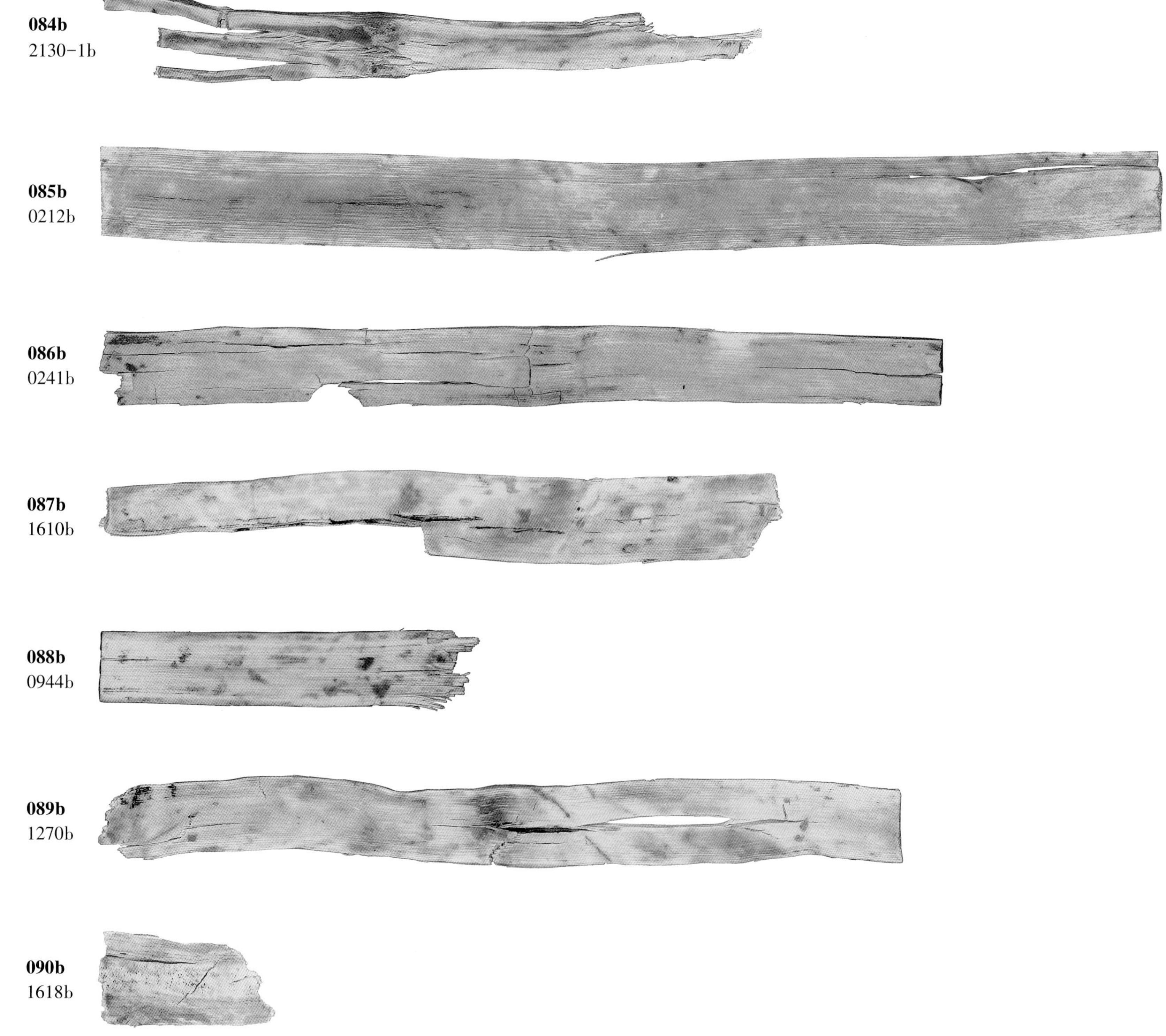
084b
2130-1b
085b
0212b
086b
0241b
087b
1610b
088b
0944b
089b
1270b
090b
1618b

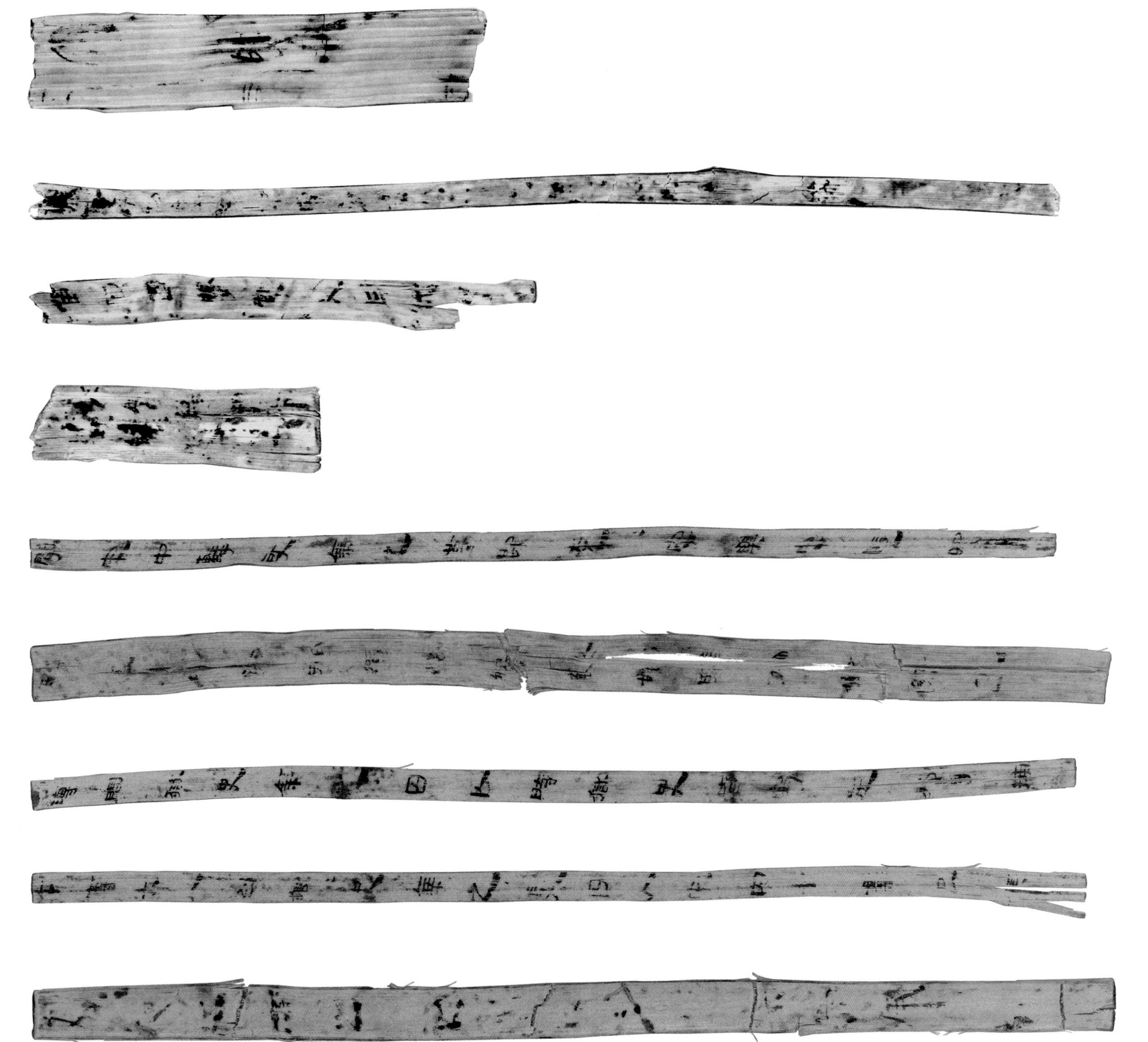

091 1840
092 1886
093 1887
094 1776
095 0601
096 0604
097 0605
098 0606
099 0613

091b 1840b
092b 1886b
093b 1887b
094b 1776b
095b 0601b
096b 0604b
097b 0605b
098b 0606b
099b 0613b

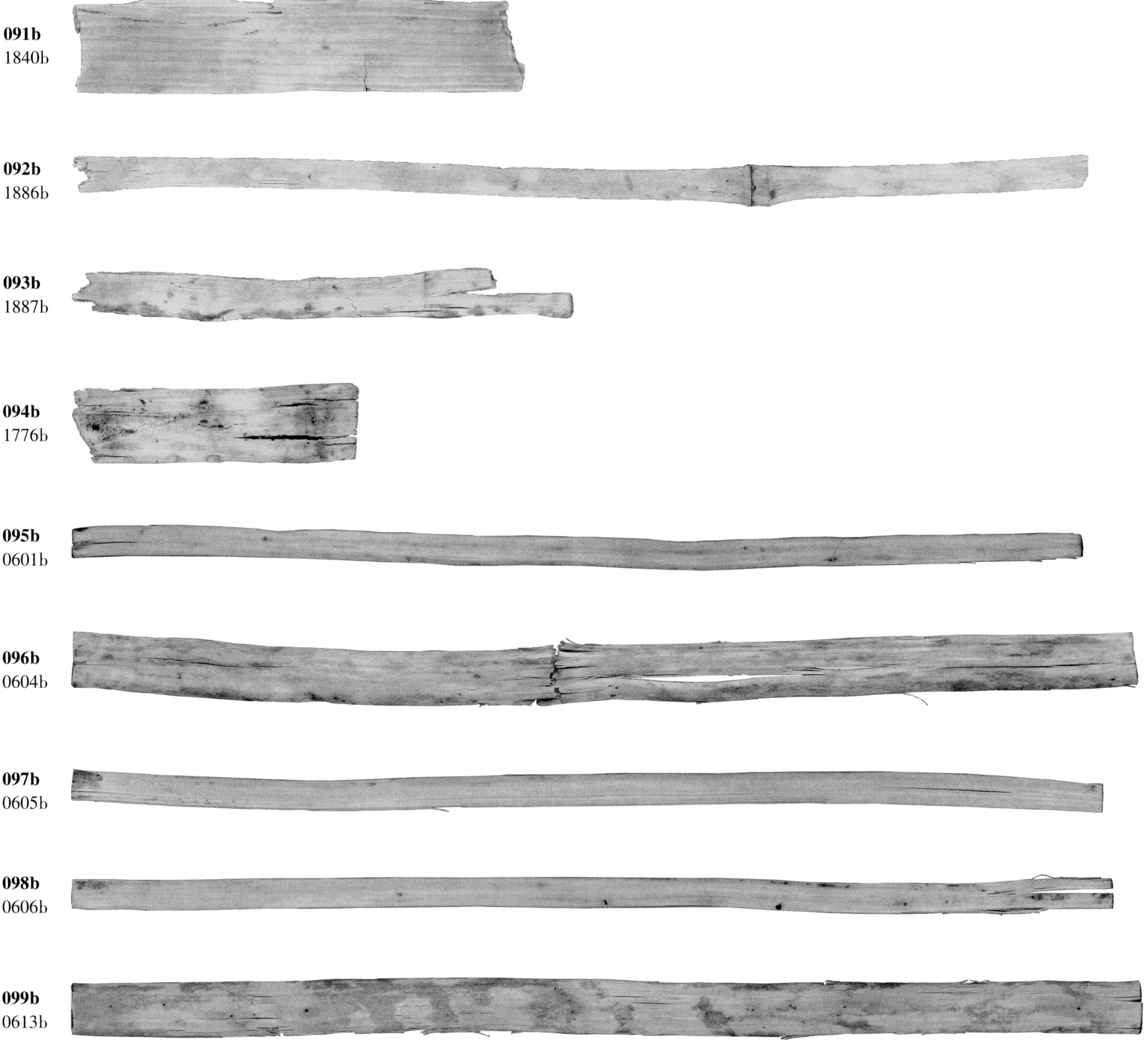

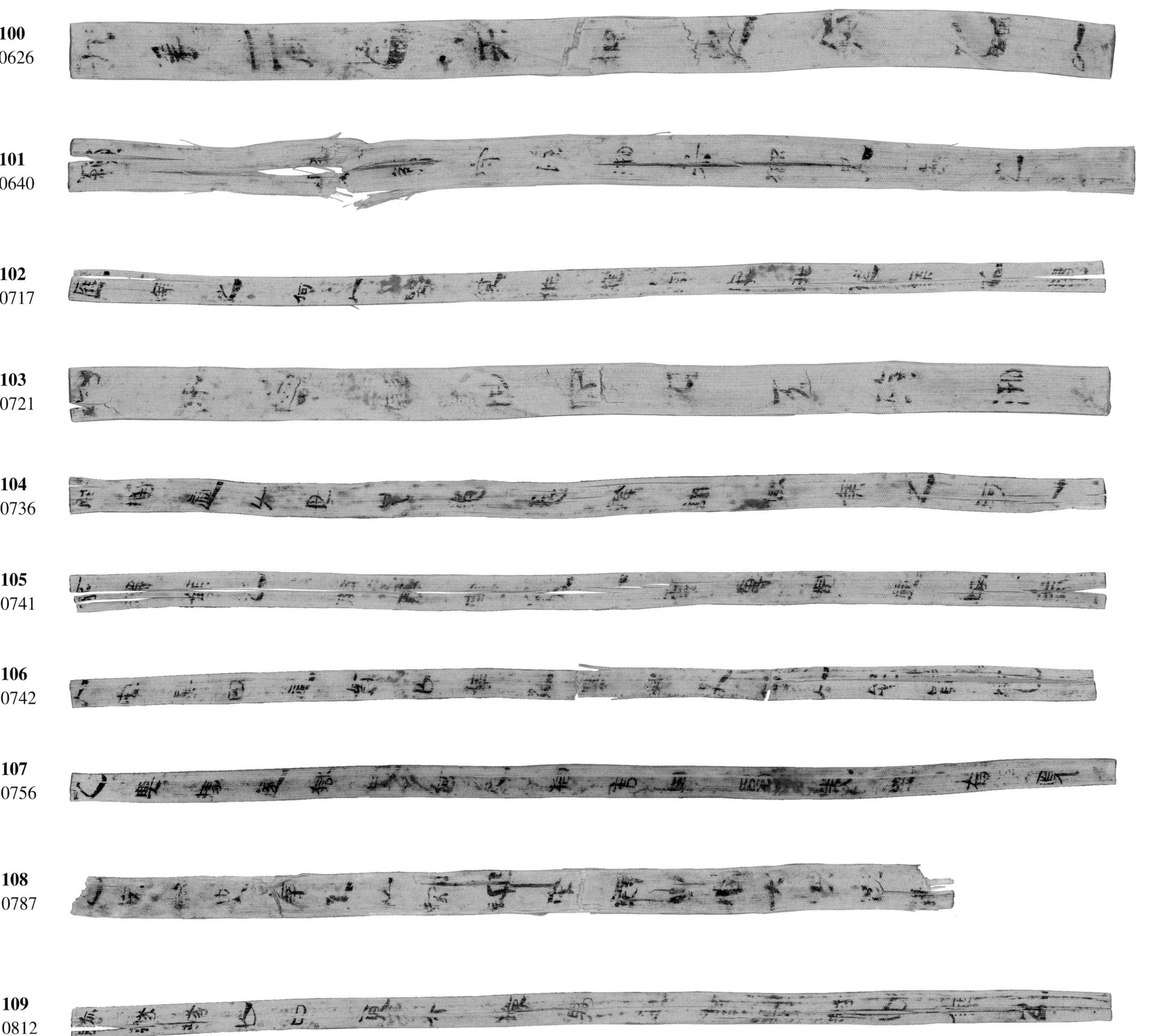

100 0626

101 0640

102 0717

103 0721

104 0736

105 0741

106 0742

107 0756

108 0787

109 0812

100b 0626b
101b 0640b
102b 0717b
103b 0721b
104b 0736b
105b 0741b
106b 0742b
107b 0756b
108b 0787b
109b 0812b

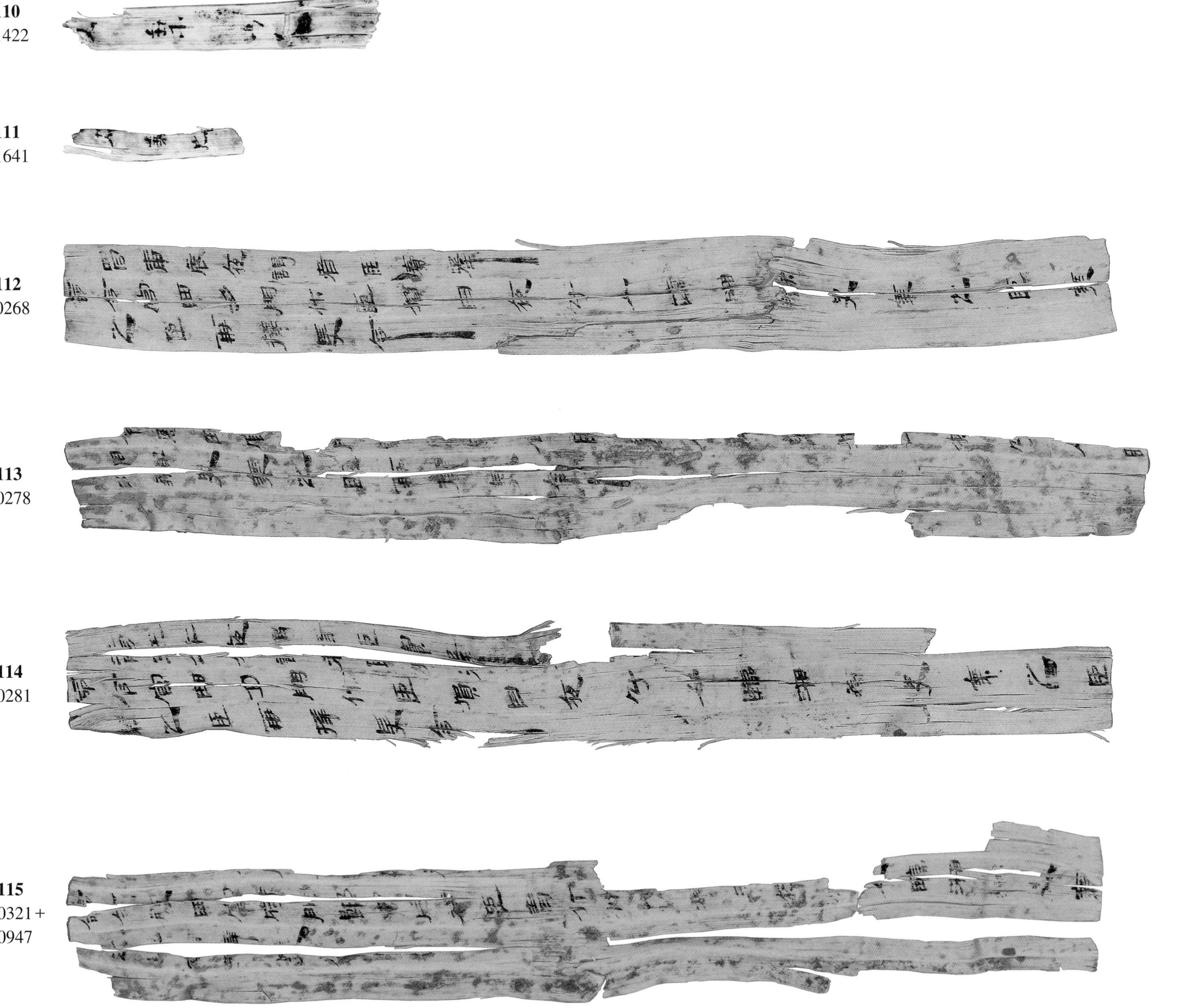

110 1422

111 1641

112 0268

113 0278

114 0281

115 0321+0947

110b 1422b

111b 1641b

112b 0268b

113b 0278b

114b 0281b

115b 0321+0947b

116 0376

117 0515

118 0548

119 0911

120 1393

116b 0376b

117b 0515b

118b 0548b

119b 0911b

120b 1393b

案例一　臨湘令史乘之回避逗留案　單簡圖版及釋文

001 0337

001b 0337b

九年四月乙丑朔[一]辛卯，西山陵長行南山[二]長事敢言之：劾曰：男子乘之自詣，辤（辭）：

故官大夫，居臨湘牛造里，爲令史，追劫人者不回辟（避）逗留[三]，司寇[四]、隸臣、鬼新（薪）、完旦[五]

002 0400

002b 0400b

命髡鉗罪。中尉[六]卒史則劾，宮司空[七]鞫獄，論耐乘之爲司寇。以罪不當气（乞）鞫[八]所

内史，令宮司空復治，以不審[九]駕（加）論乘之爲隸臣，去亡，未命[十]，得，論爲鬼新（薪）輸采

003 0423

003b 0423b

銅。欲气（乞）鞫南郡，未到，亡州陵[十一]，臨澔[十二]駕（加）論城旦髡鉗罪。皆不當，今來自出，治後

請（情），置辤（辭）：故官大夫，臨湘牛造里，爲令史。元年六月辛丑夜人定時，令壽召告乘

004
0776+
0775

004b
0776+
0775b

之曰：南山長使人言：橘州[十三]中有亡者[十四]，其人在宫司空獄，乘之往問之，未告[十五]，將人
來。乘之即往之宫司獄，見南山佐超方在[十六]，即問超：聞州中人有亡者，人安在？超曰：新

005
0414

005b
0414b

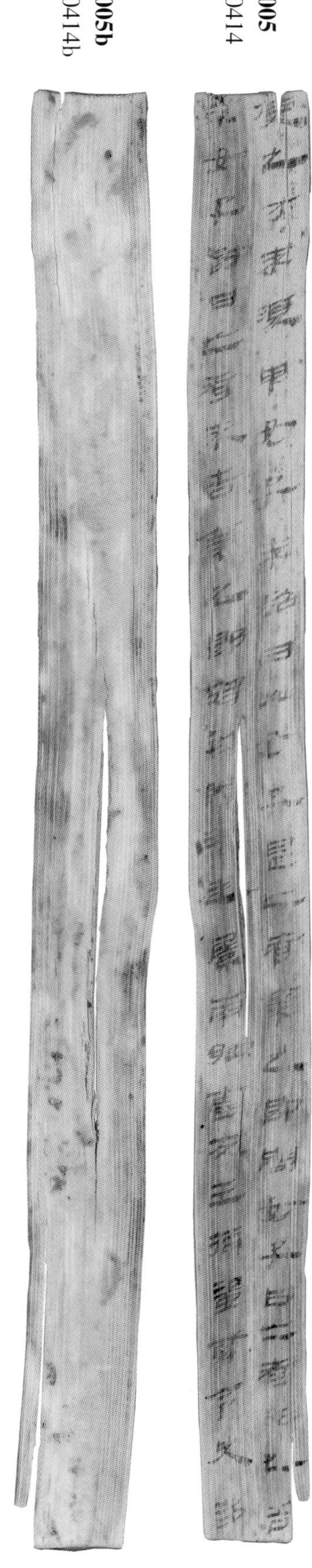

使之方來。須臾女子來，詔〈超〉曰：此女子是亡者。乘之即問女子曰：亡者非？已告
未？女子對曰：亡者，未告。乘之即將到臨湘廷，屬南鄉[十七]嗇夫壬、備盜賊令史多。

006
0189+
0249

006b
0189+
0249b

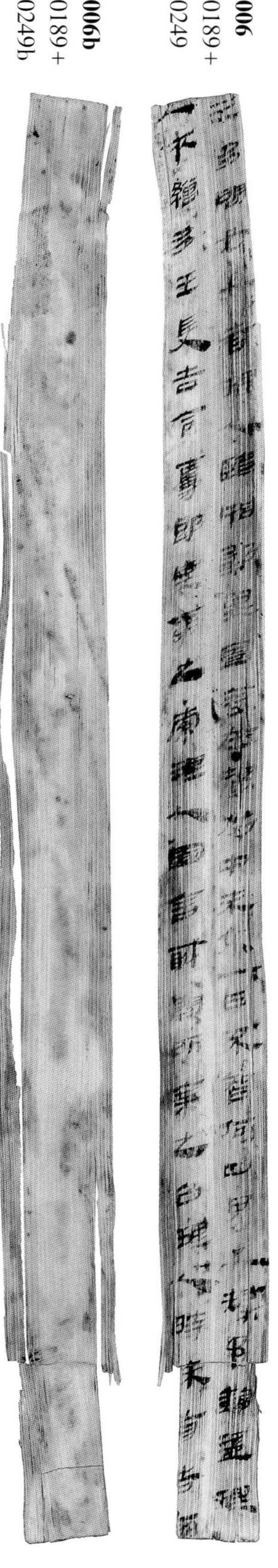

壬、多問女子者理人，臨湘邸里，園舍[十八]在橘州中。未伏一日，不智（知）何四男子操矛鐱（劍）盜理
人衣繒。多、壬受告，令壽即與乘之索[十九]理人園舍賊開所[二十]。乘之召理人時，未有告劾，

007
0401

007b
0401b

乘之有（又）非主備盜賊吏，以令壽言召理人致廷，屬備盜[二十一]令史多、南鄉嗇夫壬。乘之不敢回辟（避）逗留。卒史則劾乘之，移宮司空獄史則治。乘之具以請（情）實置辤（辭），不

008
0186

008b
0186b

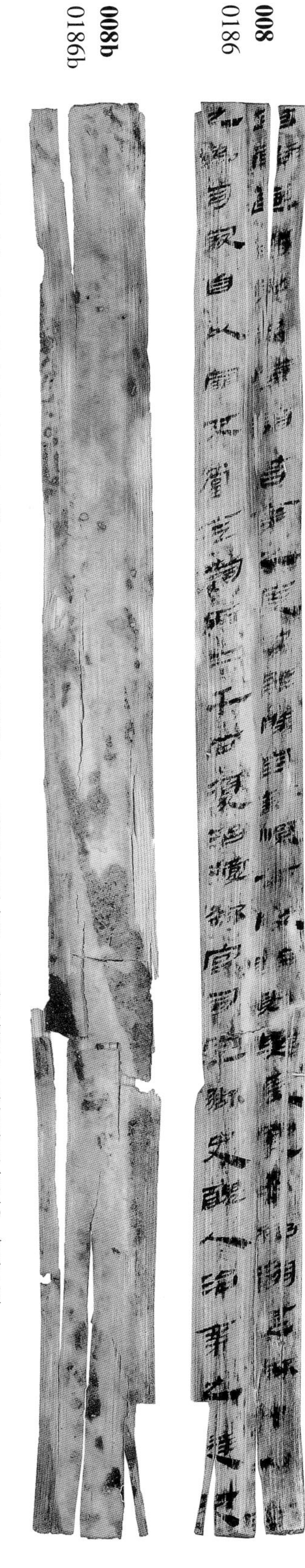

回辟（避）逗留。則、多、褱詣〈訊〉笞，乘之度弗能勝，自誣順劾服論。則與長褱、丞祒鞫其獄，論耐乘之爲司寇。自以罪不當气（乞）鞫所二千石復治覆獄。宮司空獄史醜人治，乘之辤（辭）不

009
0405

009b
0405b

逗留。醜人弗聽，晝夜訊治（笞）乘之，其恐，服論，乘之自誣應前獻辤（辭）。气（乞）鞫不審，醜人與長祒、丞俠鞫其獄，駕（加）論耐乘之爲隸臣。欲復气（乞）鞫[二十二]，弗聽，即去亡，欲之漢縣，治後請（情）。

010 0620

010b 0620b

[未到]，得，獄史乙與丞俠鞫其獄，以亡駕（加）論耐乘之爲鬼新（薪）輸采銅。以罪不當气（乞）鞫

漢郡，亭長言將夜诣臨湘止賣田宅[二十三]，未行。意以亡刻乘之，移臨澙，丞蒼、獄史異

011 0409

011b 0409b

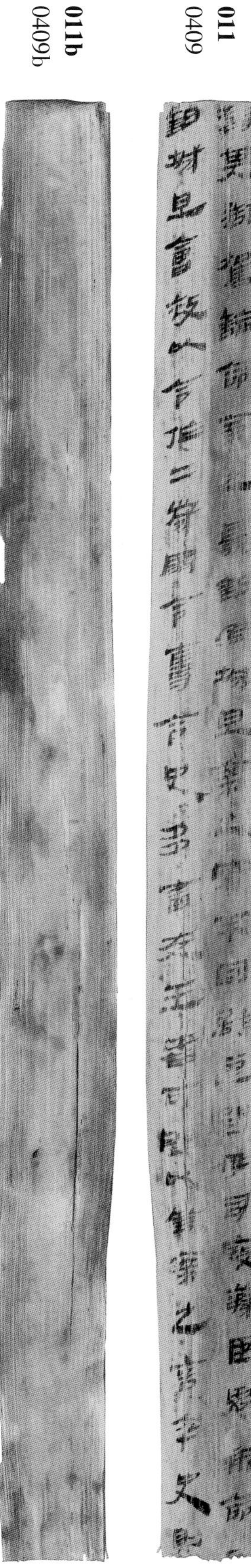

鞫其獄，駕（加）論命乘之髡鉗爲城旦。乘之實不回辟（避）逗留，毋司寇、隸臣、鬼新（薪）、命[髡]

鉗城旦會赦以令作二歲罪。令壽、令史多、嗇夫壬皆可問以驗乘之言。卒史則☐

012 0395

012b 0395b

守長褱、丞俠、袑、獄史獻、則、尊、監甗、捲、醜人鞫其獄，其獄皆不審。·壽曰：故爲臨湘令，迺

元年六月辛丑夜，南山長始使人告壽曰：前未伏一日，橘州中有亡者，今人在宮司

013
0185

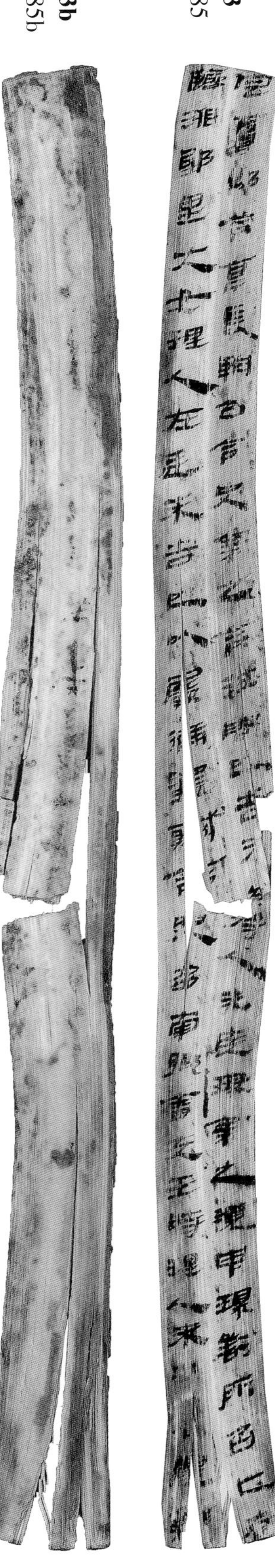

013b
0185b

空。壽即令亭長朝召令史乘之，令往問已告未，未[二十四]，將人來，疾環（還）。乘之須臾環（還）對[二十五]：所召亡者

臨湘邸里大女理人在廷，未告，已以屬[二十六]備盜賊令史多、南鄉嗇夫壬。時理人未告，壽遣乘

014
0408

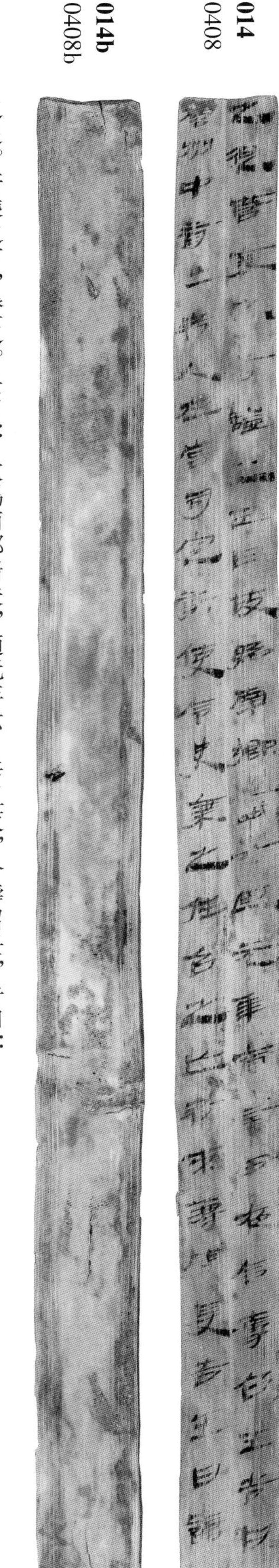

014b
0408b

之追。若乘之言，證之。壬曰：故爲南鄉嗇夫，迺元年六月辛丑夜，令壽召壬，告曰：

橘州中有亡者，人在宮司空，新使令史乘之往召之亡者來，薄（簿）問受告。壬曰：諾。

015
0190

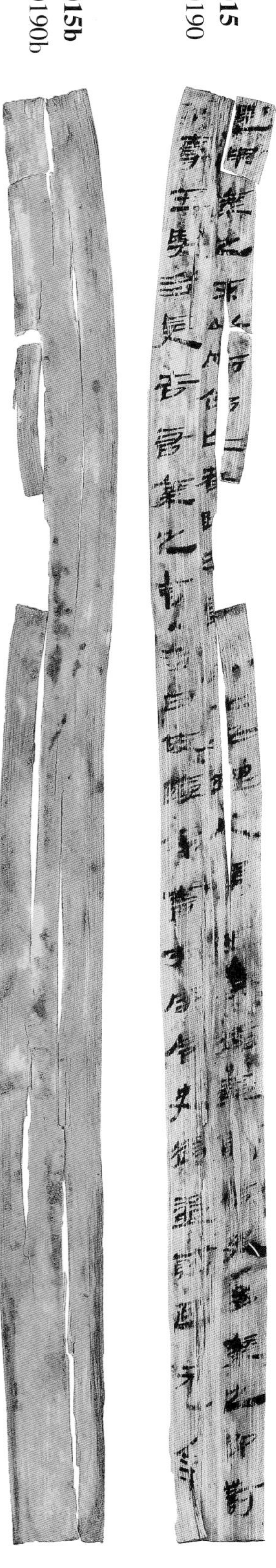

015b
0190b

須臾乘之來，以所召亡者臨湘邸里大女理人屬壬與備盜賊令史多。乘之即對

令壽，壬與多受告。若乘之言。·多曰：故監葆嗇夫，守令史備盜賊，迺元年

016
0352

016b
0352b

六月辛丑夜，令壽召多，告曰：橘州中有亡者，人在
宮司空，新使令

017
0410

017b
0410b

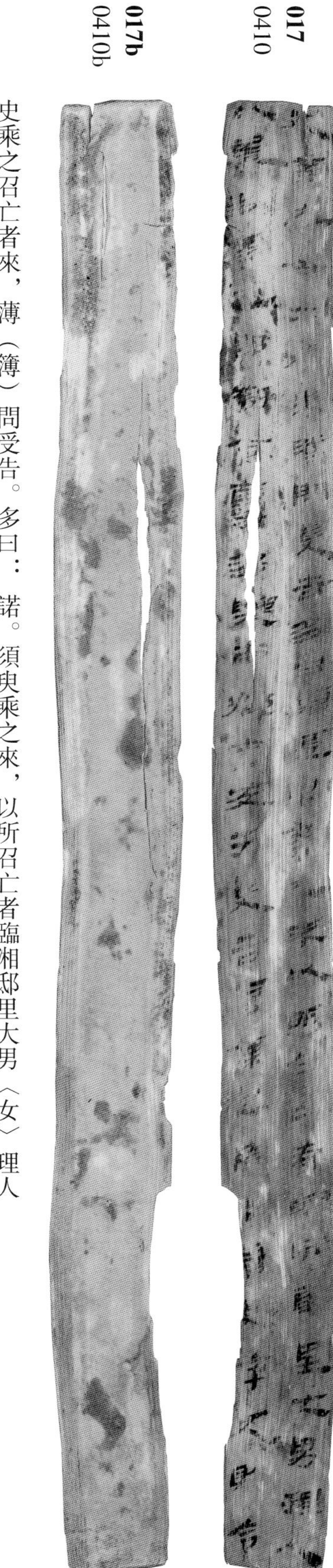

史乘之召亡者來，薄（簿）問受告。多曰：諾。須臾乘之來，以所召亡者臨湘邸里大男〈女〉理人
以屬多。乘之即對令壽，多與南鄉嗇夫壬受告。若乘之。辟、報若辤（辭）。卒史則、令

018
0351

018b
0351b

吏嬰、亭長意□卒史重、守長寰、丞袑、俠與獄史獻、則、尊、監戮、捲、稗、醜人以鞫獄皆不
審，先在正月壬寅赦前不論。它若劾、辤（辭）。乘之司寇、隸臣、鬼新（薪）、命髡鉗城旦作二歲罪

019
0338

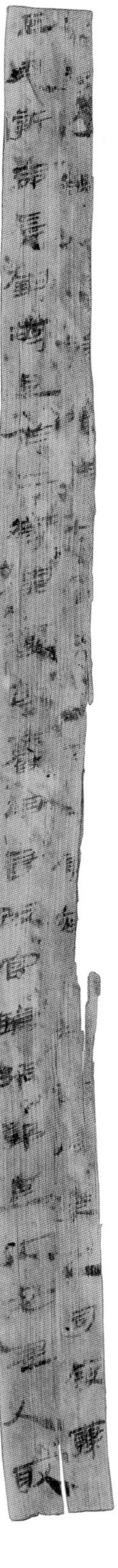

019b
0338b

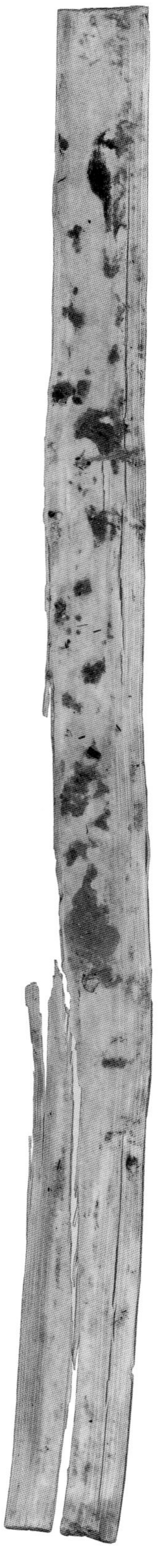

不當，气（乞）鞫□□除[二十七]……正月壬寅赦前未論，除乘之司寇、隸

臣、鬼新（薪）、命髡鉗城旦作二歲罪，復故爵，用若故官[二十八]。臨湘邸里大女理人取

020
0398

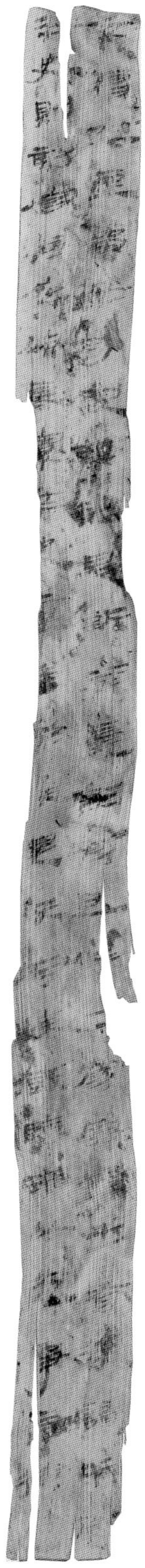

020b
0398b

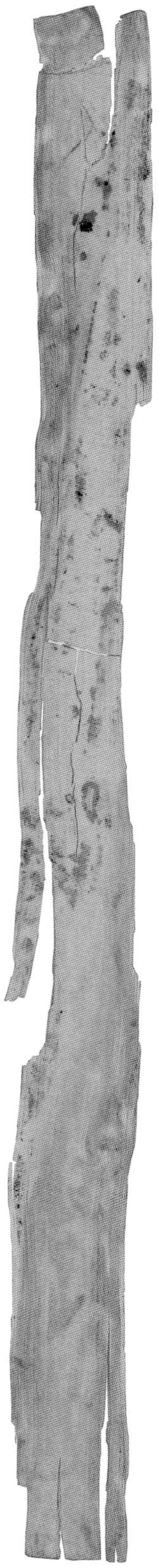

衣繒[二十九]，不逗留，毋司寇、隸臣、鬼新（薪）、命髡鉗城旦作二歲罪，自出，有後請（情）。中尉

卒史則劾，宮司空守長寰、卒史重、丞招受，與俠□，除錄臨湘以從事，若律

（缺簡）

021
0779

021b
0779b

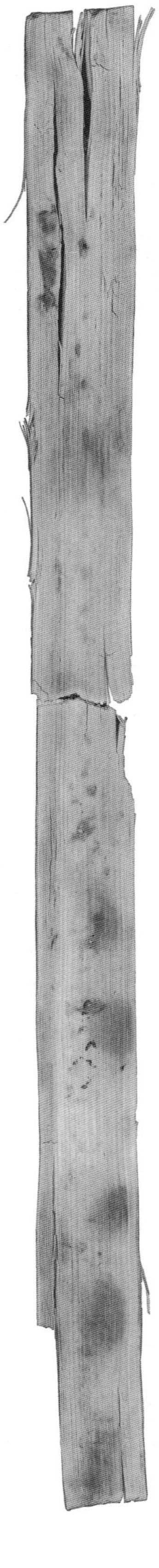

復故爵，用若故官秩，并上劾錄。敢言之。

022
0180

022b
0180b

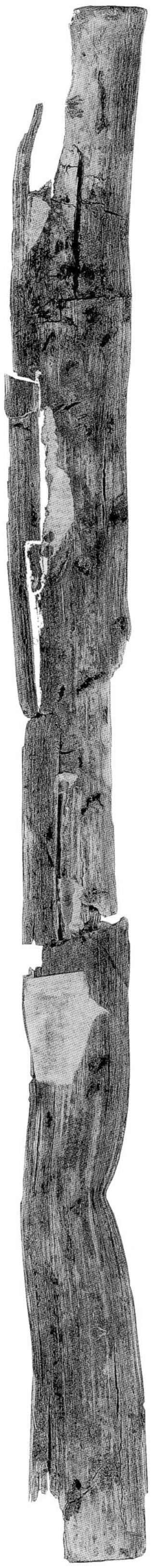

九年四月乙丑朔辛卯，西山陵長行南山長事、□成嗇夫敢告臨湘丞主：臨湘

命髡鉗城旦乘之，故官大夫，牛造里，爲令史，追不智（知）何四男子，獄史獻、尊、黬

023
0661

023b
0661b

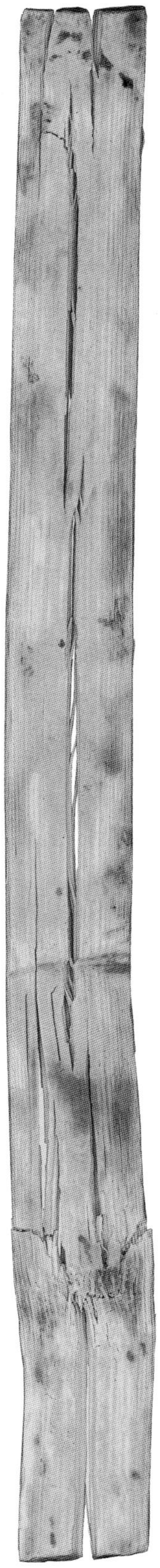

獻鞫，論耐乘之爲司寇。·今乘之辤（辭），後司寇有它解證，案不當論。寰與

丞俠、獄史則、獻鞫其獄誠不審，失司寇罪。毋（無）它，它若乘之，證之。

024
1145

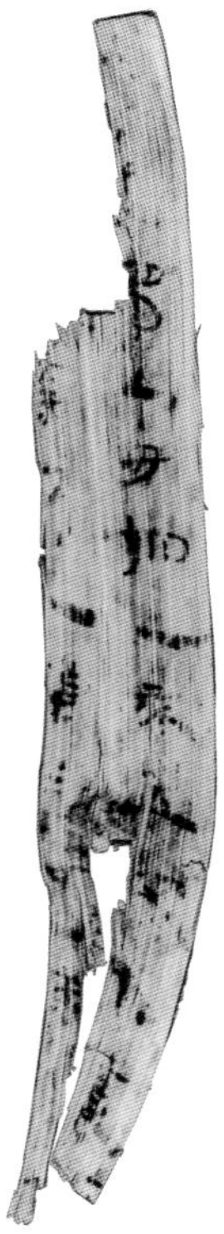

024b
1145b

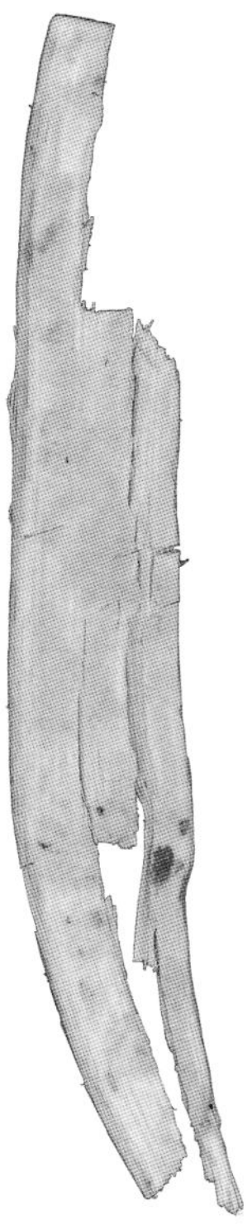

九年四月乙丑朔乙亥，□成嗇夫☐

☐□乘之，故官大夫，牛……☐

紅外綫圖版

025 0754

025b 0754b

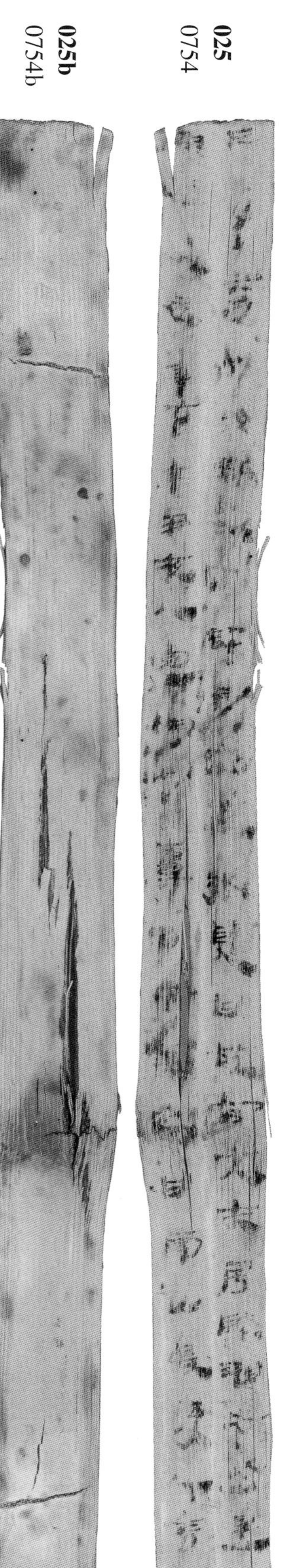

三年六月丁亥，獄史釘訊張乘之，狀辤（辭）曰：故官大夫，居臨湘牛造里，

爲令史。元年六月辛丑夜人定時，令壽召告乘之曰：南山長使人言：

026 0624

026b 0624b

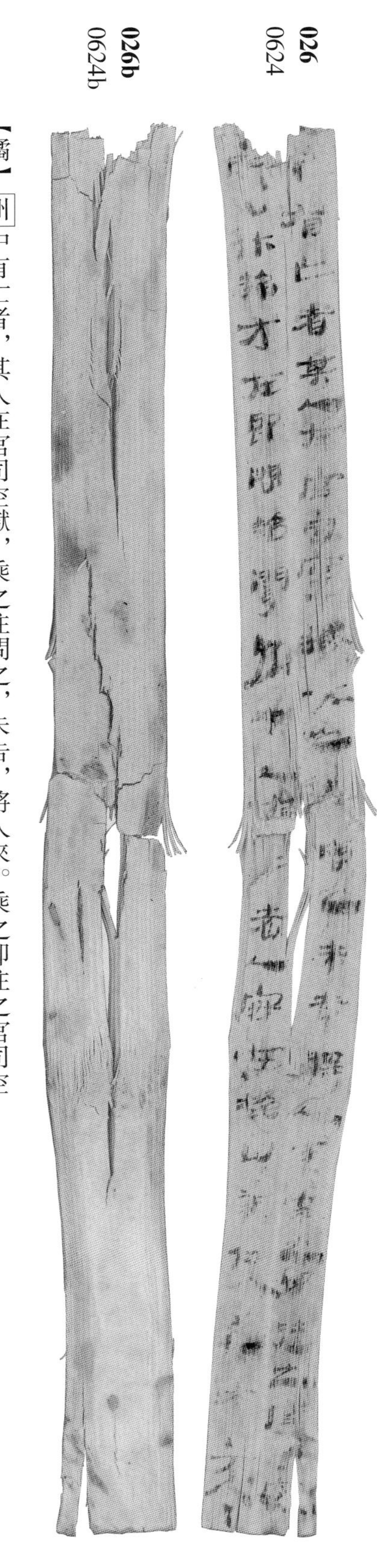

【橘】州中有亡者，其人在宮司空獄，乘之往問之，未告，將人來。乘之即往之宮司空

【獄】，見南山佐超方在，即問超：聞州中人有亡者，人安在？超曰：新使之方來。

（缺簡）

027 1617+0765+1016+0765–1

027b 1617+0765+1016+0765–1b

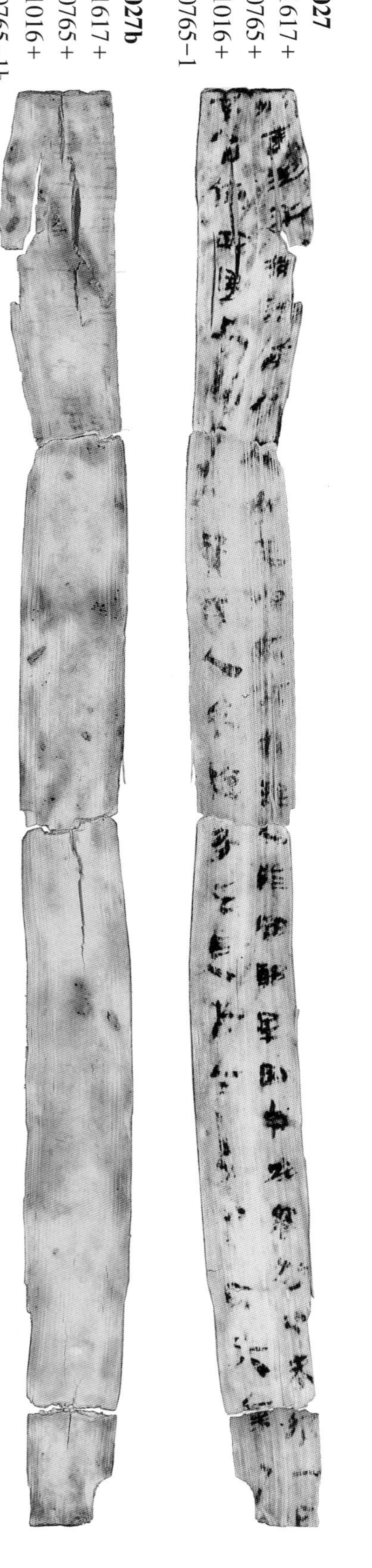

鄉嗇夫壬、備盜賊令史多。【多】、壬問女子者理人，臨湘邸里，園舍在橘州中。未伏一日

不智（知）何四男子操矛鐱（劍）盜理人衣繒，多、壬受告，令壽即與乘之

028
0730+
1616
028b
0730+
1616b

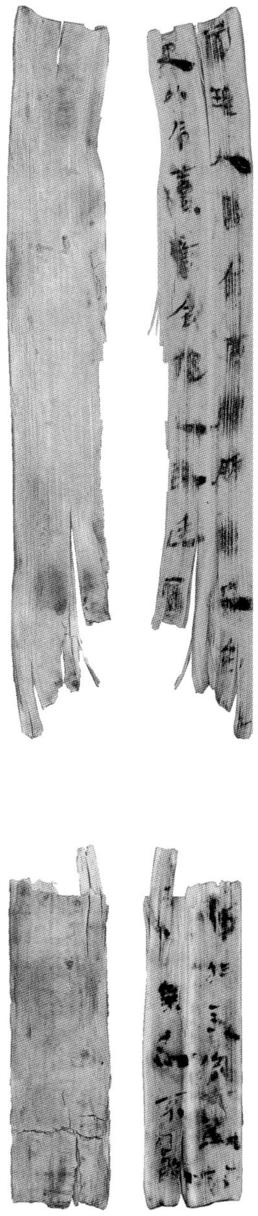

索理人園舍賊開所。乘之召理【人時】，有（又）非主備盜賊
吏，以令壽言召理人致廷，屬【壬】、多，乘之不敢

029
1654+
0698
029b
1654+
0698b

回辟（避）逗留，卒史則劾乘之，移宮【司空獄】史則治，乘之具以請（情）
實置辤（辭），不回辟（避）逗留，則、多、寰【治（笞），乘】之度不能勝，自誣順劾服

030
0269
030b
0269b

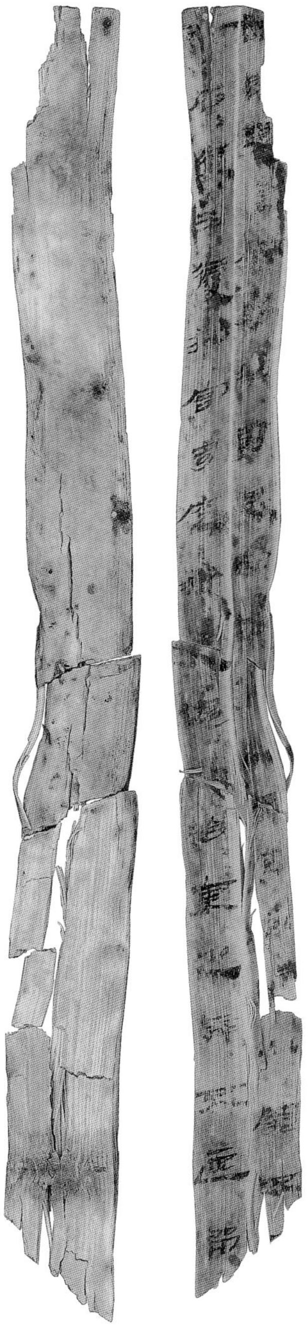

論，則與長寰、丞袑鞫其獄，論乘之爲司寇。自以罪不當⧄
千石復治，覆獄宮司空獄史醜人治，乘之辤（辭）不逗留⧄

031
0318

031b
0318b

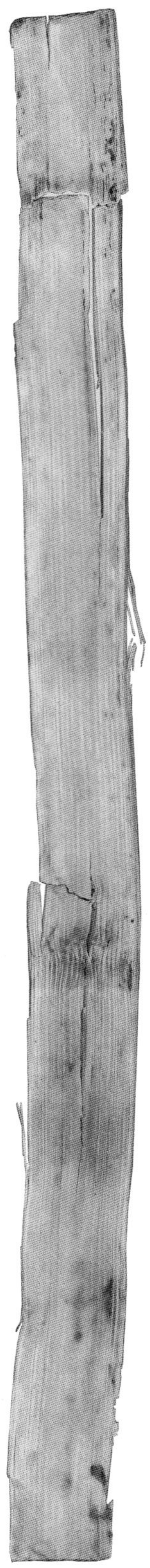

晝夜訊治（笞）乘之，其恐，服論，乘之自誣應（應）前獻辤（辭）。气（乞）鞫不審，
醜人與長祒、丞佽鞫其獄，駕（加）論耐乘之爲隸臣。欲復气（乞）

032
0724

032b
0724b

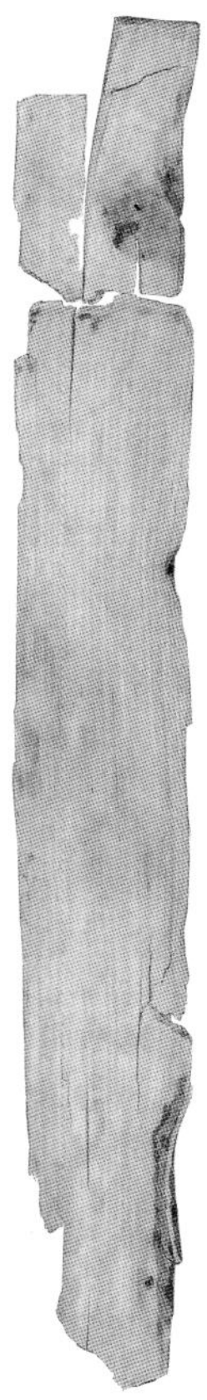

鞫，弗聽，即去亡，欲之漢縣，治後請（情），□☐
亡駕（加）論耐乘之爲鬼新（薪）輸采铜，以罪不☐

033
0560

033b
0560b

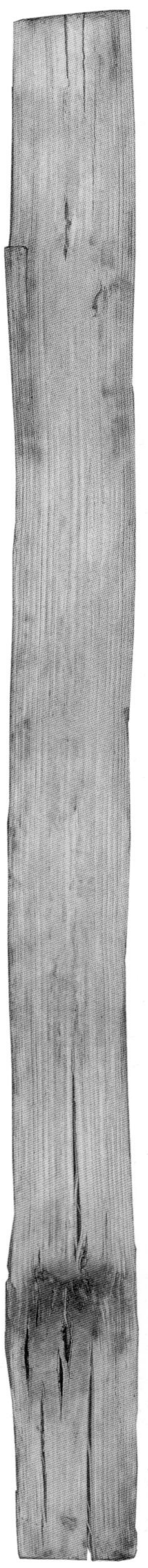

臨湘止賣田宅，未行。意以亡劾乘之，移臨潙，丞蒼、獄史異鞫其獄，駕（加）
論命乘之髡鉗爲城旦。乘之實不回辟（避）逗留，女〔三十〕毋司寇、隸臣、鬼新（薪）、命

034
0280

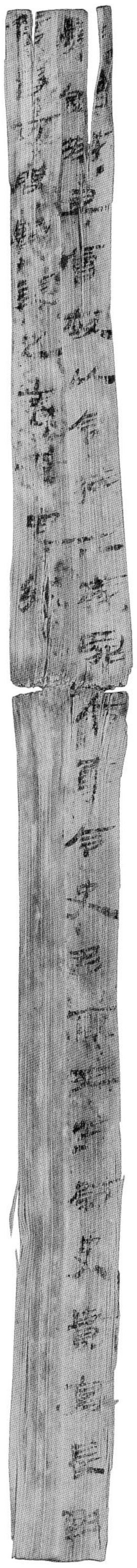

034b
0280b

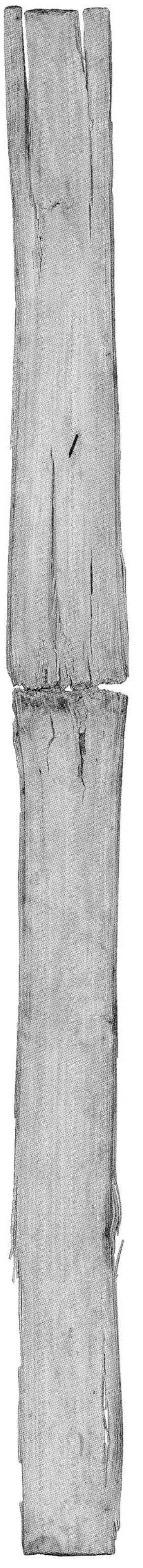

髡鉗城旦會赦以令作二歲罪。令壽、令史多、嗇夫壬、尉史貴、亭長朝、
信皆可問驗。乘之言毋它狀。

035
0559

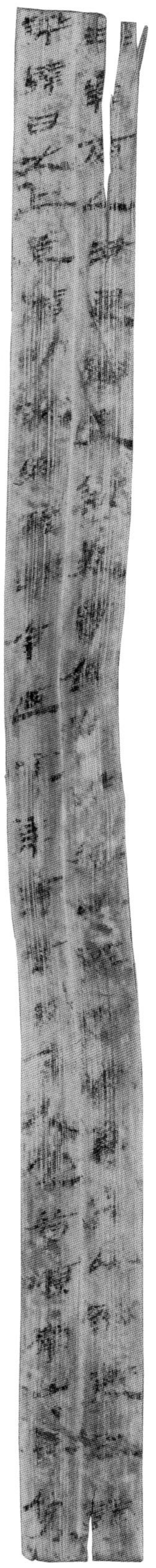

035b
0559b

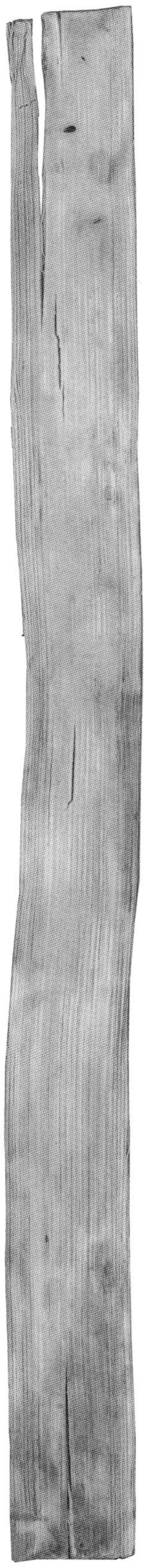

三年七月乙丑，具獄史釘爰書：召壽訊，先以證律辯告，乃以劾乘之辤（辭）
訊，辤（辭）曰：大[三十二]上造，臨湘，故爲臨湘令。迺元年六月辛丑夜人定有頃，南山長使

036
0536

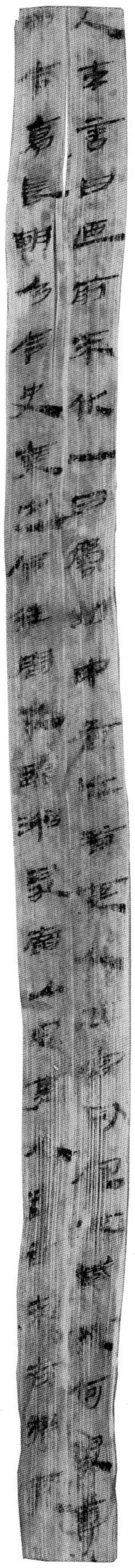

036b
0536b

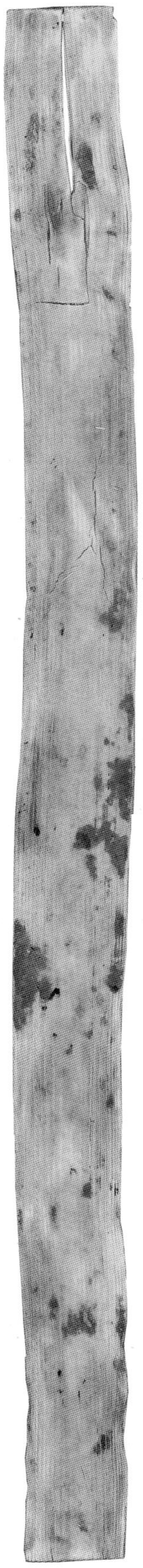

人來言曰：迺前未伏一日，橘州中有亡者，其人在宮司空，不識其何界壽（疇）。
即令亭長朝召令史乘之，令往問在臨湘界、南山界，其人已告未，未告，將其

037
0866

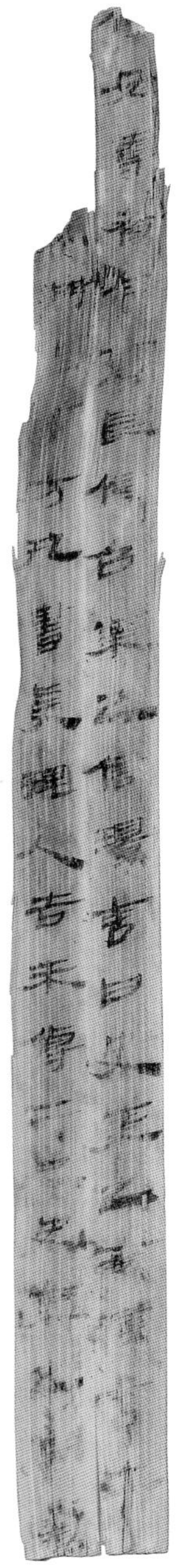

037b
0866b

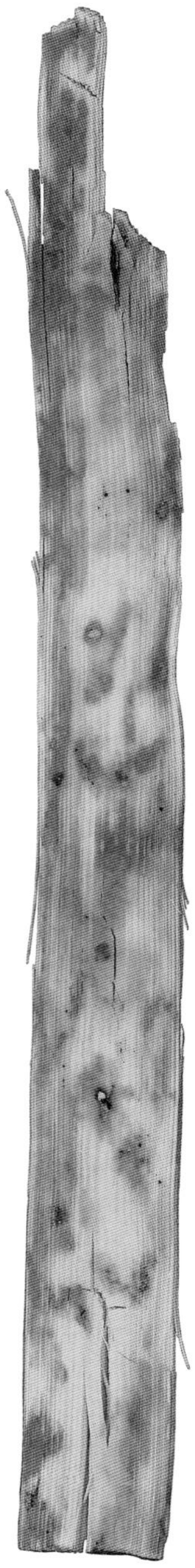

☒□女。壽有（又）令亭長信召乘之。信環（還）言曰：史乘之再拜言：亡

☒廷門，多等方扎書受理人告，未傳二尺，史乘之舉實[三十二]

038
0250

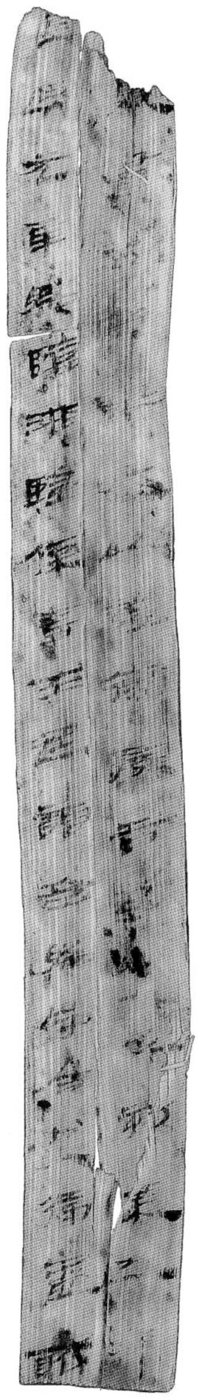

038b
0250b

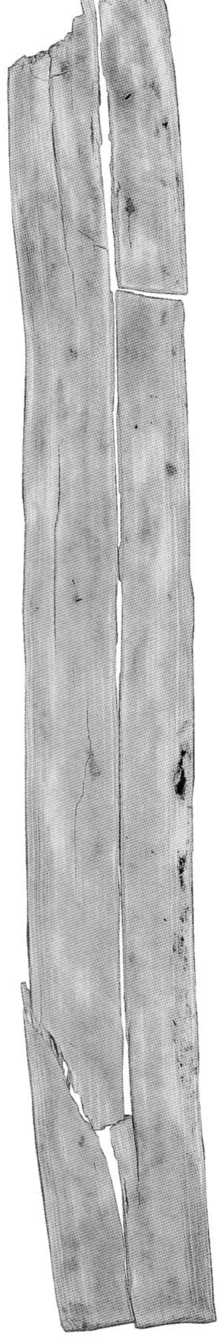

☒爰書：召多訊，先以證律辯告多，乃以劾乘之辤（辭）

☒里，迺元年爲臨湘監葆嗇夫，廷調多爲守令史備盜賊，

039
0222

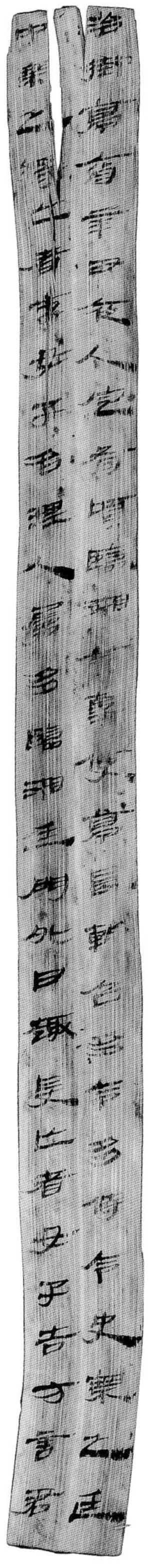

039b
0222b

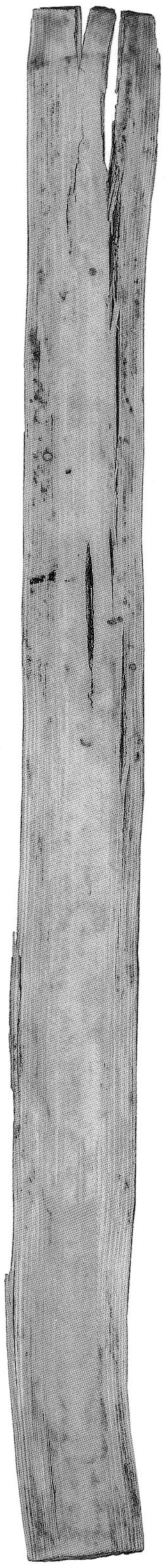

治街亭。六月辛丑夜人定有頃，臨湘令壽使亭長朝召多，令多侍令史乘之廷

中。乘之將亡者來，女子名理人，屬多臨湘廷門外曰：趣[三十三]受亡者女子告，方言君。

040 0404

040b 0404b

多即與令史乘之扎書受告，未已，令壽來到廷門，乘之即舉案[三十四]扎書，已議，

與多、乘之、它人等俱追詣賊開所橋州中。毋（無）它，它若乘之，證之。

041 0668

041b 0668b

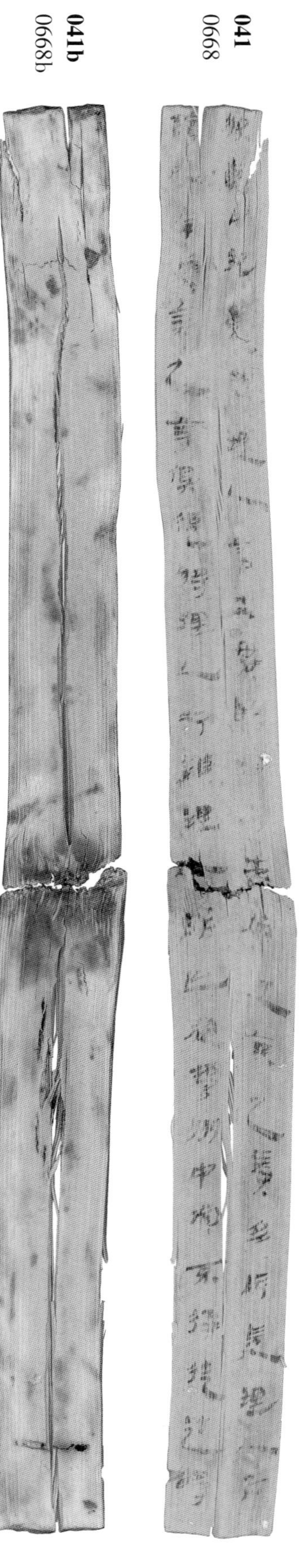

狀辤（辭）曰：扎書受理人言未畢，臨湘令壽、令史乘之責[三十五]多所受理人告，

議已，令史乘之等俱追，將理人行詣理人所亡處橋州中索，不得，徒□將

042 0399

042b 0399b

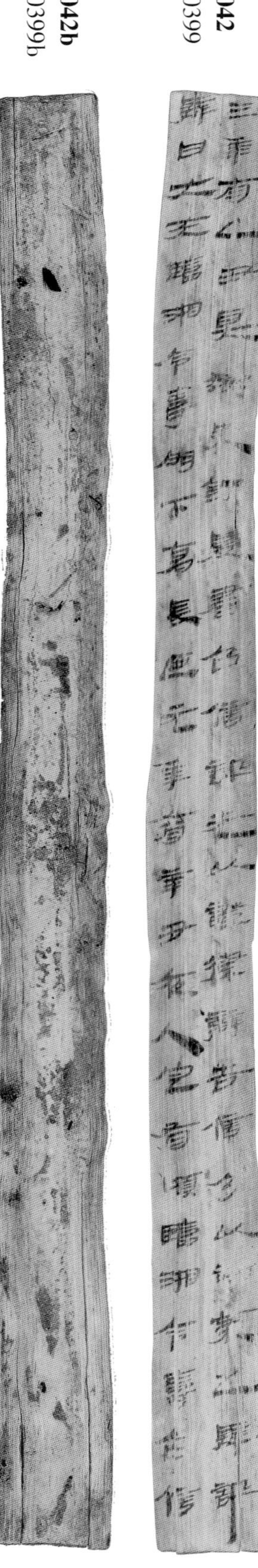

三年七月乙丑，具獄史釘爰書：召信訊，先以證律辯告信，乃以劾乘之辤（辭）訊，

辤（辭）曰：大夫，臨湘令壽門下亭長，迺元年六月辛丑夜人定有頃，臨湘令壽召信

043
0248
043b
0248b

曰：召令史乘之宮司空。信即行出令舍[三十六]門，望廷門有人方行，信曰：若令史

☑遣長信即到廷門，告信門外。乘之言：將教召橋州中亡者，已致在廷

044
0630
044b
0630b

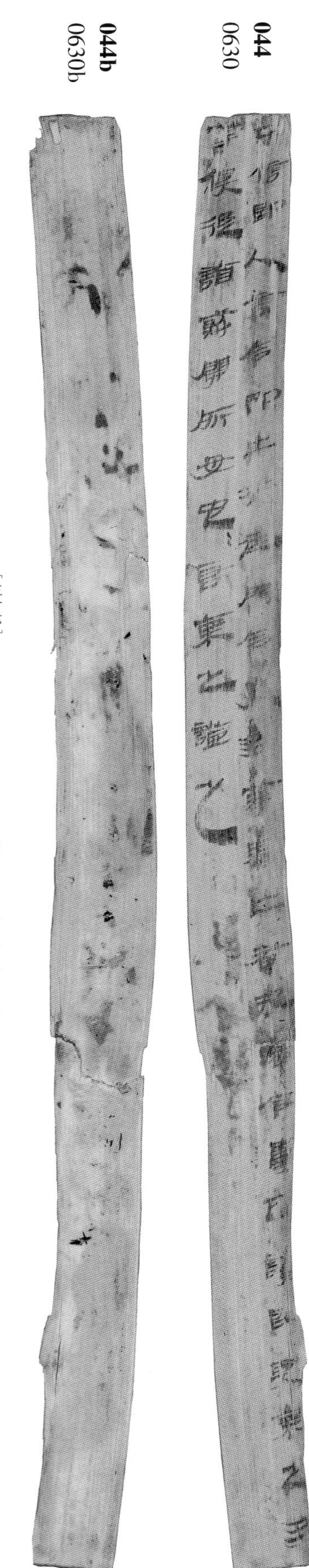

召信，即入言令，即出行廷門，令史多等實[三十七]亡者扎書，令壽已議，即與乘之、多等俱追詣賊開所。毋（無）它，它若乘之，證之。

045
0691
045b
0691b

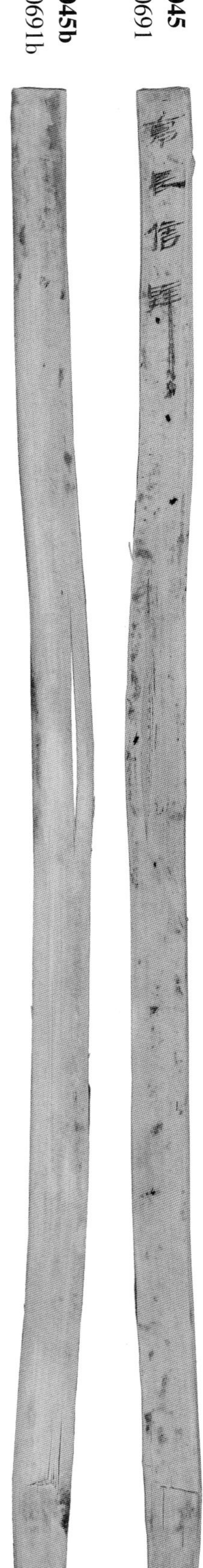

·亭長信辤（辭）

046 0406

046b 0406b

三年七月丁卯，具獄史釘爰書：訊則，以劾乘之辤（辭）辯告，乃訊，辤（辭）曰：臨沅莊里，爲中尉卒史，案督盜賊。迺元年六月辛丑夜昏有頃時，不智（知）何人四男子劫臨湘邸里

047 0397

047b 0397b

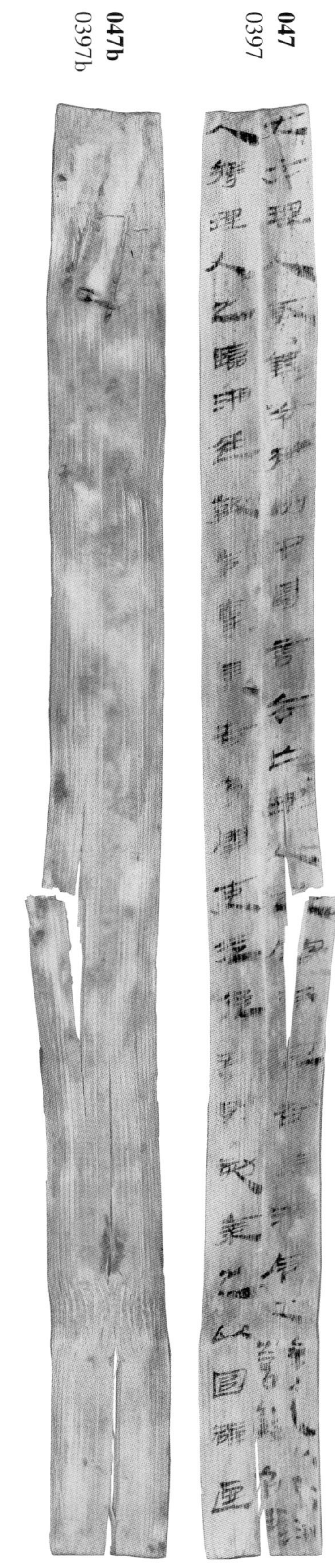

大女理人，取錢衣橘州中園舍，去亡。理人在宮司空，告臨湘，令史乘之以臨湘壽教召理人，將理人之臨湘廷，報令壽，受告，乃開吏徒追捕。則劾乘之以回辟（避）逗

（缺簡）

048 0676

048b 0676b

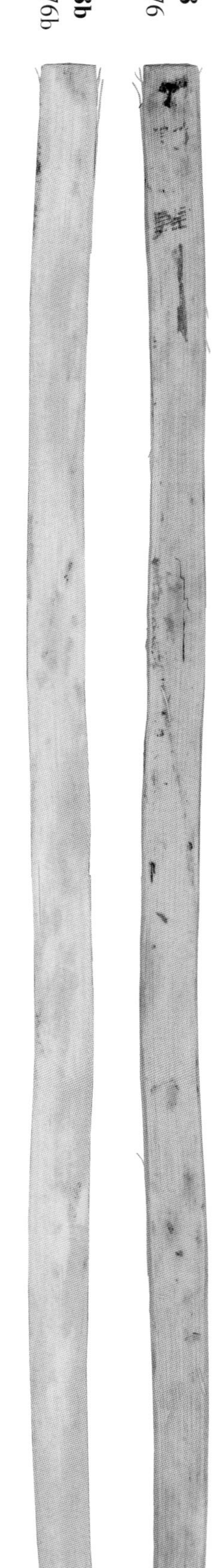

・則辤（辭）

049 1337

049b 1337b

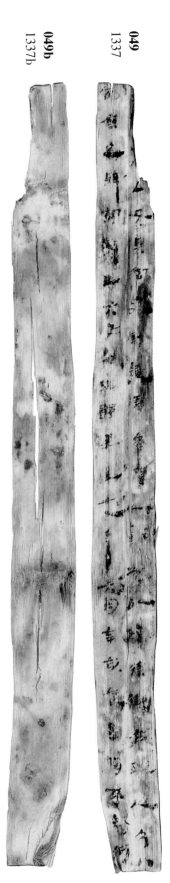

三年七月乙丑，具獄史釘爰書：召理人訊，先以證律辯告理人，乃以

劾乘之辤（辭）訊，辤（辭）曰：大女，臨湘邸里。迺元年六月辛亥夜昏時，不智（知）何

050 0679

050b 0679b

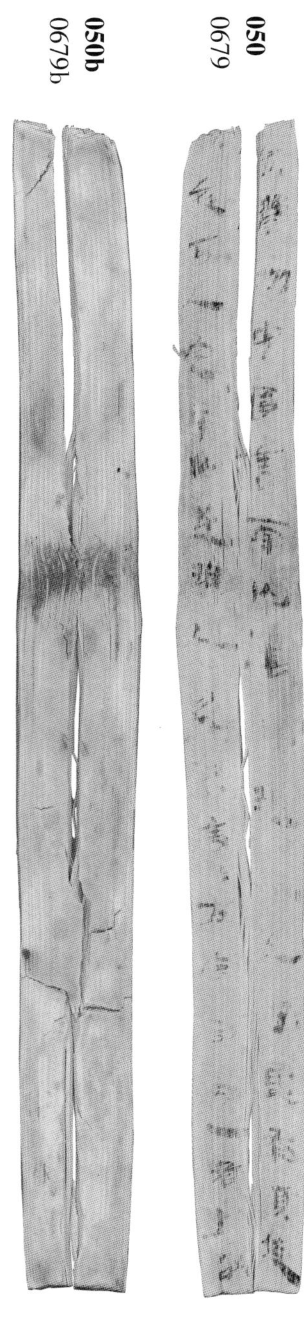

☒夜橘州中園舍，南山長□理人辤（辭），夜昏有頃，使

☒□夜可人定，南山使理人之來言，在宮司空者，上取

051 0773–1

051b 0773–1b

☒□□夜去亡，辛丑日，理人辤（辭）吏南☒

☒□夜夕時吏即將園人與理人薄（簿）問☒

052
0247

052b
0247b

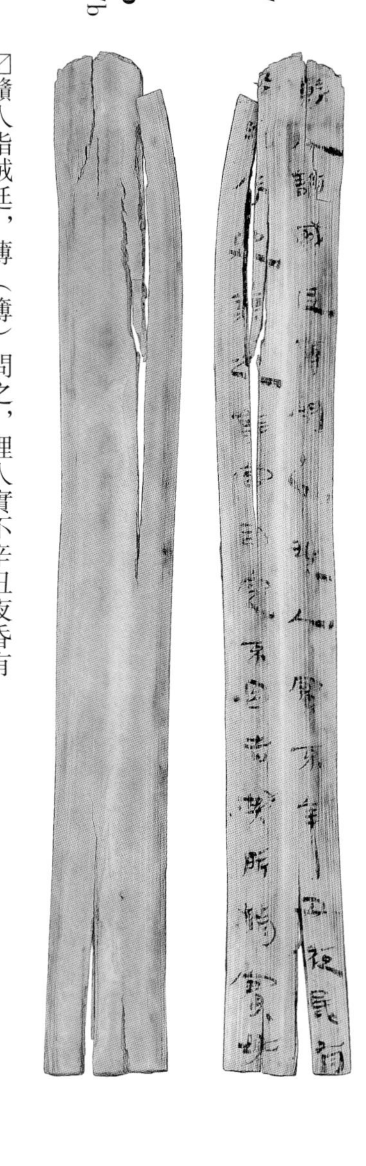

☐贛人詣賊廷，薄（簿）問之，理人實不辛丑夜昏有

☐臨湘令史乘之等宮司空，不因告其所請（情）實，毋

053
0633

053b
0633b

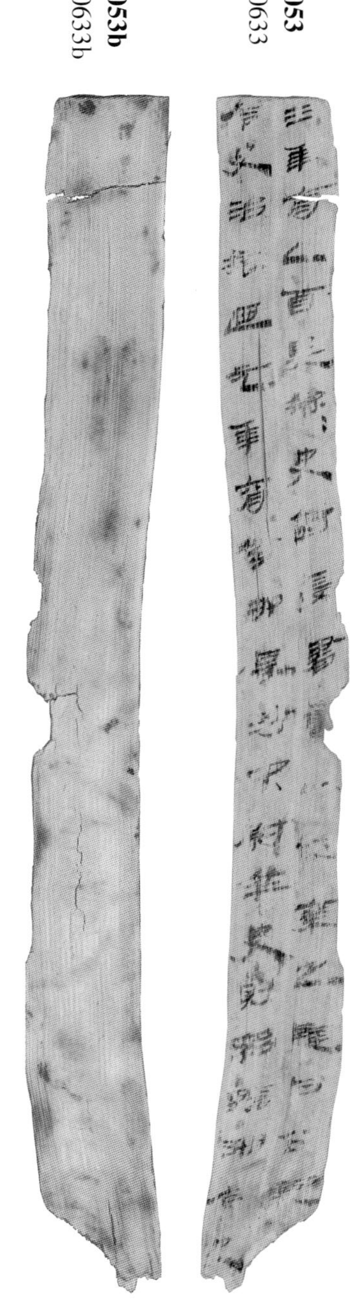

三年七月乙酉，具獄獄史釘爰書：訊以劾乘之辤（辭），曰：公乘☐

令史治獄，迺元年六月癸卯，長沙中尉卒史則移臨湘令史☐

054
0796

054b
0796b

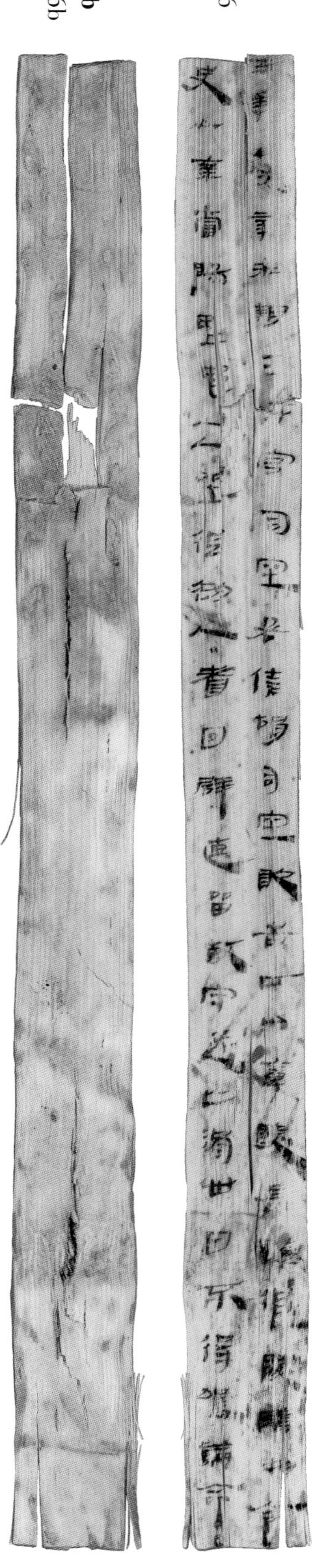

三年二月辛未朔壬戌，宮司空丞僕謂司空，敢告西山、壽陵、長賴、昭陵、臨湘令

史公乘當陽里它人人，坐追劫人者回辟（避）逗留，毄（繫）守邃亡滿卅日不得，駕（加）論命

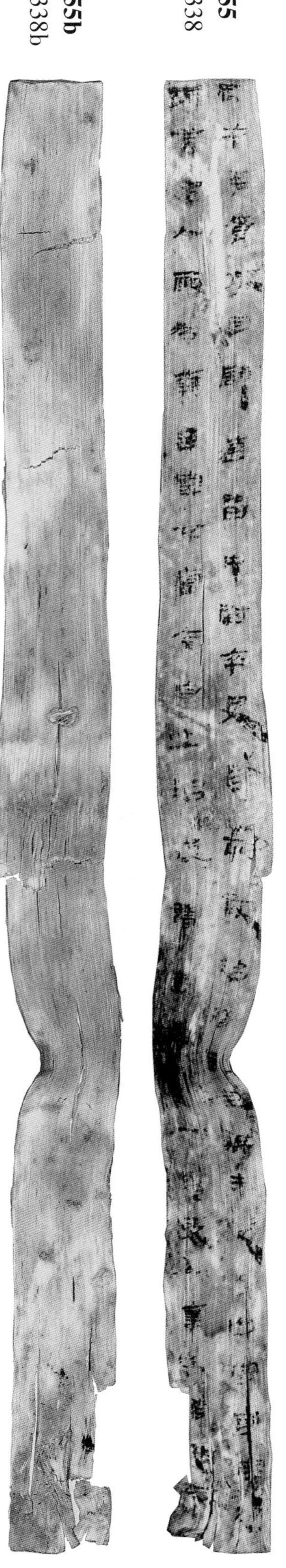

055 1338

055b 1338b

男子，坐，實不回辟（避）逗留，中尉卒史則劾，毄（繫）治宮司空獄未決，去亡，宮司空駕（加）

論命它人耐爲隸臣。罪不當，今自出，治後請（情），置辤（辭），它人曰：故公乘，爲臨湘令

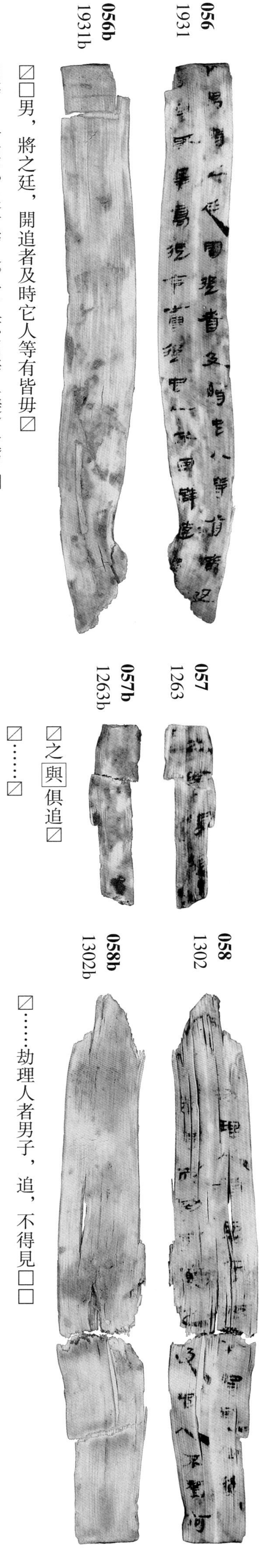

056 1931

056b 1931b

〼□男，將之廷，開追者及時它人等有皆毋〼

〼等自取兵高，從令壽追。它人不回辟（避）逗留〼

057 1263

057b 1263b

〼之與俱追〼

〼……〼

058 1302

058b 1302b

〼……劫理人者男子，追，不得見□□

〼□□□□劫賊，乘之及它人［三十八］不智（知）何

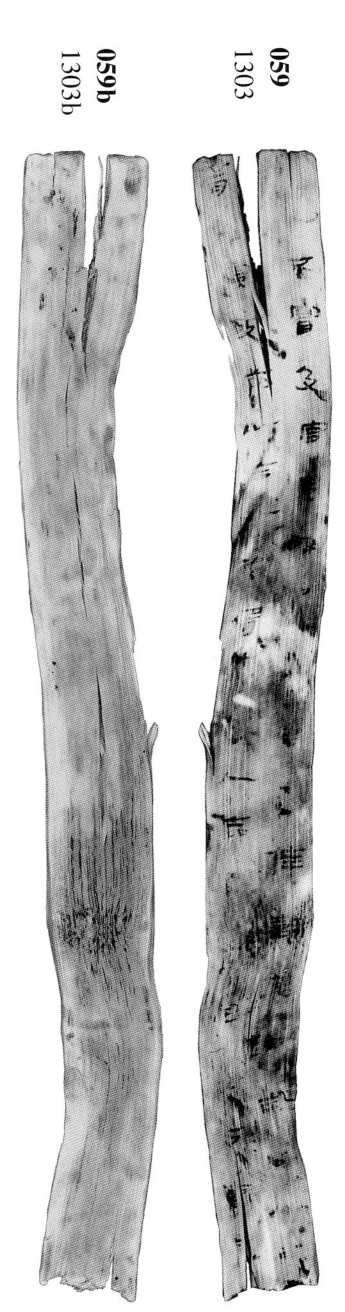

059 1303

059b 1303b

□不實及宮司獄史□□□□驅□□命□□□〼

正月壬寅赦前以令□□治得□以人命□□□復故爵□〼

060
0313

060b
0313b

三年六月乙丑朔庚辰，別治門淺丞福敢告臨湘丞：昭陵獄史削具獄臨湘，即召徵訊辤（辭）

061
0133

061b
0133b

三年六月乙丑，具獄昭陵獄史削爰書：名〈召〉徵，先以證得〈律〉及以刻（劾）它人辤（辭）訊，自〈曰〉：士五（伍），臨湘烻年里，元年六月中爲郵人，居槅門。其辛夜，令史它人等開徵俱之宮司空門亡者女子

062
0935+
0384

062b
0935+
0384b

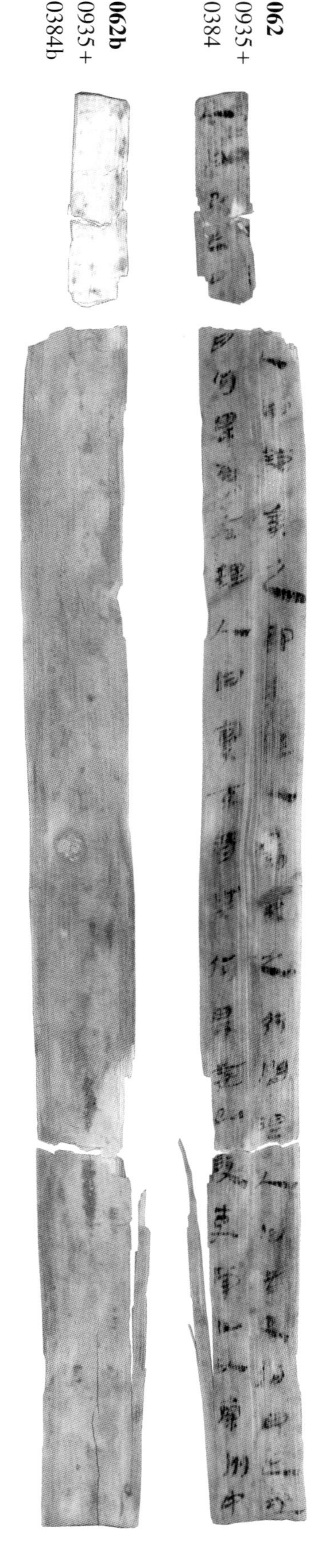

……人曰：諾。乘之即將理人屬。乘之行問理人曰：女子，何日亡？理人曰：已亡□……曰：何界壽（疇）在？理人曰：實不智（知）其何界，妾已辤（辭）吏南山，以索州中

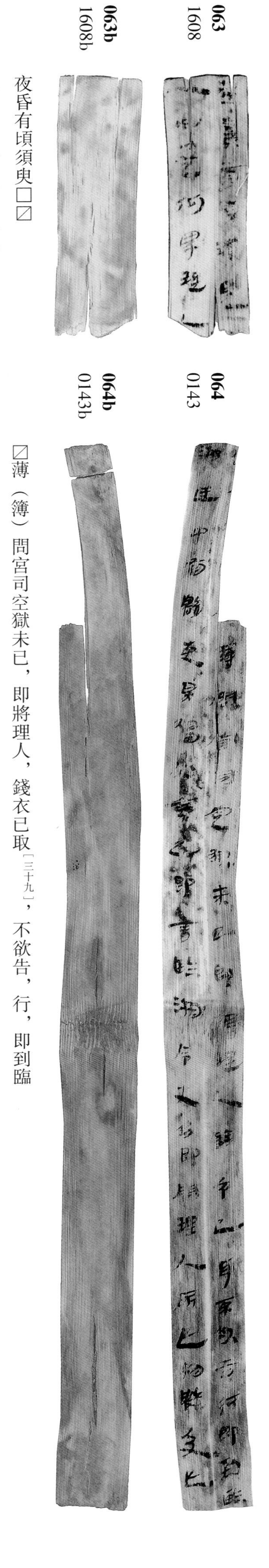

063
1608

063b
1608b

夜昏有頃須臾□〼

之曰：見何界？理人〼

064
0143

064b
0143b

〼薄（簿）問宮司空獄未已，即將理人，錢衣已取[三十九]，不欲告，行，即到臨

湘廷中，有數吏炅燭火，乘之即言臨湘令史多，即問理人所亡物數及亡

065
0462+
0463

065b
0462+
0463b

〼邸里大女理人取錢衣，辛丑夜，[乘]【之】將理人之臨湘，報令

〼捕臨湘邸里……請（請）實辤（辭）引證，獄史則弗

066
0761

066b
0761b

即開[吏徒]□[詣橘州中]賊開所□〼

[乘]之與中尉卒史則爭言罪案失□乘[之]〼

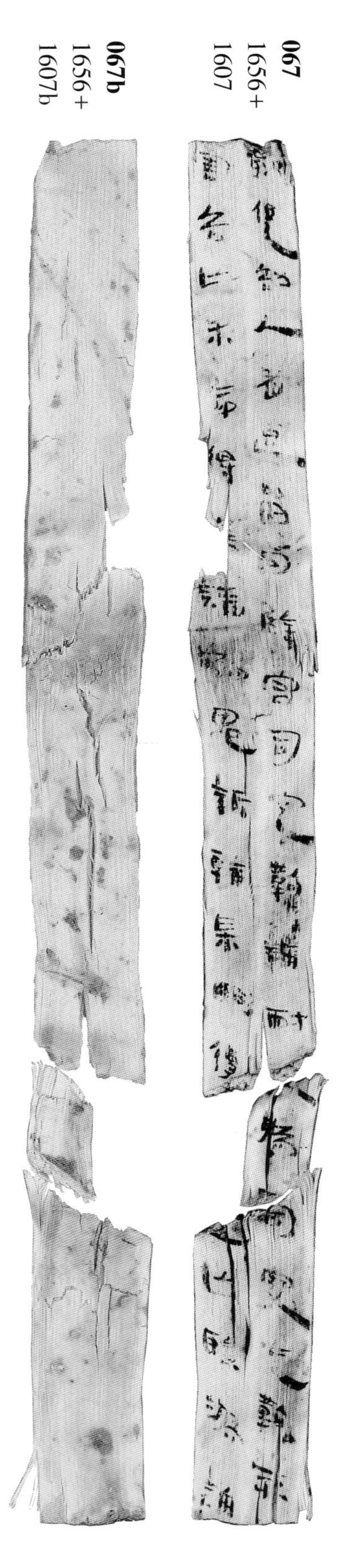

067
1656+
1607

067b
1656+
1607b

[劾]追劫人者逗留回辟（避），宮司空鞫論耐【乘】[之]爲司寇，气（乞）鞫不

審，去亡，未命，得，[駕]（加）論耐鬼新（薪）輸采銅。復……□亡，臨湘論

068 0777

068b 0777b

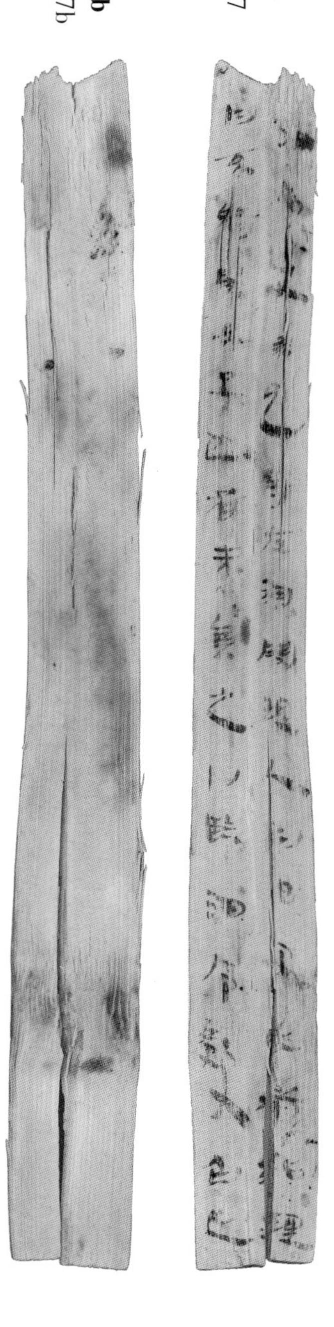

☐[湘]令史乘之等在獄問理人曰：女子，亡者非？理

☐□曰：不[舉]案女子已告未？乘之曰：臨湘令教召亡

069 0562

069b 0562b

五年十月壬辰，獄史章詰訊乘之：笱（苟）不回辟（避）逗留，气（乞）鞫不不審，

前服獄，解何？舜（辭）曰：實不回辟（避）逗留，气（乞）鞫不審，前獄不勝吏治（笞），以故

070 0621

070b 0621b

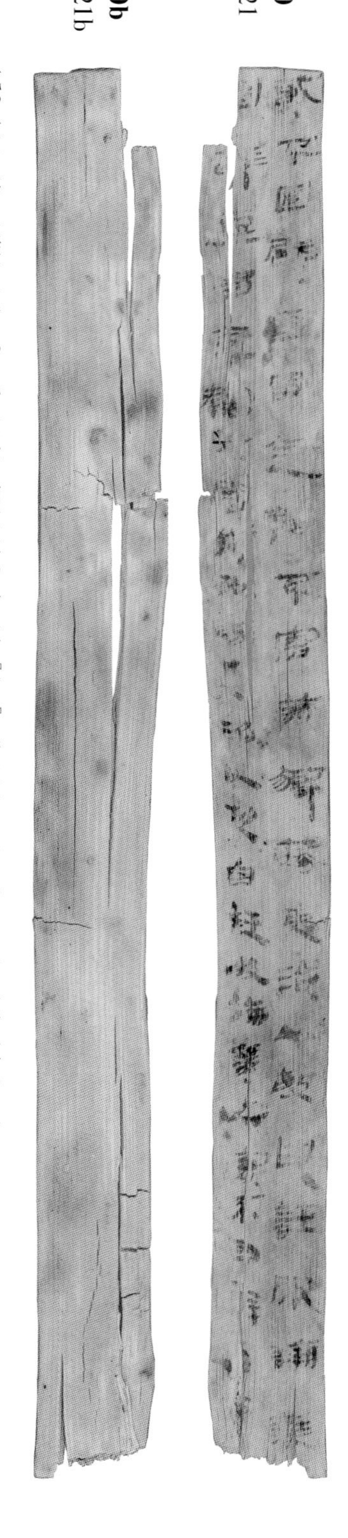

賊，不回辟（避）逗留，气（乞）鞫不審，前獄〖不〗勝吏治（笞），以故自誣服論，乘☐

[回]辟（避）逗留，气（乞）鞫不審，前獄〖不〗勝吏治（笞），以故自誣服論，乘之實不回辟（避）逗留☐

071 0848

071b 0848b

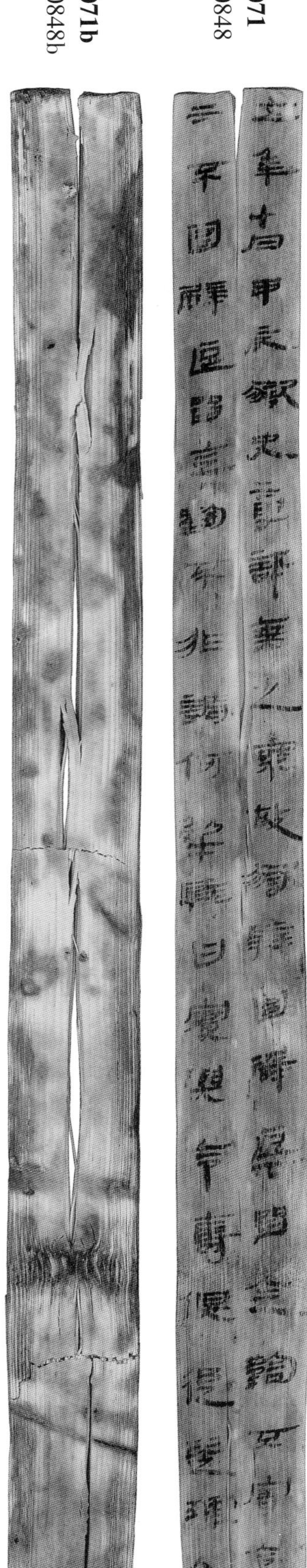

五年十月甲辰，獄史章訊乘之：案故獄，辤（辭）回辟（避）逗留，气（乞）鞫不審。令〈今〉

云不回辟（避）逗留，气（乞）鞫不不非請（情），何解？辤（辭）曰：實與令壽俱追盜理人

072 0403

072b 0403b

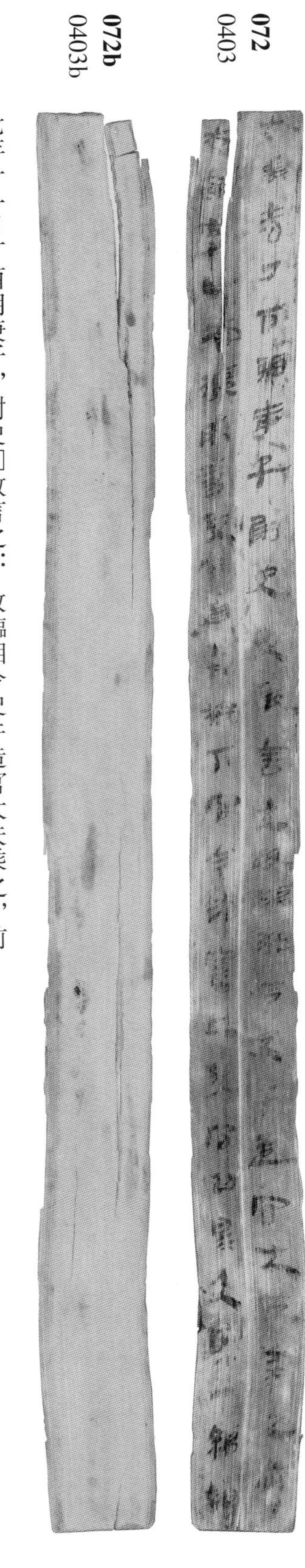

七年十一月丁酉朔庚子，尉史□敢言之：故臨湘令史牛造官大夫乘之，前

有論事已，當復用若故官，自言補下官。今謹寫上故官功墨及案一編，謁

073 0407

073b 0407b

☑庚辰朔己酉，尉史據爰書：臨湘故令史牛造里官大夫張乘之自

☑有論事已，當復用若故官秩，自占故官功墨。

074
0421

074b
0421b

七年九月壬戌朔壬申，尉史據爰書：臨湘故令史牛造官大夫張乘之自言：前有論事已，當復用若故官秩，自占故官功墨。

075
0416

075b
0416b

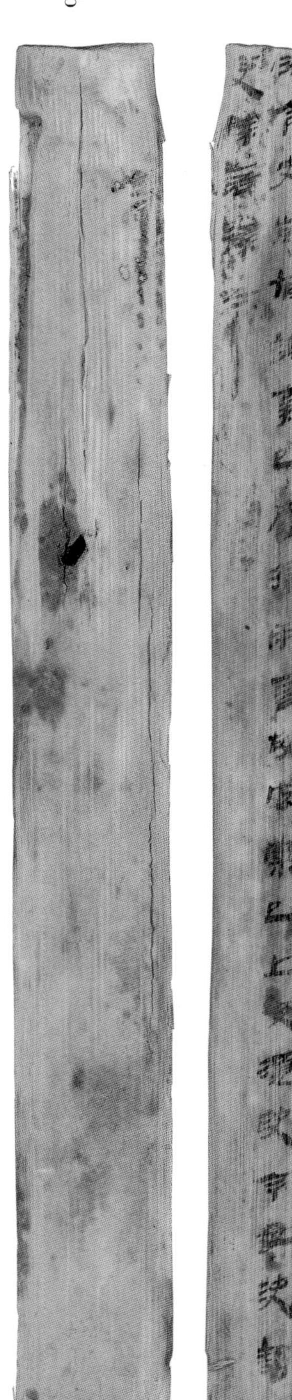

八年四月辛丑朔丁酉，尉史方河人爰書：牛造里官大夫張乘之自言：故爲臨湘令史，前有論事已，當復用若故官，案已上及須決，今毋決，謁補下官缺吏，除若律令。

076
2097

076b
2097b

☐辛丑朔癸亥，尉☐

☐……☐

077
1282

077b
1282b

三年六月己巳朔壬午，尉史☐

乘之坐劾追捕劾人者☐

078
0666

078b
0666b

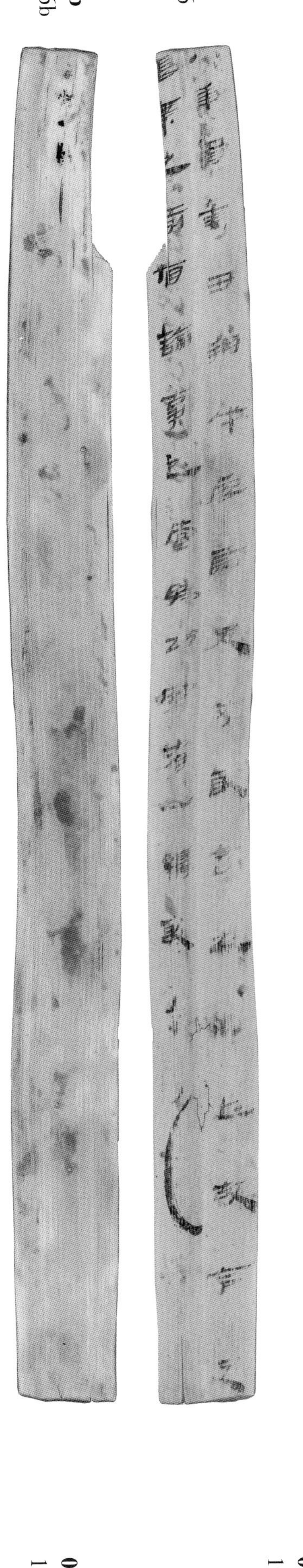

八年四月辛丑朔戊辰，尉史方敢言之：謹上故令史
張乘之前有論事已當爲功舉者一編。敢言之。

079
1975

079b
1975b

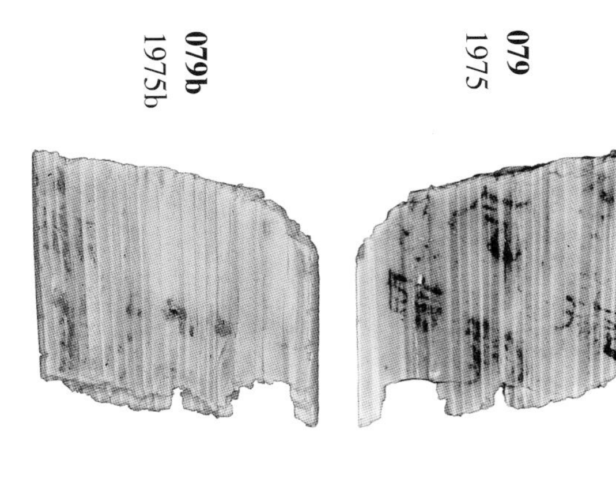

☐史據☐
☐气（乞）鞫☐
☐□臨☐

080
0534

080b
0534b

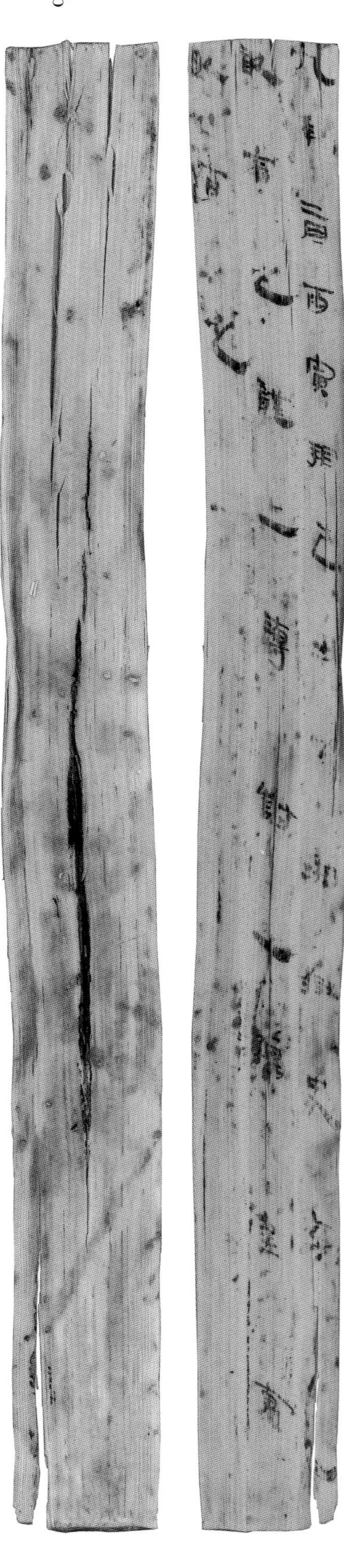

九年二月丙寅朔己丑，臨湘獄史乘之
敢言之：謹上薄（簿）對一編書實。
敢言之。

081
0773

081b
0773b

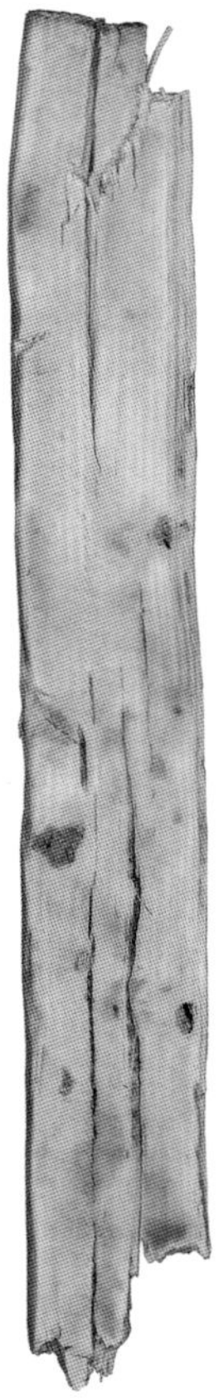

故臨湘斗食令史官大夫張乘之自占故官功☐

☐斗食令史勞三歲八月。

082
1308

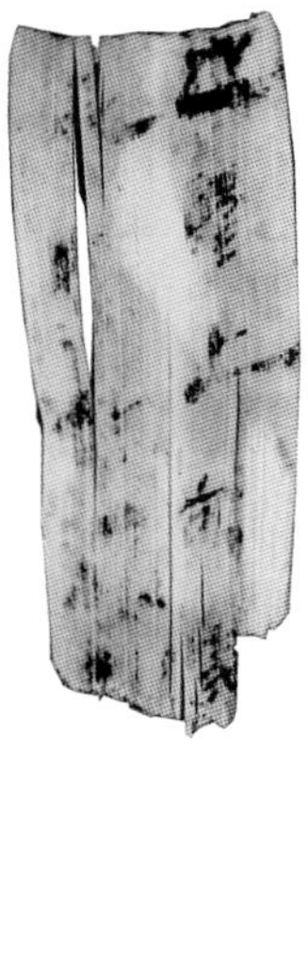

082b
1308b

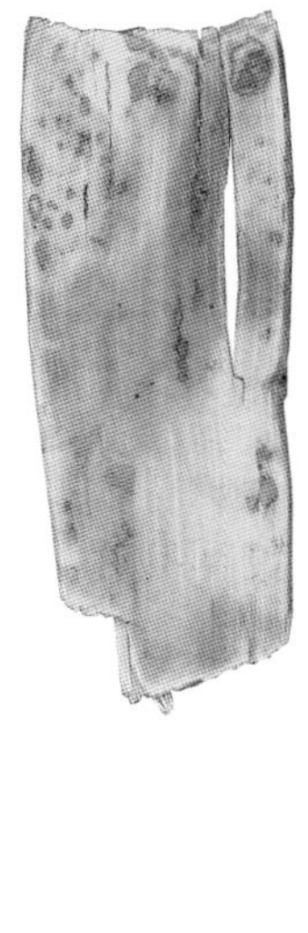

之謹上故爵☐

……☐

083
2129+
2130

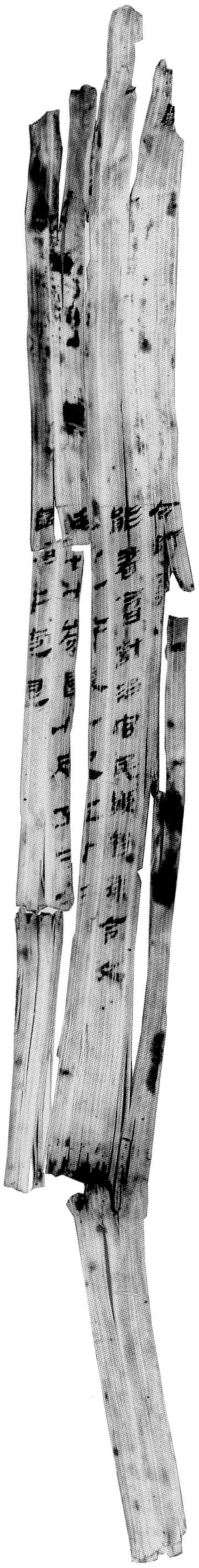

083b
2129+
2130b

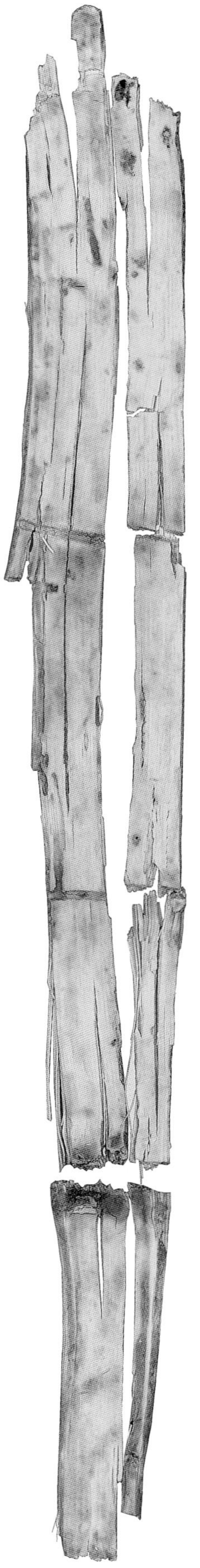

今論事已

能書會計治官民頗智（知）律令文

年廿七歲長七尺五寸☐

臨湘牛造里

084
2130-1

084b
2130-1b

故六月獄盡九月未繼以故毋案

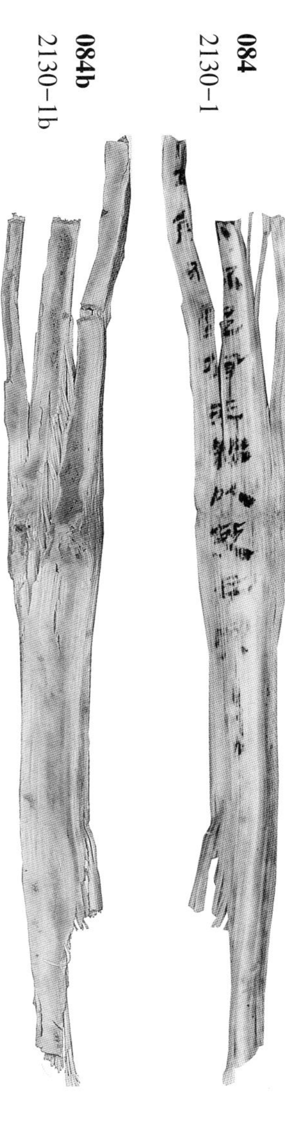

085
0212

085b
0212b

治其計誤説服，爲校牒，在四月丙辰赦前，責，有它重

罪，坐留臨湘牛造里張乘之上書傳滿五日，亡命耐

086
0241

086b
0241b

□治其計服，爲校牒，責，有它重罪，坐留

張乘之欲（？）上書傳滿五日，亡命耐爲鬼

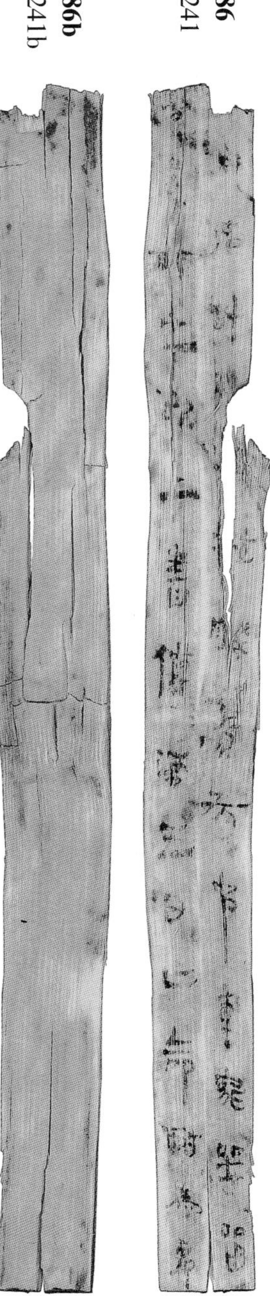

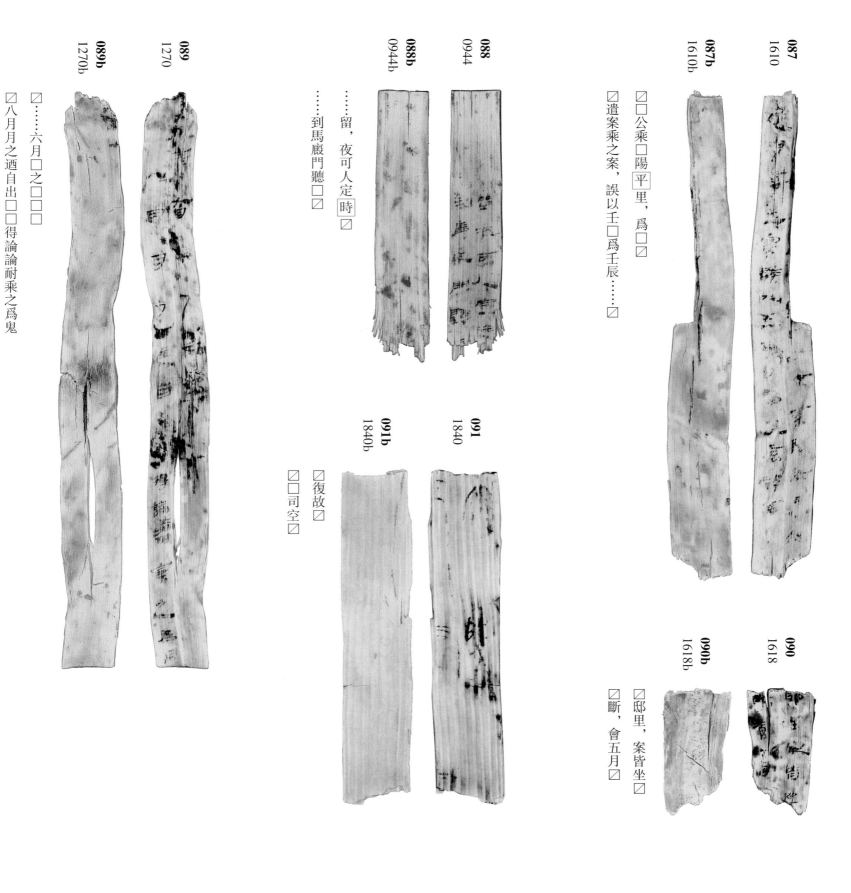

087 1610

☑□公乘□陽平里，爲□☑

087b 1610b

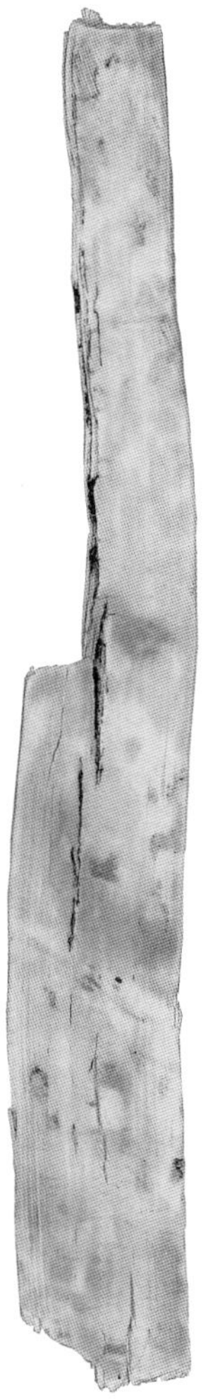

☑遣案乘之案，誤以壬□爲壬辰……☑

090 1618

☑邸里，案皆坐☑

090b 1618b

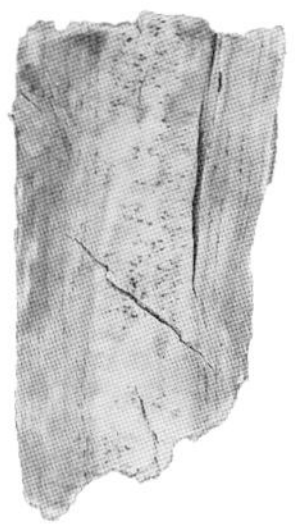

☑斷，會五月☑

088 0944

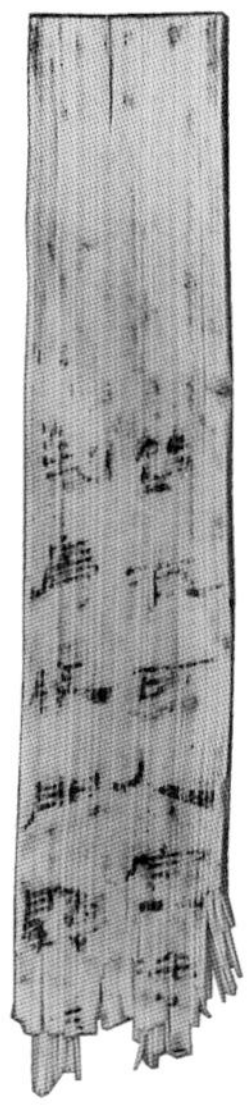

……留，夜可人定時☑

088b 0944b

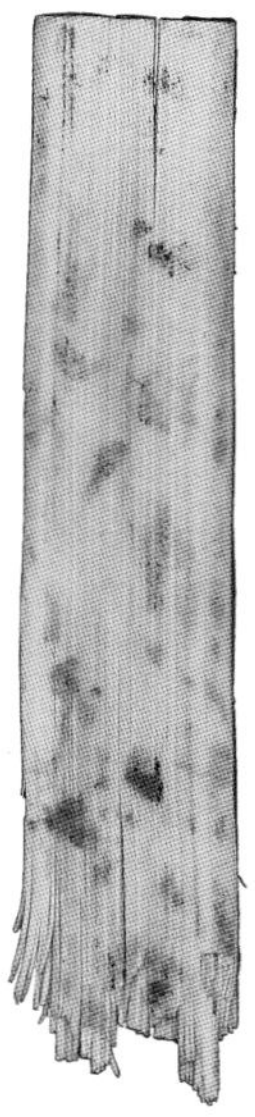

……到馬廄門聽□☑

091 1840

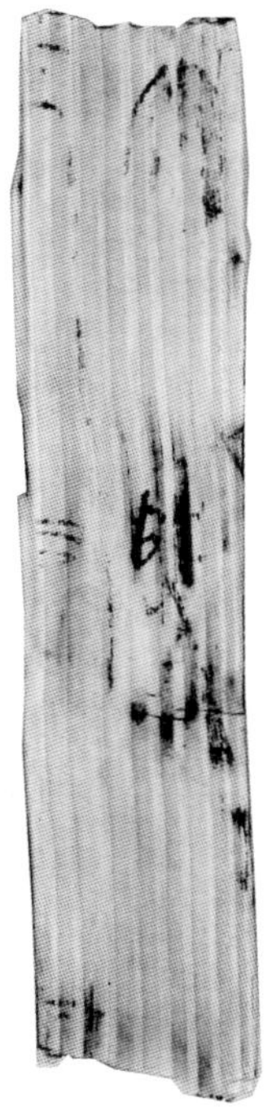

☑復故☑

091b 1840b

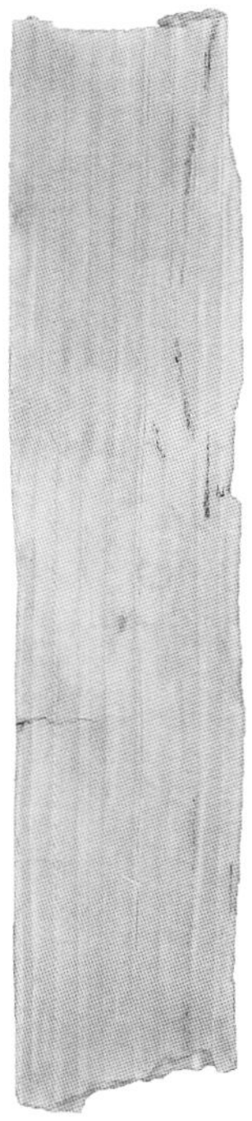

☑□司空☑

089 1270

☑……六月□之□□□

089b 1270b

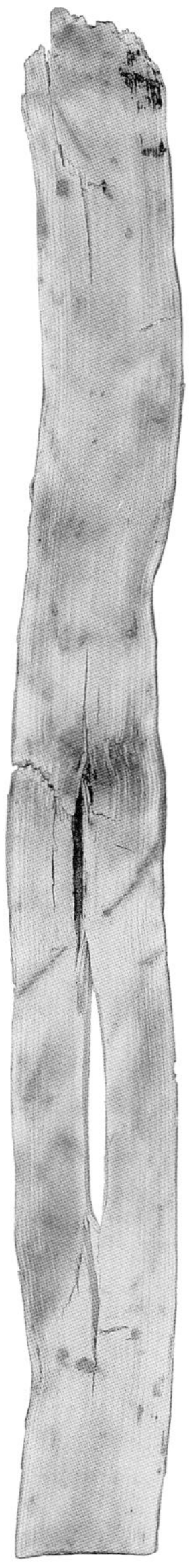

☑八月月之廼自出□□得論論耐乘之爲鬼

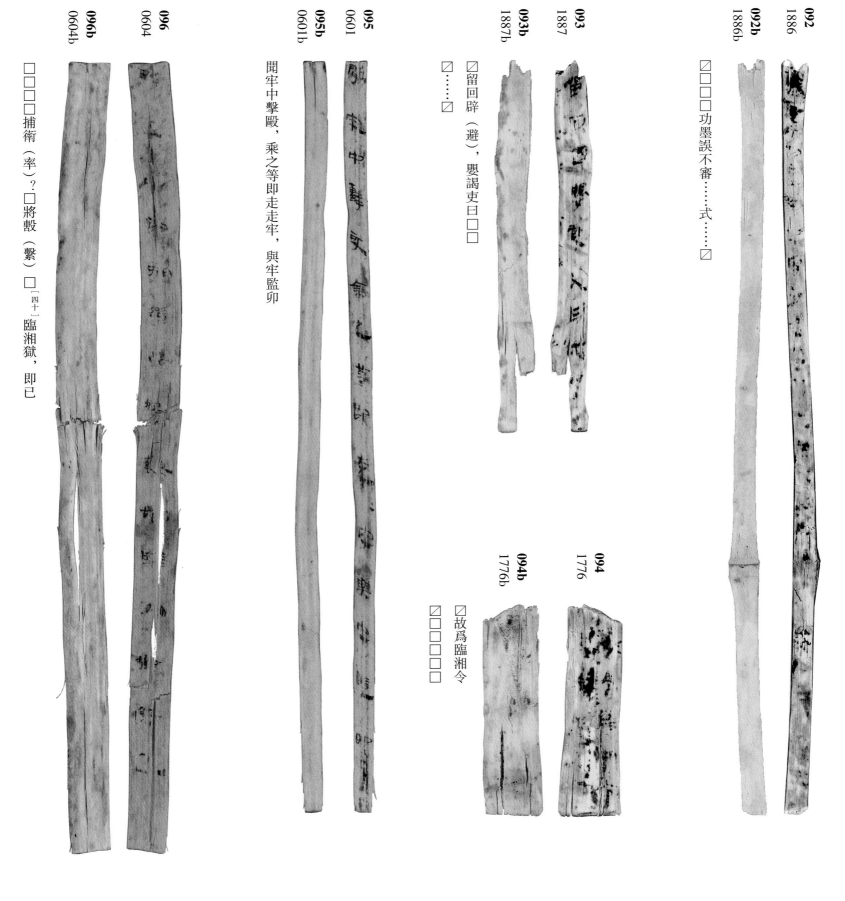

092 1886
092b 1886b

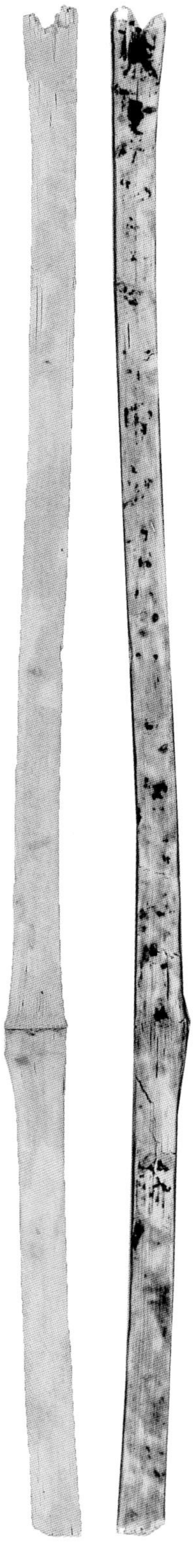

☒□□□功墨誤不審……式……☒

093 1887
093b 1887b

☒留回辟（避），嬰謁吏曰□□

☒……☒

094 1776
094b 1776b

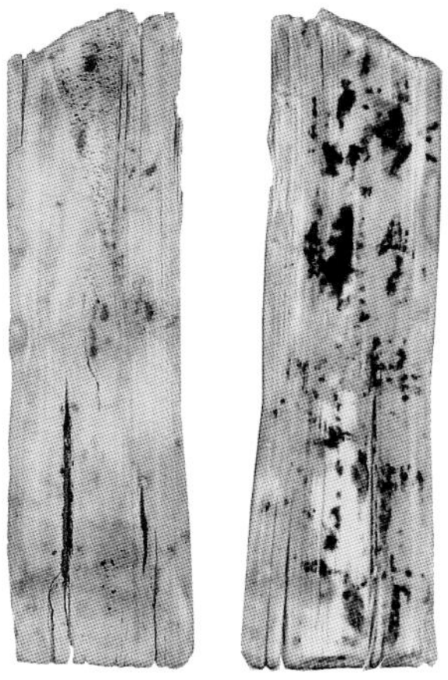

☒故爲臨湘令

☒□□□□□

095 0601
095b 0601b

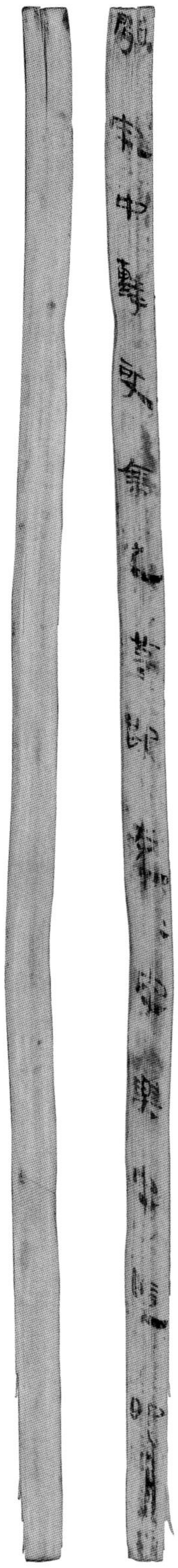

聞牢中擊毆，乘之等即走走牢，與牢監卯

096 0604
096b 0604b

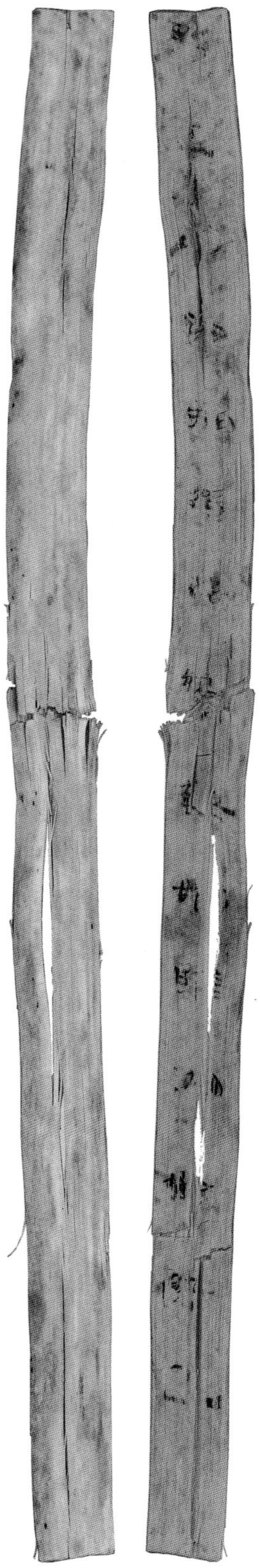

□□□□捕衛（率）？□將毄（繫）□[四十]臨湘獄，即已

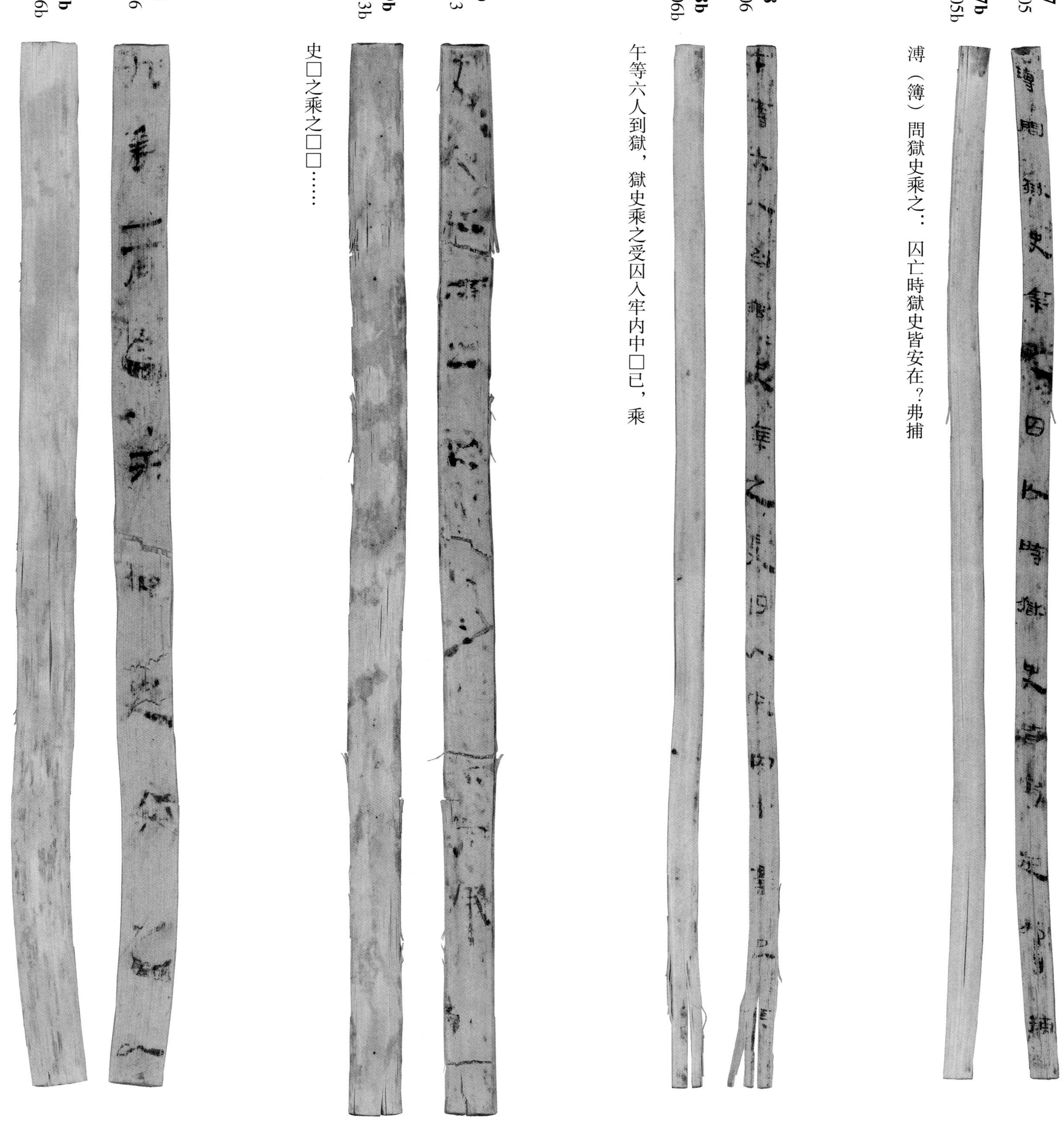

097
0605
097b
0605b

溥（簿）問獄史乘之：囚亡時獄史皆安在？弗捕

098
0606
098b
0606b

午等六人到獄，獄史乘之受囚入牢內中□已，乘

099
0613
099b
0613b

史□之乘之□□……

100
0626
100b
0626b

九年二月乙未獄史乘之以⧄

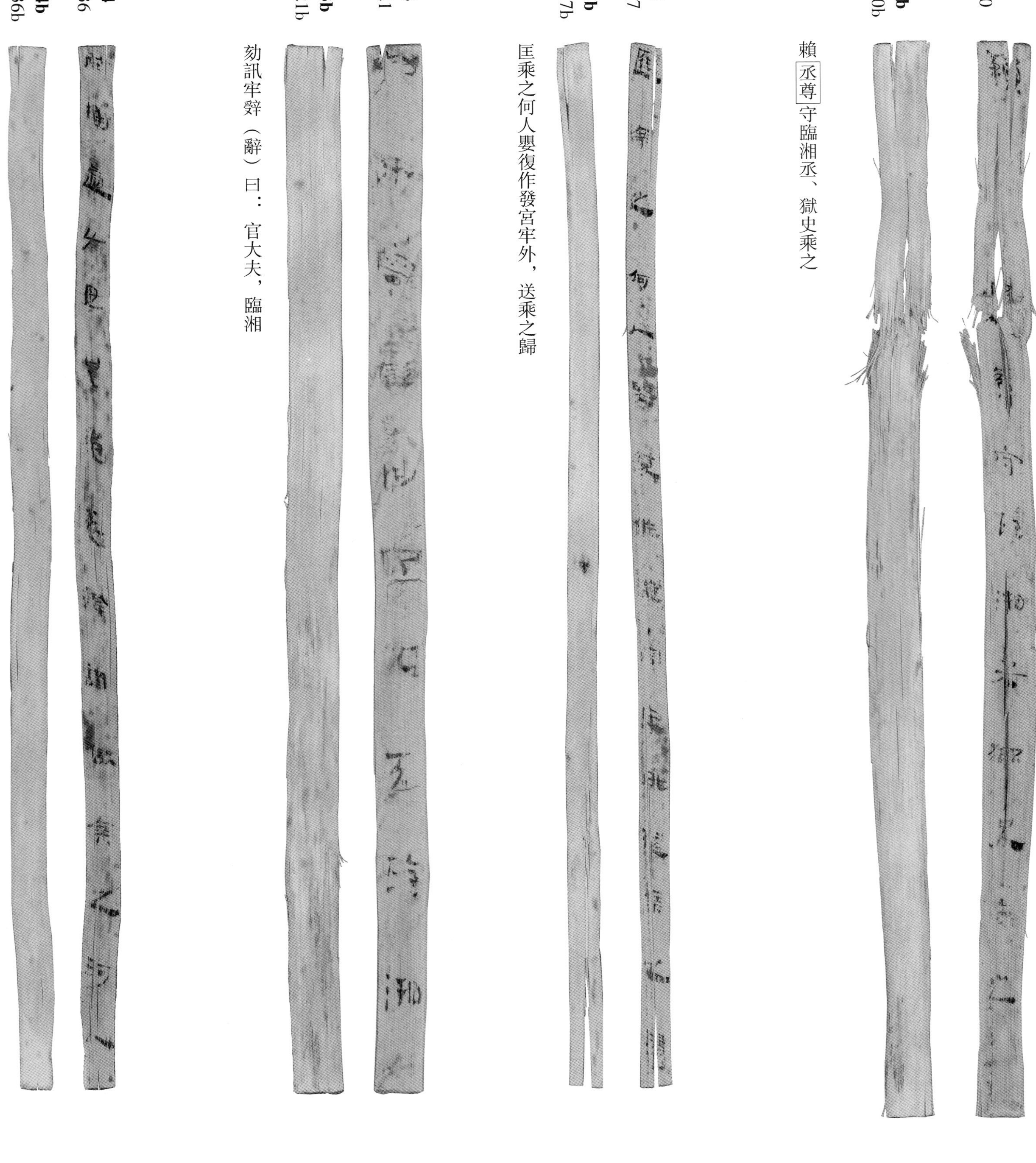

101
0640

101b
0640b
賴丞尊守臨湘丞、獄史乘之

102
0717

102b
0717b
匡乘之何人要復作發宮牢外，送乘之歸

103
0721

103b
0721b
劾訊牢辤（辭）曰：官大夫，臨湘

104
0736

104b
0736b
尉捕適父母兄弟悉撣詣獄乘之河人

105
0741

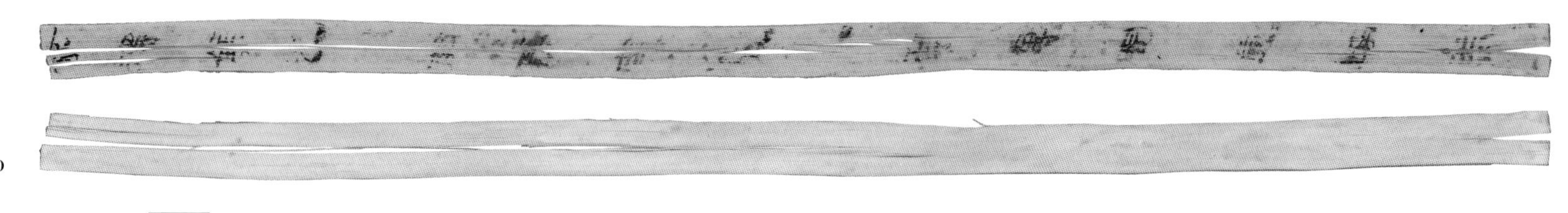

105b
0741b

不得乘之南亭守□□□薄（簿）問適姊□

106
0742

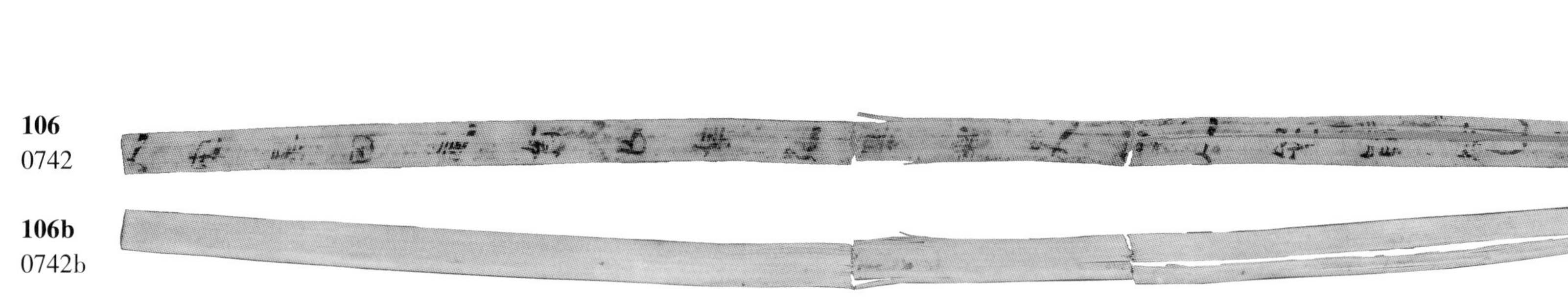

106b
0742b

入牢受囚適齊亡乘之與獄史河人忠皆從

107
0756

107b
0756b

之與掾遂獄史河人相言曰蜀卷坐有須

108
0787

108b
0787b

☑乙未獄史乘之以劾訊牢，辤（辭）曰：官大夫，臨湘

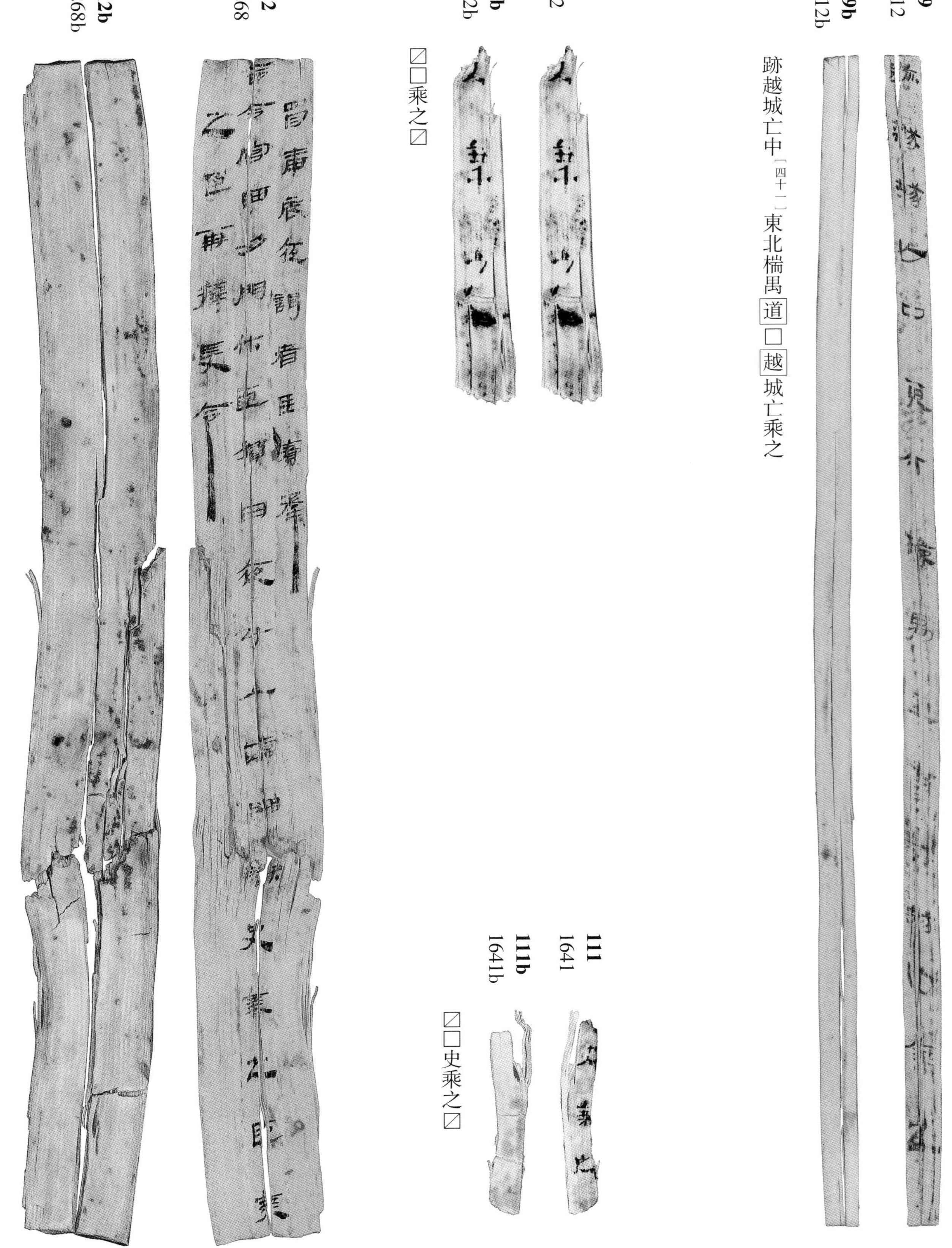

109 0812
109b 0812b

跡越城亡中[四十二]東北椯禺道□越城亡乘之

110 1422
110b 1422b

☐□乘之☐

111 1641
111b 1641b

☐□史乘之☐

112 0268
112b 0268b

四月庚辰夜，謁者臣褱承命令宮西夕門佐臣賀曰：夜引入臨湘獄史乘之。臣乘之。臣再拜受令。

113
0278

113b
0278b

【命】令殿西宫【府】門郎中□□臣青北伏地拜曰：夜引入臨
湘獄史乘之。臣再拜受令。

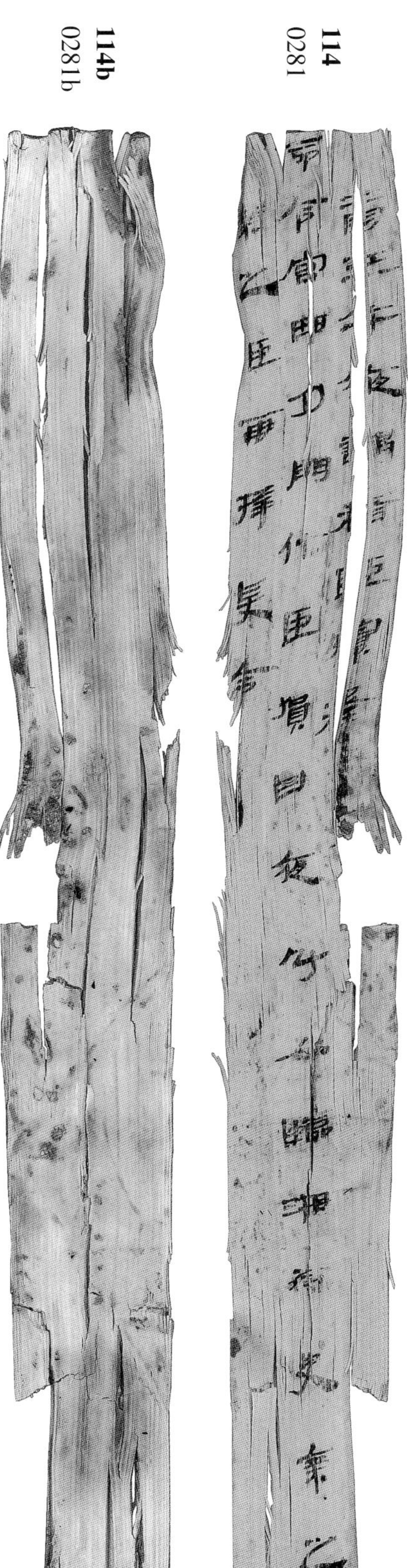

114
0281

114b
0281b

二月壬午夜，謁者臣寰承
命令宫西夕門佐臣賀曰：夜引入臨湘獄史乘之。臣
乘之。臣再拜受令。

115
0321+
0947

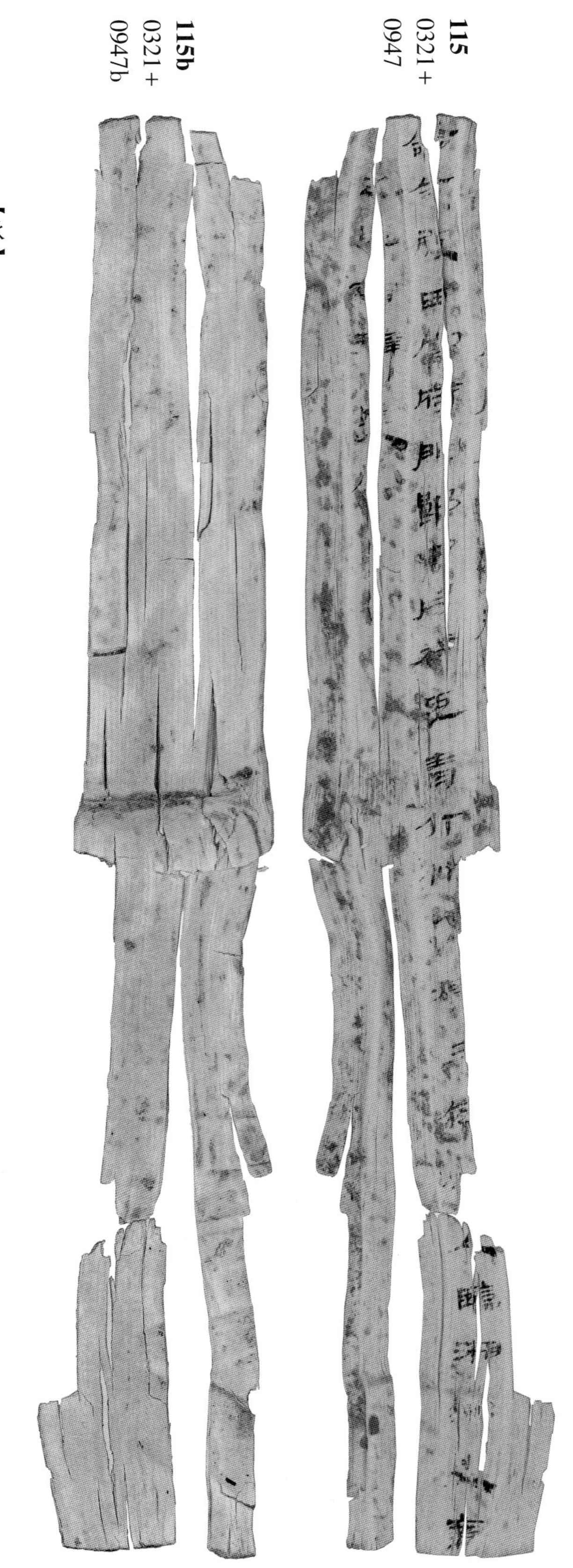

115b
0321+
0947b

……【承】

命令殿西宮府門郎中□□臣青北伏地拜曰：夜引入臨湘獄史乘

之。臣再拜受令。

116
0376

116b
0376b

十月戊寅，給事謁者章承☐

命令郎中獄史臣……☐

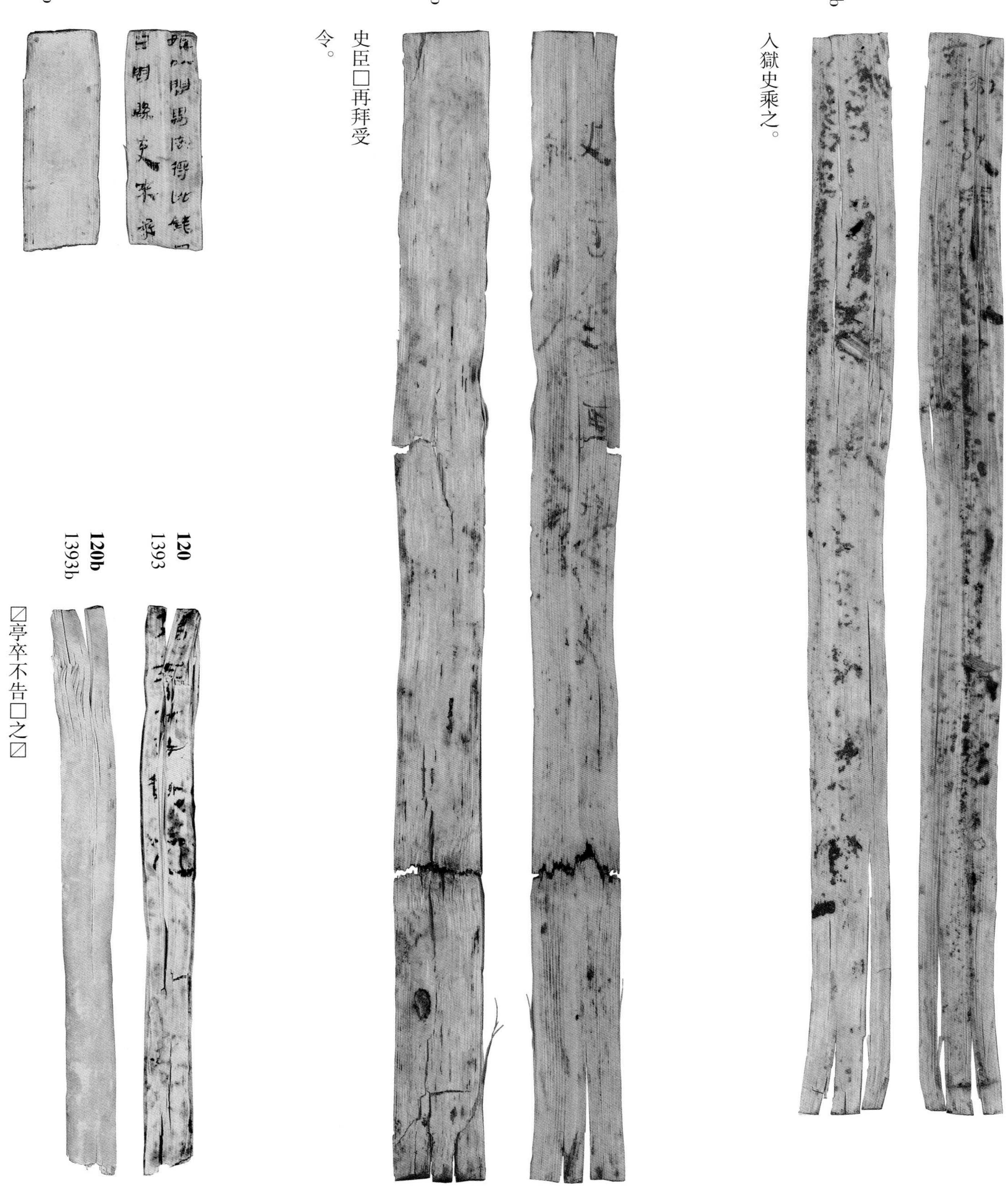

117
0515

117b
0515b

入獄史乘之。

118
0548

118b
0548b

史臣□再拜受
令。

119
0911

119b
0911b

嫗以問禺：安得此錢禺〼
日問（聞）縣吏來求〼

120
1393

120b
1393b

〼亭卒不告□之〼

注釋：

［一］乙丑朔：它簡多見『九年四月乙丑朔』。

［二］南山：縣或陵邑。

［三］回辟（避）逗留：罪名，針對官吏捕盜賊時的畏懦行爲，律文見《荆州胡家草場西漢簡牘選粹・捕律》：『與盜賊遇而去北，及力足以追逮捕之而回避、詳（佯）勿見，及逗留畏耎（愞）弗敢就。』

［四］司寇：據簡 0409 可知『司』前説漏『毋』字。

［五］完旦：『城旦』之訛。

［六］中尉：指長沙中尉。

［七］宫司空：掌宫殿營造之司空官署。司空主罪人勞作，故長沙國宫司空有鞫獄及覆獄職權，後文見『宫司空獄』。

［八］气（乞）鞫：乞求官吏再次鞫獄，參見《二年律令・具律》：『气（乞）鞫者各辭在所縣道，縣道官令、長、丞謹聽，書其气（乞）鞫，上獄屬所二千石官，二千石官令都吏覆之。』

［九］不審：指乞鞫不審，參見《二年律令・具律》：『气（乞）鞫不審，駕（加）罪一等。』

［十］未命：未論命，指耐乘之爲司寇的刑罰尚未執行。

［十一］州陵：縣名，《漢書・地理志上》屬南郡，漢武帝初期之松柏漢墓出土《南郡免老簿》有州陵。

［十二］臨湘：縣名。

［十三］橘州：地名。以種橘業命名，據理人在橘州有園舍可知。據它簡，官吏問理人案發在臨湘界中還是南山界中，可知橘州分屬這兩個縣級政區。

［十四］亡者：指遇盜賊而失亡財物者。

［十五］告：指告劾之告。

［十六］方在：正在。

［十七］南鄉：鄉名，屬臨湘縣。橘州在臨湘的部分當在南鄉部中，故南鄉嗇夫參與受理人告。

［十八］園舍：在果園勞作時暫居之舍，類似田舍。《説文・囗部》：『園，所以樹果也。』

［十九］索：指搜索盜賊，嶽麓書院藏秦簡有《索律》。

［二十］賊開所：即《二年律令》等文獻所見『賊發所』，走馬樓西漢簡有以『開』替『發』之通例，當爲避先王諱所致，《漢書・景十三王傳》載長沙定王名『發』。

［二十一］備盜：即備盜賊。

［二十二］復气（乞）鞫：再次乞鞫，參見《二年律令・具律》：『其欲復气（乞）鞫，當刑者，刑乃聽之。』

［二十三］田宅：指乘之已被收的田宅。鬼薪以上罪人田宅當收參見《二年律令・收律》：『罪人完城旦舂、鬼薪以上，及坐奸府（腐）者，皆收其妻、子、財、田宅。』

［二十四］未：簡上『未』字下有重文號。同樣内容見簡 0536：『令往問在臨湘界、南山界，其人已告未，未告，將其。』則本簡第二個『未』是『未告』之省。

［二十五］對：復命。

［二十六］已以屬：『已以之屬』之省。

［二十七］除：簡 0852 相似文例爲『气（乞）鞫罪當除』，此處指乘之乞鞫不審罪應當除。

［二十八］用若故官：據簡 0779，即『用若故官秩』之省。

［二十九］衣繒：此句當指理人被劫取衣繒而引發的乘之回避逗留案。

［三十］女：衍文。

［三十一］大：疑是『大男』之省。或以爲衍文。

［三十二］舉實：意同它簡『舉案』。

［三十三］趣：立即。

［三十四］舉案：指告劾罪人。《急就篇》：『誅伐詐僞劾罪人。』顔師古注：『劾，舉案之也。……有罪則舉案。』《後漢書·郭杜孔張廉王蘇羊賈陸列傳》：『會融爲州所舉案。』李賢注：『舉其罪案驗之。』

［三十五］責：當是『案』之訛。

［三十六］令舍：縣廷中供縣令暫居的舍，參考簡0974所見『即行到臨湘令舍』。

［三十七］實：動詞，與它簡所見『舉案』同。參見簡0404：『乘之即舉案扎書。』

［三十八］人：此處當漏抄一『追』字。

［三十九］已取：已被劫取。

［四十］女旁，疑是人名。

［四十一］疑是留字。

案例二一　非縱火時擅縱火　正背面編聯圖版

121
0138

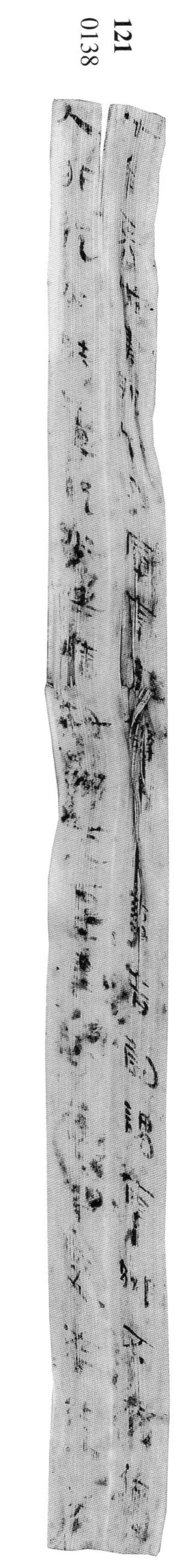

122
0139

123
0194

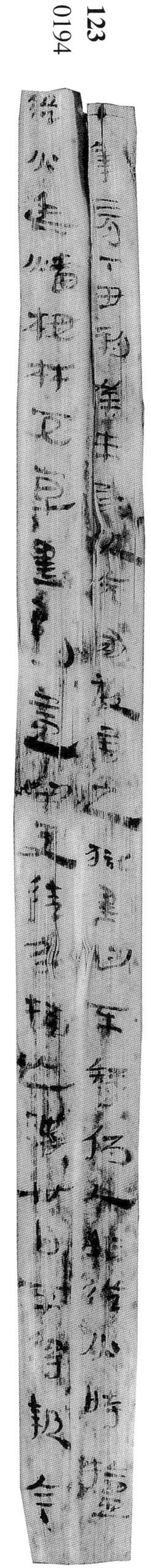

124
0192

125
0176

126
0181

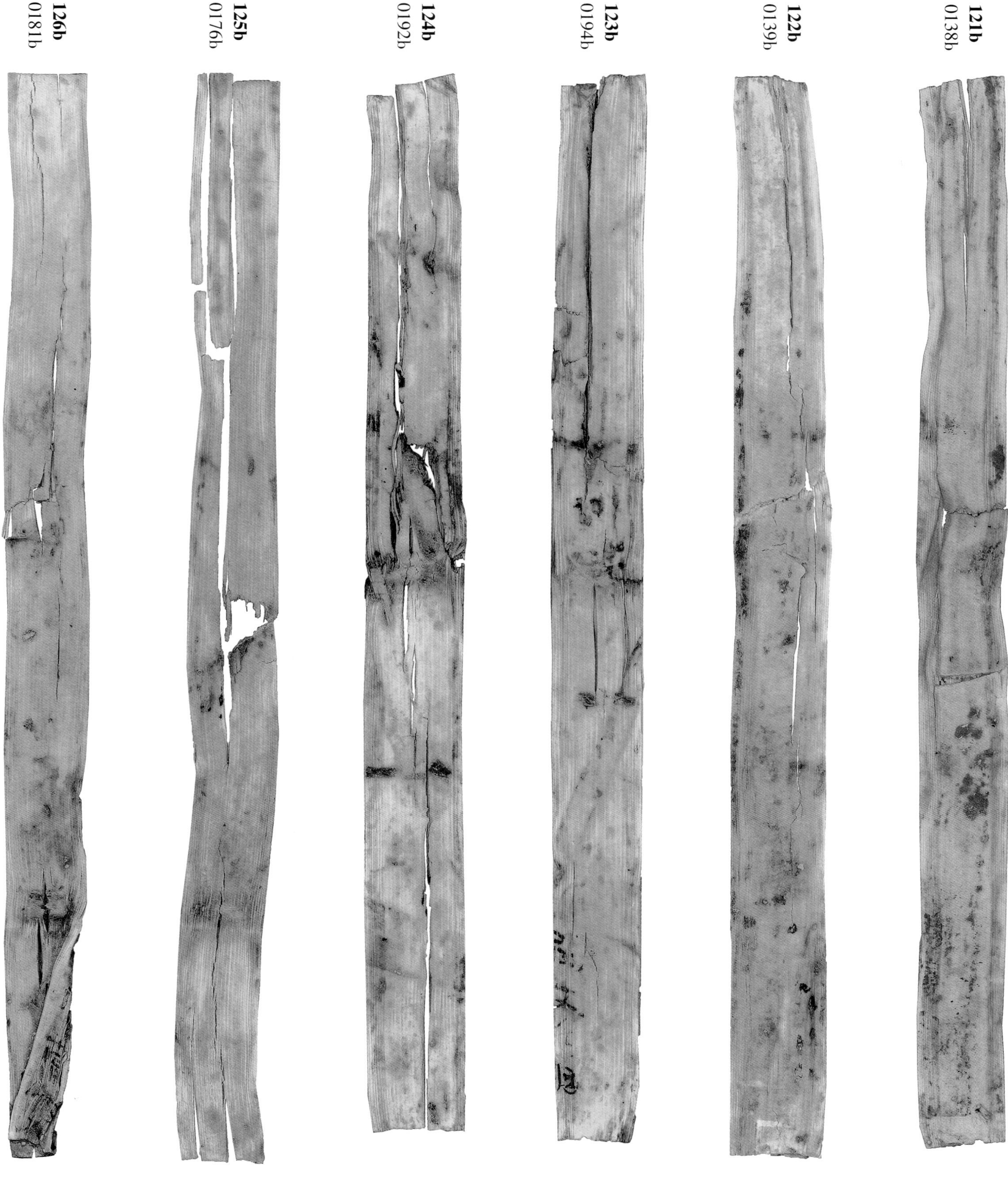
121b
0138b
122b
0139b
123b
0194b
124b
0192b
125b
0176b
126b
0181b

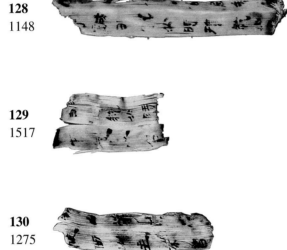

127
0451+
2312+
0876

128
1148

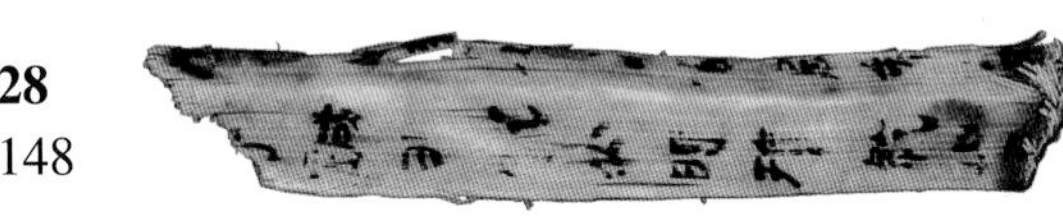

129
1517

130
1275

127b
0451+
2312+
0876b

128b
1148b

129b
1517b

130b
1275b

案例二　非縱火時擅縱火　單簡圖版及釋文

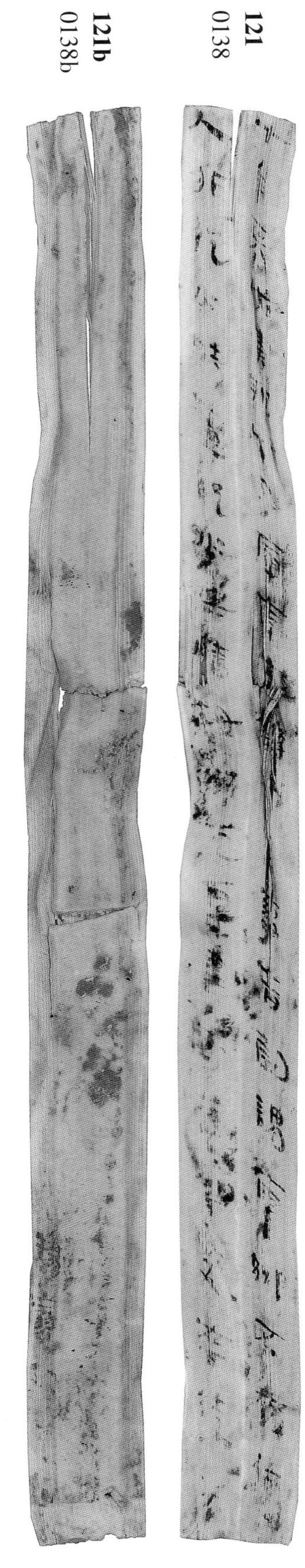

121
0138
121b
0138b

七年正月戊寅朔戊子，[一]庫嗇夫繇[二]行丞事告尉，謂南鄉[三]：不智（知）何人非從（縱）火時擅從（縱）火，娗[四]燔梅材、茭草，書到，益[五]開吏、卒徒[六]□

122
0139
122b
0139b

死[七]、有物故[八]、亡滿卅日不得、出[九]，具報[十]毋留，若律令。·即徒後行。

123
0194
123b
0194b

七年三月丁丑朔癸未，尉史充國敢言之：獄書曰：不智（知）何人非從（縱）火時擅從（縱）火，娗燔梅材、茭草，書到，益開吏、徒求捕。亡滿卅日不得，報。今

124
0192 
124b
0192b

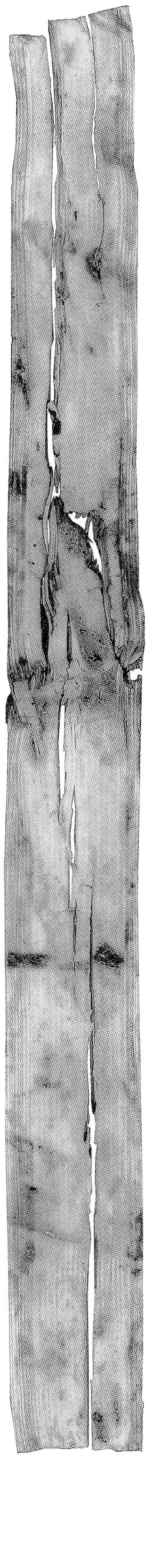

謹求捕不智（知）何人非從（縱）火時擅從（縱）火者，亡滿卅日不得，謁報。敢言之。

125
0176 
125b
0176b

七年三月丁丑朔癸未，臨湘令寅謂南鄉，告尉、別治長賴、醴陵，敢告壽陵、西山主[十一]：不智（知）何人非縱

126
0181 
126b
0181b

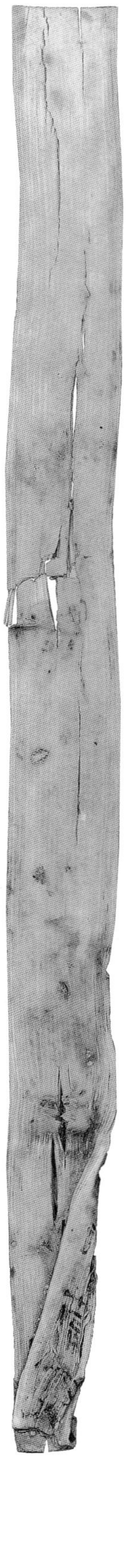

火時擅縱火，烻燔梅材、茭草。不智（知）何人亡滿卅日不得、出，駕（加）論命不智（知）何人耐爲隸臣[十二]。得、出，有後請（情）□□

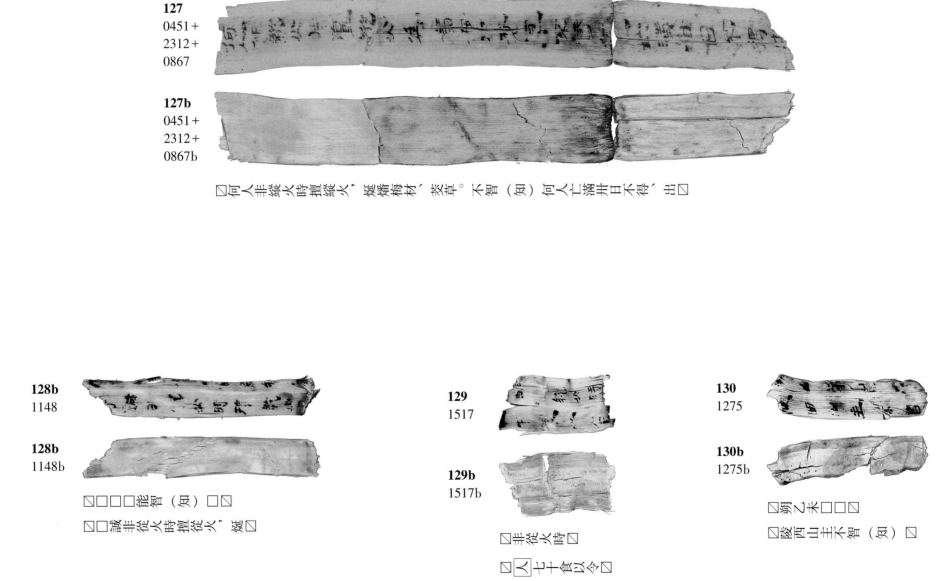

127
0451+
2312+
0867

127b
0451+
2312+
0867b

⊘何人非縱火時擅縱火，娗燔梅材、茭草。不智（知）何人亡滿卅日不得、出⊘

128b
1148

128b
1148b

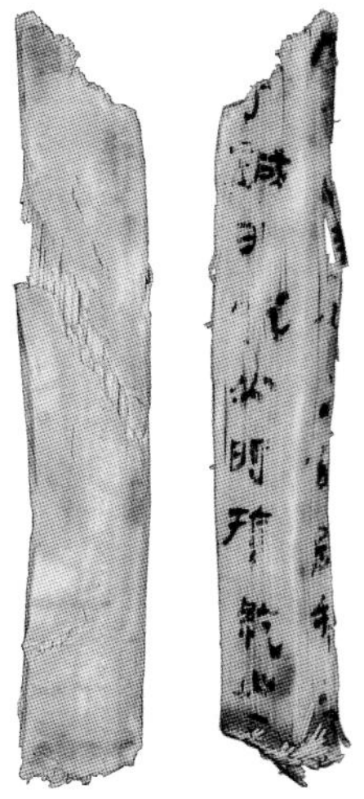

⊘□□□能智（知）□⊘

⊘□誠非從火時擅從火，娗⊘

129
1517

129b
1517b

⊘非從火時⊘

⊘[人]七十食以令⊘

130
1275

130b
1275b

⊘朔乙未□□⊘

⊘陵西山主不智（知）⊘

注釋：

〔一〕正月十一日。

〔二〕繇：人名。本案例中徒「後」、尉史「充國」、令「寅」亦爲人名。

〔三〕告、謂：文書用語，「告」用於平行文書，「謂」用於下行文書。

〔四〕娗：光盛貌。

〔五〕卒徒：服役者。《鹽鐵論·復古》：「卒徒衣食縣官，作鑄鐵器，給用甚衆，無妨於民。」

〔六〕死，疑为「捕」的讹写。

〔七〕物故：事故。《墨子·號令》：「即有物故，鼓，吏至而止，夜以火指。」孫詒讓《閒詁》：「物故，猶言事故，言有事故則擊鼓也。」

〔八〕出：指自出，猶自首。《漢書·食貨志》：「赦自出者百餘萬人。然不能半自出，天下大氐無慮皆鑄金錢矣。」

〔九〕具報：備文上報。

〔十〕三月初七。

〔十一〕敢告：文書用語，用於平行文書。別治長賴、醴陵、壽陵、西山均爲與縣平級機構。

〔十二〕長沙尚德街東漢簡牘載：「非縱火時擅縱火，燒山林□司寇。」（212號木牘）「耐爲隸臣」系逃匿滿三十日導致刑罰升級。

案例三　固等劫奪葉侯使者錢衣器案　正背面編聯圖版

131
0283

132
0522

133
0516

134
0279

135
0306

136
0316

131b 0283b　**132b** 0522b　**133b** 0516b　**134b** 0279b　**135b** 0306b　**136b** 0316b

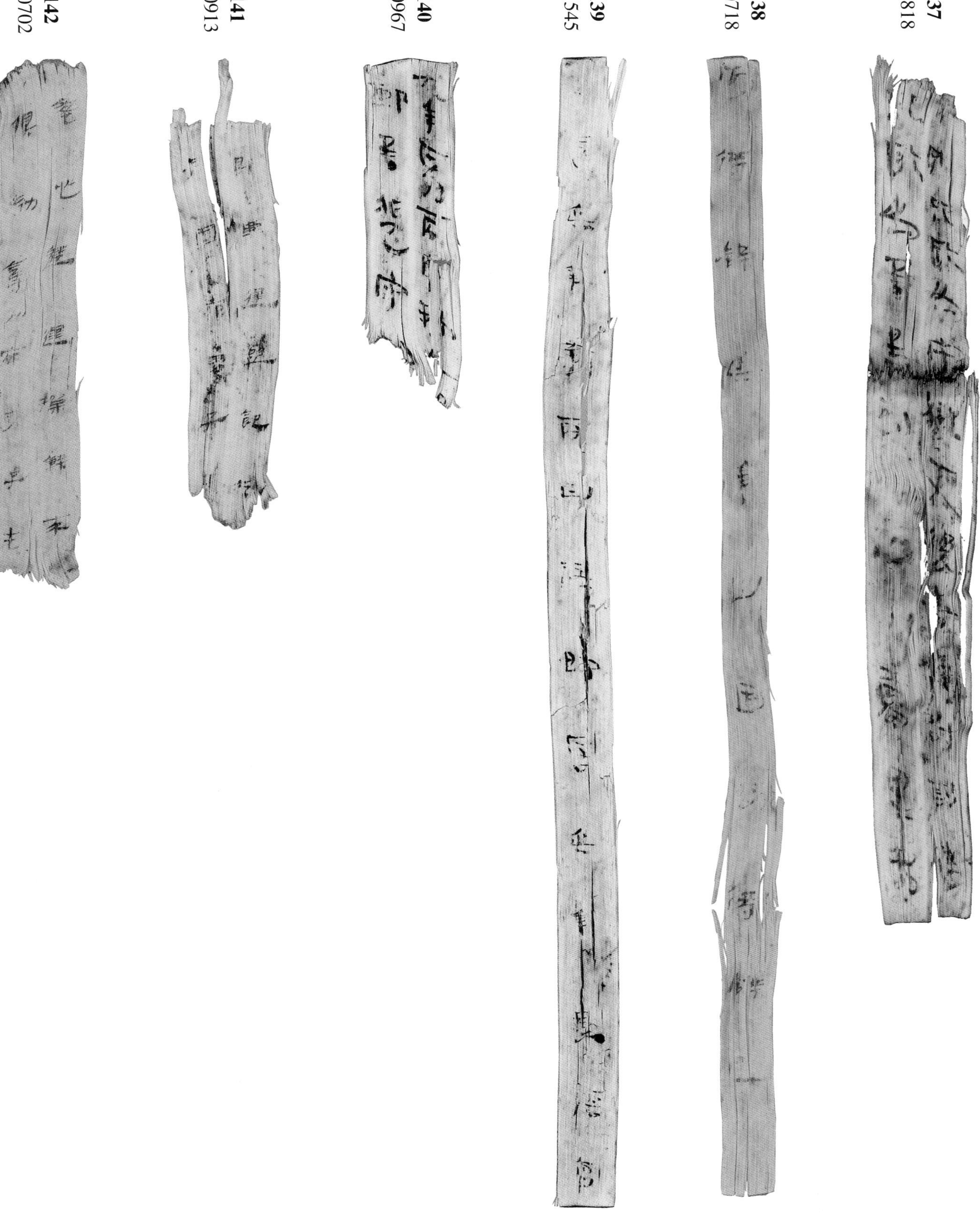

137 0818

138 0718

139 1545

140 0967

141 0913

142 0702

137b 0818b

138b 0718b

139b 1545b

140b 0967b

141b 0913b

142b 0702b

案例三　固等劫奪葉侯使者錢衣器案　單簡圖版及釋文

131
0283

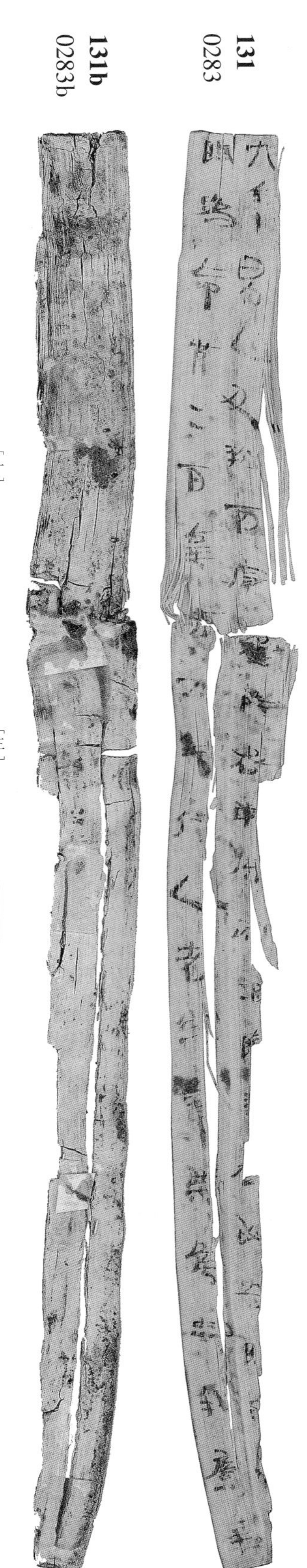

131b
0283b

九年四月乙丑朔丙寅，烝陽[一]丞中[二]守府治臨溳[三]丞，敢告臨湘□□

臨溳命笞二百、棄市不智（知）何人者，劫奪茱（葉）侯[四]□□屬年

（缺簡）

132
0522

132b
0522b

之佐固衣器，今捕得定邑[五]烶年里士五（伍）□午，曰：迺十二月

中，與定邑男子唐固與劫奪茱（葉）侯使者[六]。今固有它[七]

（缺簡）

133
0516

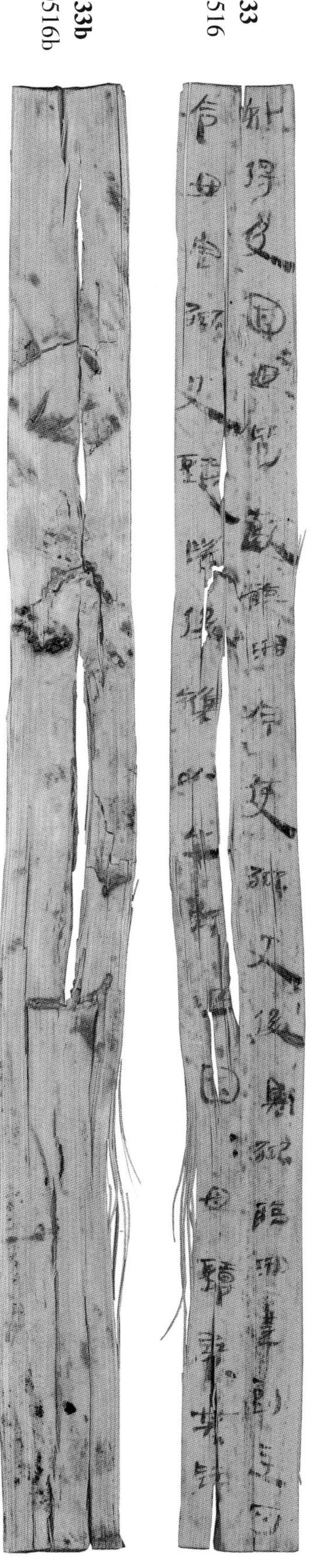

133b
0516b

劾，得，及固、固母皆毄（繫）臨湘，今使獄史後〈後〉[八]具獄[九]臨湘，書到，主可

令毋（無）害獄史聽與後〈後〉，襍以午辤（辭），訊固、固母，聽展[十]其辤（辭）。

（缺簡）

134
0279

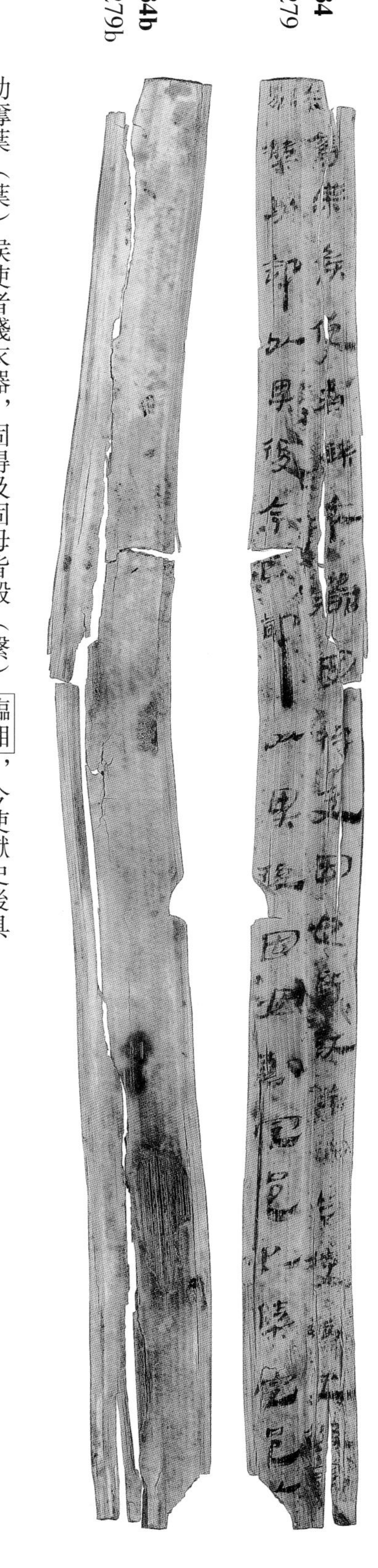

134b
0279b

劫奪葉（葉）侯使者錢衣器，固得及固母皆毄（繫）臨湘，今使獄史後具

獄，褋與訊，以畀後。今已訊，以畀後。固母毄（繫）定邑，已褋。定邑以

135
0306

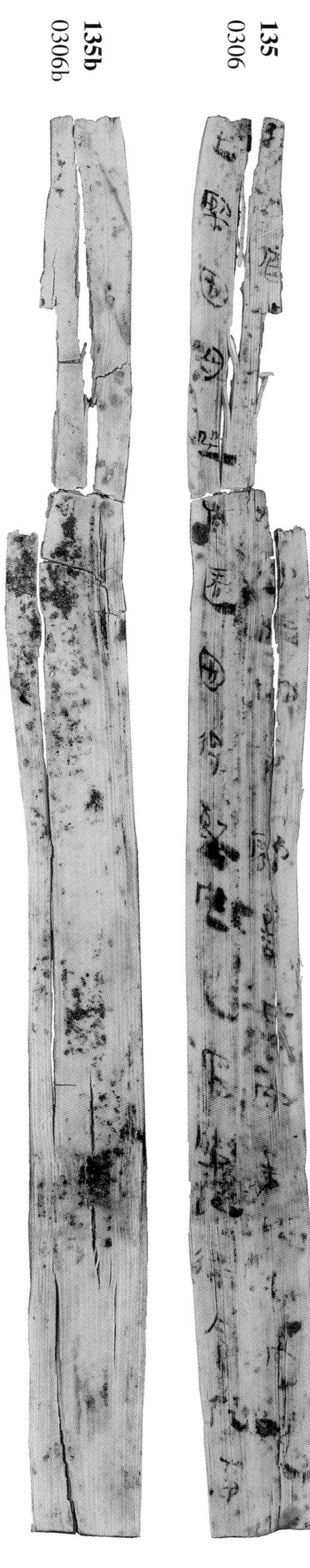

135b
0306b

□月丙辰……守臨湘令，鄗[十一]丞登[十二]守丞敢告定邑

主，案：固母坐首匿固，得，毄（繫）定邑官解（廨）[十三]，以律令從事。

136
0316

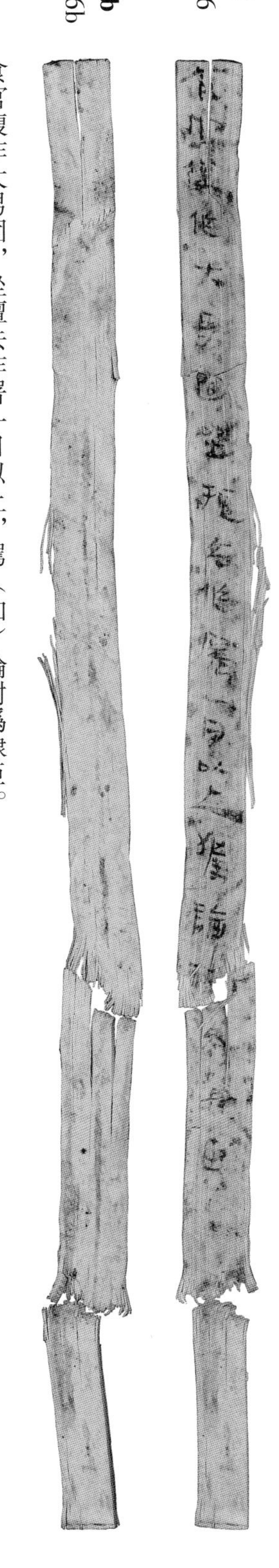

136b
0316b

食官復作大男固，坐擅去作署一日以上，駕（加）論耐爲隸臣。

137
0818

137b
0818b

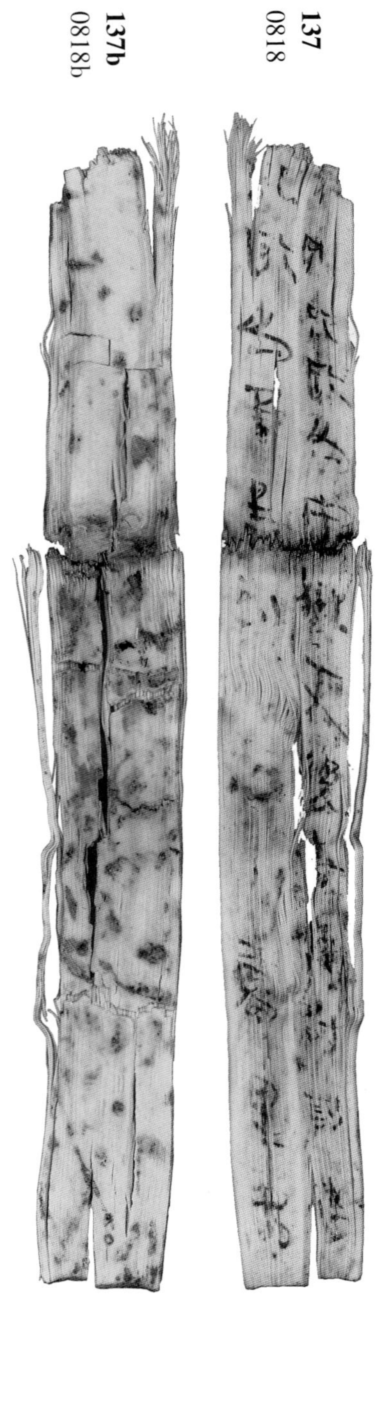

☐□另起臨爲（潙）守獄史後告□尉（？）謂廷

☐起臨爲（潙）丞，書到，定名爵里、它

138
0718

138b
0718b

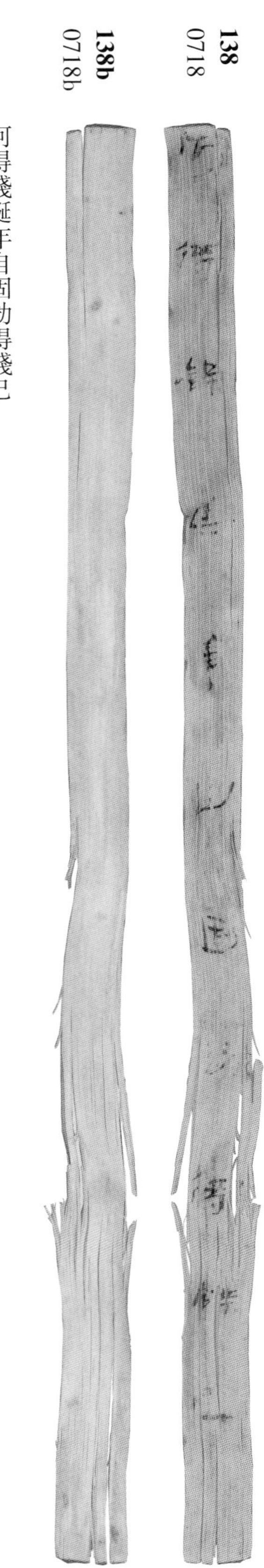

何得錢娗年自固劫得錢已

139
1545

139b
1545b

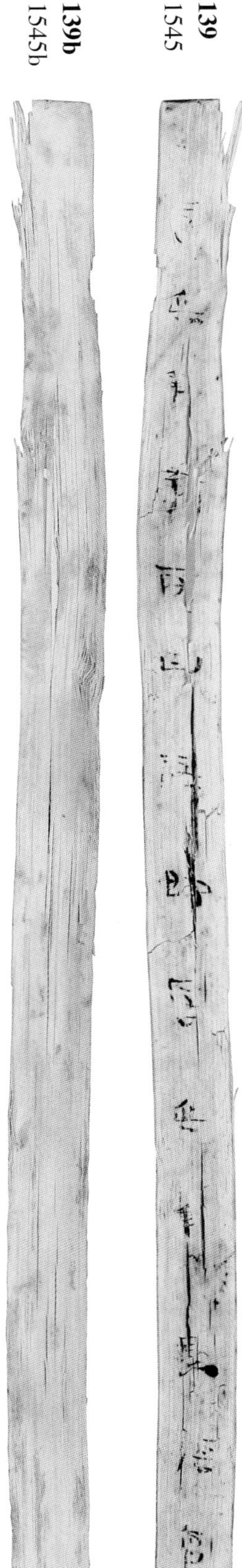

□匿，娗年□丙曰：諸，即匿娗年長□□

140
0967

140b
0967b

九年正月丙申朔□☒
鄐丞登守□☒

141
0913

141b
0913b

☒即與建坐飲從☒
☒子固宛男子屯☒

142
0702

142b
0702b

☒愛也疑建操錢來□☒
☒□俱劫奪宛男子屯☒

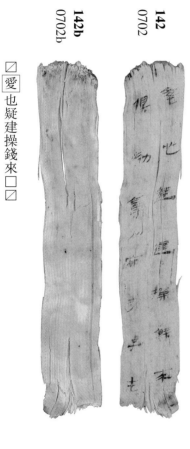

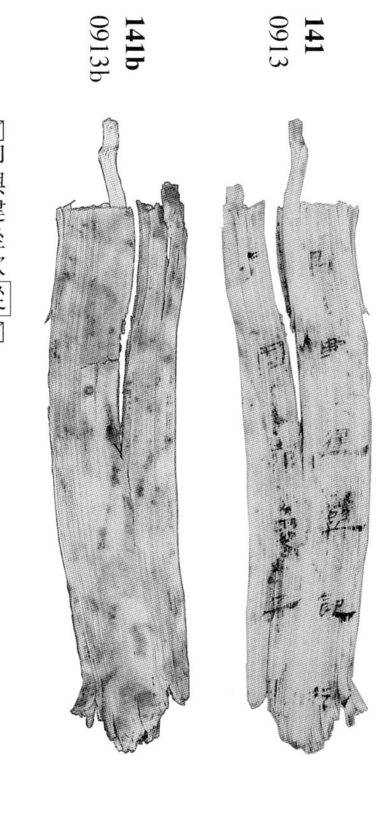

注釋：

［一］烝陽：縣名，即《漢書·地理志》所載之長沙國屬縣「承陽」，《後漢書·郡國志》：「烝陽，侯國，故屬長沙」，《漢書》卷九十九《王莽傳》：「侍中奉車都尉邯宿衛勤勞，建議定策，封邯爲承陽侯，食邑二千四百户。」顔師古曰：「承音烝。」

［二］中，人名。後文「固」、「午」、「俊〈後〉」、「後」、「登」，皆爲人名。

［三］臨潙：縣名，因鄰近潙水而得名。《水經注疏》卷三十八《湘水》：「潙水出益陽縣馬頭山，東逕新陽縣，南晉太康元年改曰新康矣。潙水又東入臨湘縣，歷潙口戍東南注湘水。」守敬注：「今潙水出寧鄉縣西百五十里大潙山，潙口戍在今長沙縣西北十五里，今潙水東北流逕寧鄉縣至長沙縣入湘水。」

［四］葉侯：侯名，應指康侯劉嘉，爲長沙定王發之子，在孝武元朔四年三月乙丑，因推恩令，封爲葉侯。《史記·建元已來王子侯者年表》載：「葉，（孝武）元朔四年三月乙丑，康侯劉嘉元年。元鼎五年，侯嘉坐酎金，國除。」

［五］定邑：長沙國縣級行政機構。定，指長沙王劉發。

［六］使者：奉命出使的人。《史記》卷七十三《白起王翦列傳》：「武安君病，未能行。居三月，諸侯攻秦軍急，秦軍數卻，使者日至。」

［七］後應接簡首爲「重罪」二字開頭的簡，詞例多爲「有它重罪」。或以爲徑接簡133。

［八］後：爲「後」的誤寫，人名，爲定邑獄史。

［九］具獄：審理、承辦獄案。

［十］聽展：睡虎地秦簡《封診式·訊獄》：「凡訊獄，必先盡聽其言而書之，各展其辭……」

［十一］酃：縣名，《漢書·地理志》載長沙國屬縣。

［十二］簡0306「□丞壬」與簡0836「酃丞□」當爲同一人。再比照簡0967可知，九年正月酃丞爲「登」，可補簡0306、簡0836「酃丞登」。

［十三］「解」，通「廨」，舊時官吏辦公的地方（使用於漢代，常稱郡廨、公廨）。《論衡·感虛》：「猶地有郵亭，爲長吏廨也。」另，固母之繫，證明當時父母首匿子女仍被視爲犯罪。

143
0323

144
0375

145
0158

146
0195

147
1572

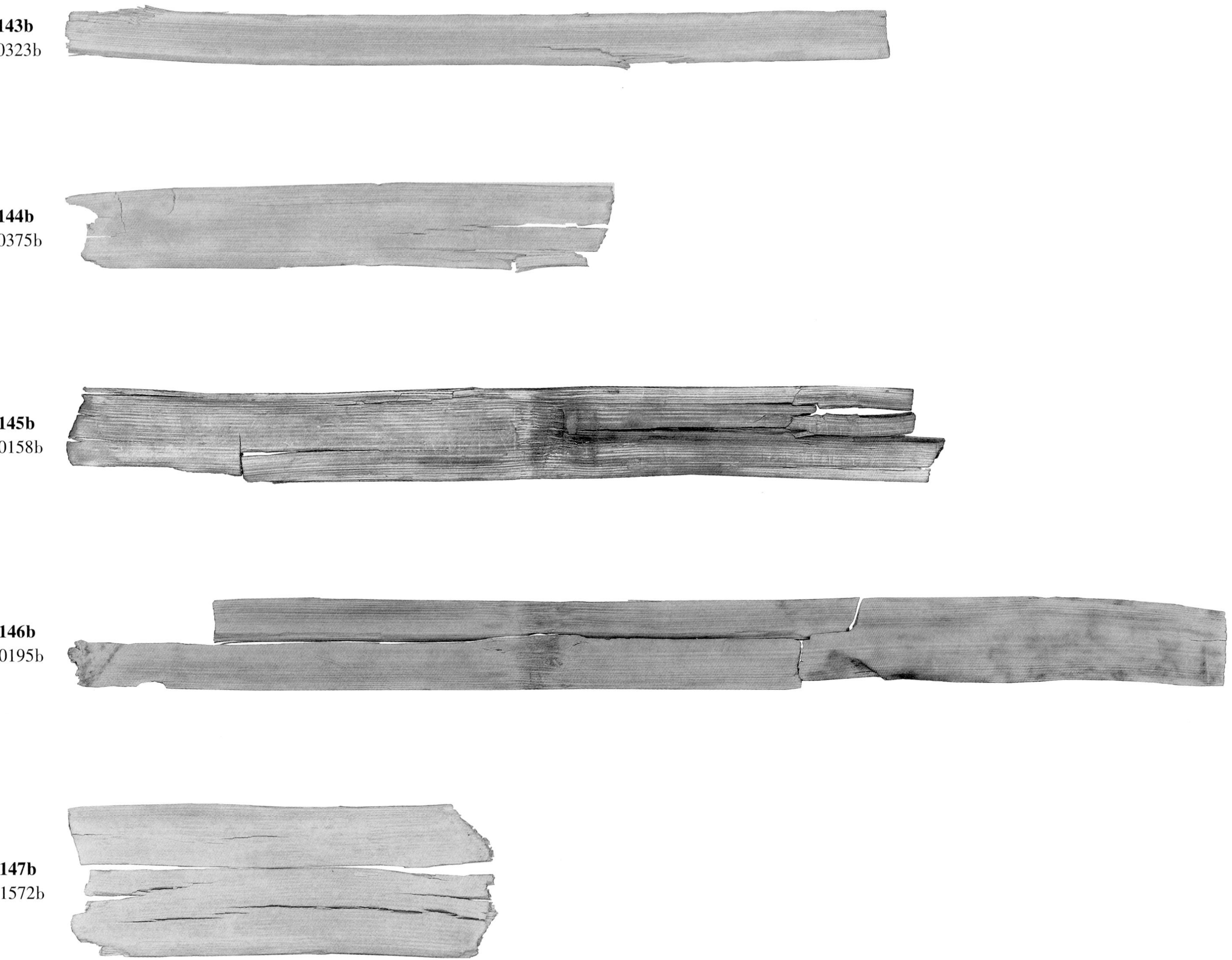

143b
0323b

144b
0375b

145b
0158b

146b
0195b

147b
1572b

案例四　男子贏等木毆高成娗年獄　單簡圖版及釋文

143
0323
143b
0323b

男子贏〔一〕等木歐（毆）高成〔二〕娗年〔三〕獄

144
0375
144b
0375b

☐□臨湘令越〔四〕、丞思謂司空臨☐
☐男子贏等所共以木歐（毆）頭□☐

145
0158
145b
0158b

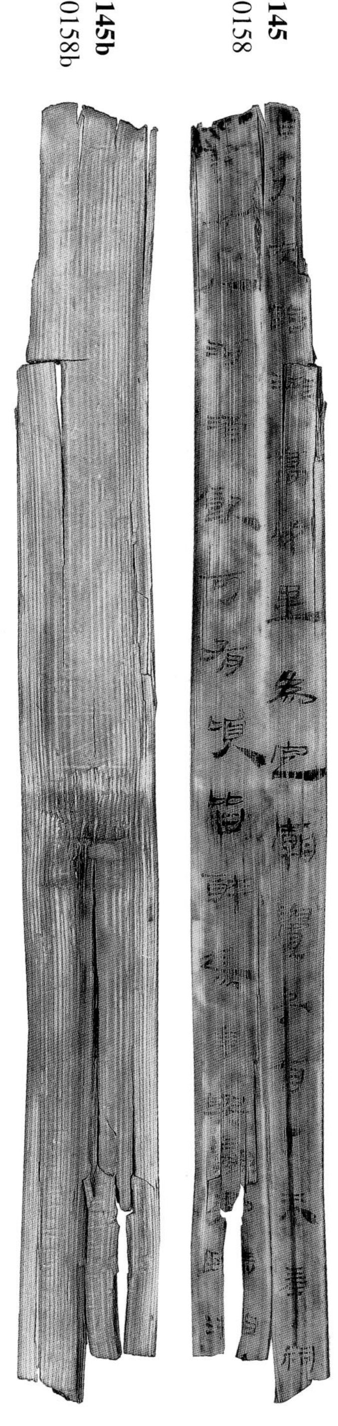

☐曰大夫〔五〕，臨湘高成里，爲定廟覺（學）子〔六〕，八月丁未奉祠〔七〕☐
☐等廿人沽酒，飲可有頃，皆醉，娗年與贏弟臨湘☐

紅外綫圖版

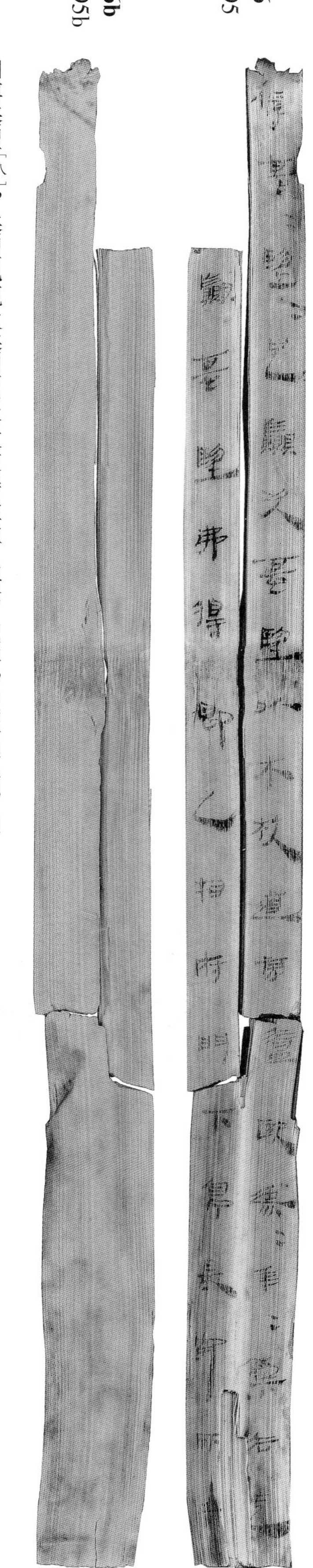

146 0195

146b 0195b

☐傅基堅[八]，基堅兄贏次基堅以木杖道旁盍歐（毆）烻年，烻年解去，走

☐贏、基堅弗得，即之相府門下亭長[九]安[十]所告

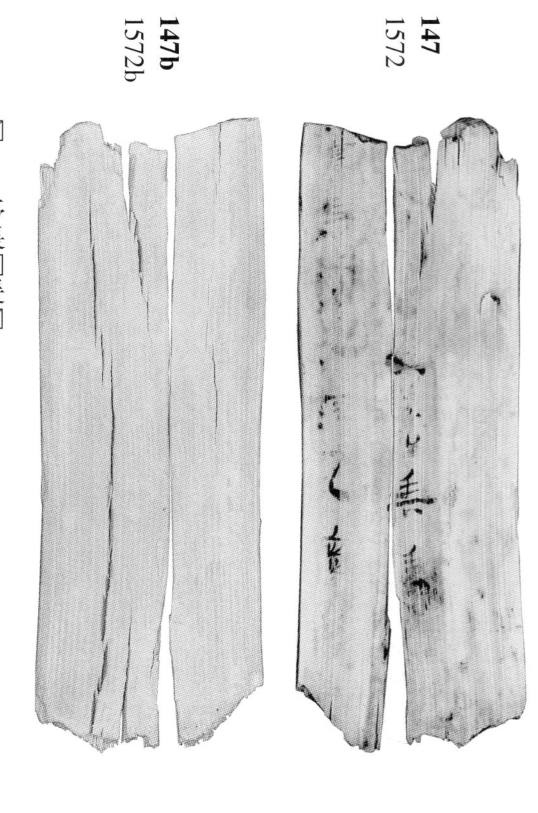

147 1572

147b 1572b

☐……亭長□爰☐

☐□□烻年☐

☐亭長□敢言之寫移□☐

注釋：

［一］贏，人名。

［二］高成，里名，據下文，高成爲臨湘下轄里，不見傳世文獻，肩水金關漢簡73EJT10:300載『會稽郡鄮高成里』，當爲同名異地。

［三］烻年，人名。

［四］越，人名。本句中思、臨皆爲人名。越爲臨湘縣令，思爲縣丞，臨爲司空。

［五］大夫，秦漢二十等爵之第五級大夫爵，爲民爵。

［六］定廟學子，漢代即廟設學，烻年或爲孔廟學子，漢孔廟之制始自漢高帝十二年（前195），《史記·孔子世家》：『高皇帝過魯，以太牢祠焉。諸侯卿相至，常先謁然後從政。』

［七］奉祠，祭祀。《史記·封禪書》：『杜主，故周之右將軍，其在秦中，最小鬼之神者。各以歲時奉祠。』

［八］基望，人名，爲贏弟。

［九］門下亭長，即門亭長，這裡應是相府官衙門前警衛之長，主相府門及通報糾紛諸事。

［十］安，人名。

案例五　諸公、爵　正背面編聯圖版

159 0069　158 0068　157 0067　156 0066　155 0065　154 0064　153 0063　152 0062　151 0061　150 0060　149 0059　148 0058

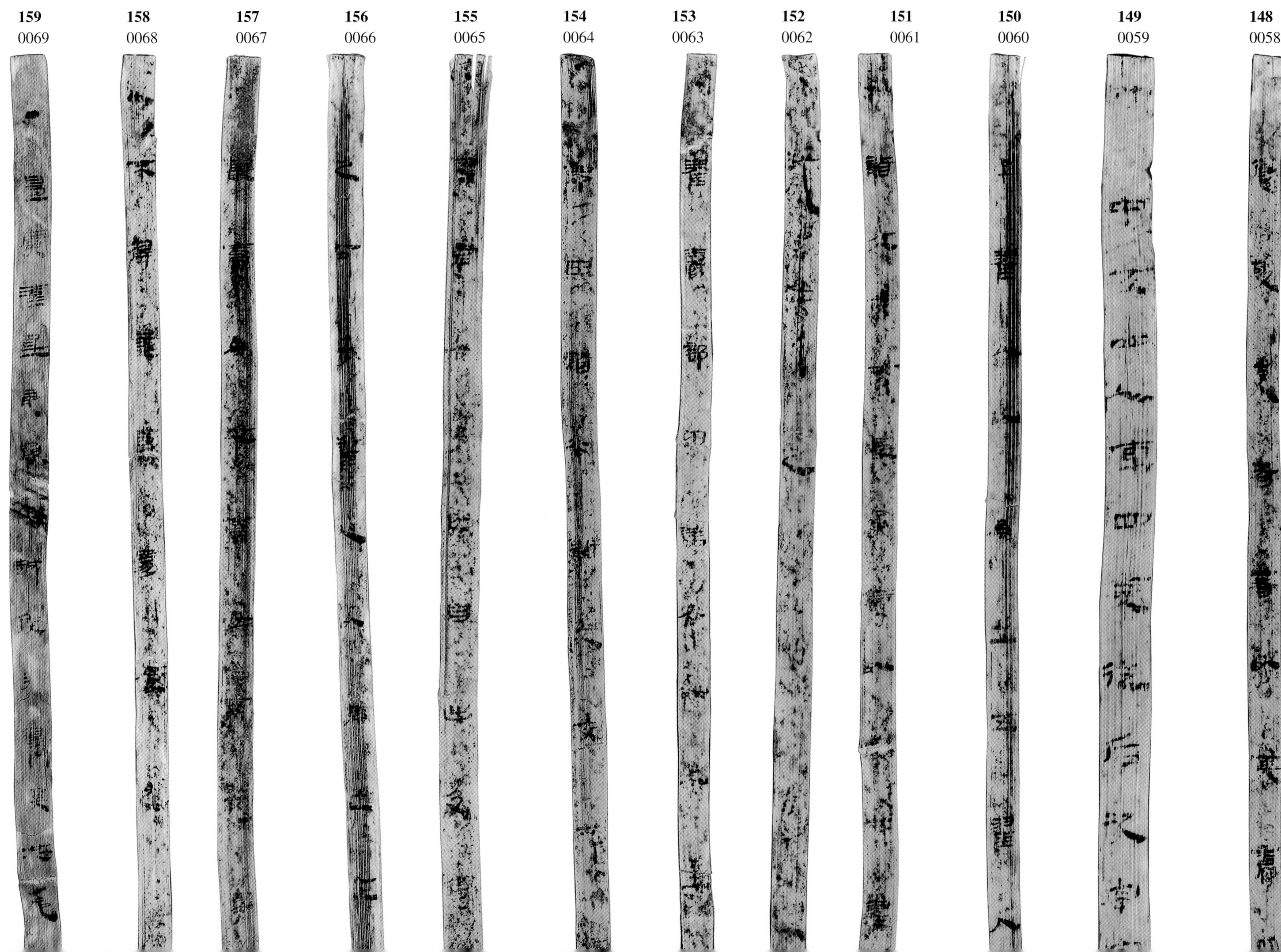

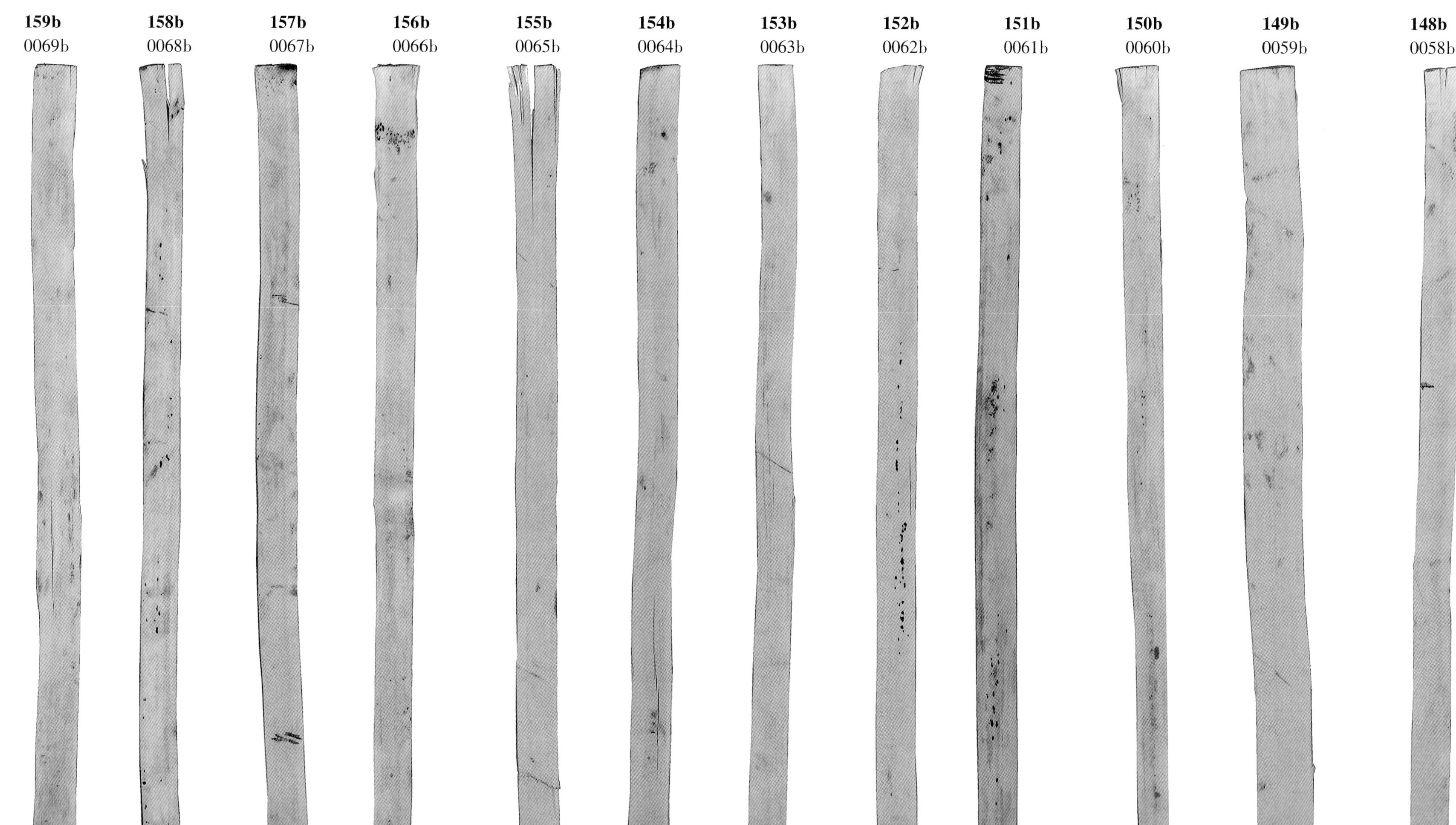

159b 0069b　158b 0068b　157b 0067b　156b 0066b　155b 0065b　154b 0064b　153b 0063b　152b 0062b　151b 0061b　150b 0060b　149b 0059b　148b 0058b

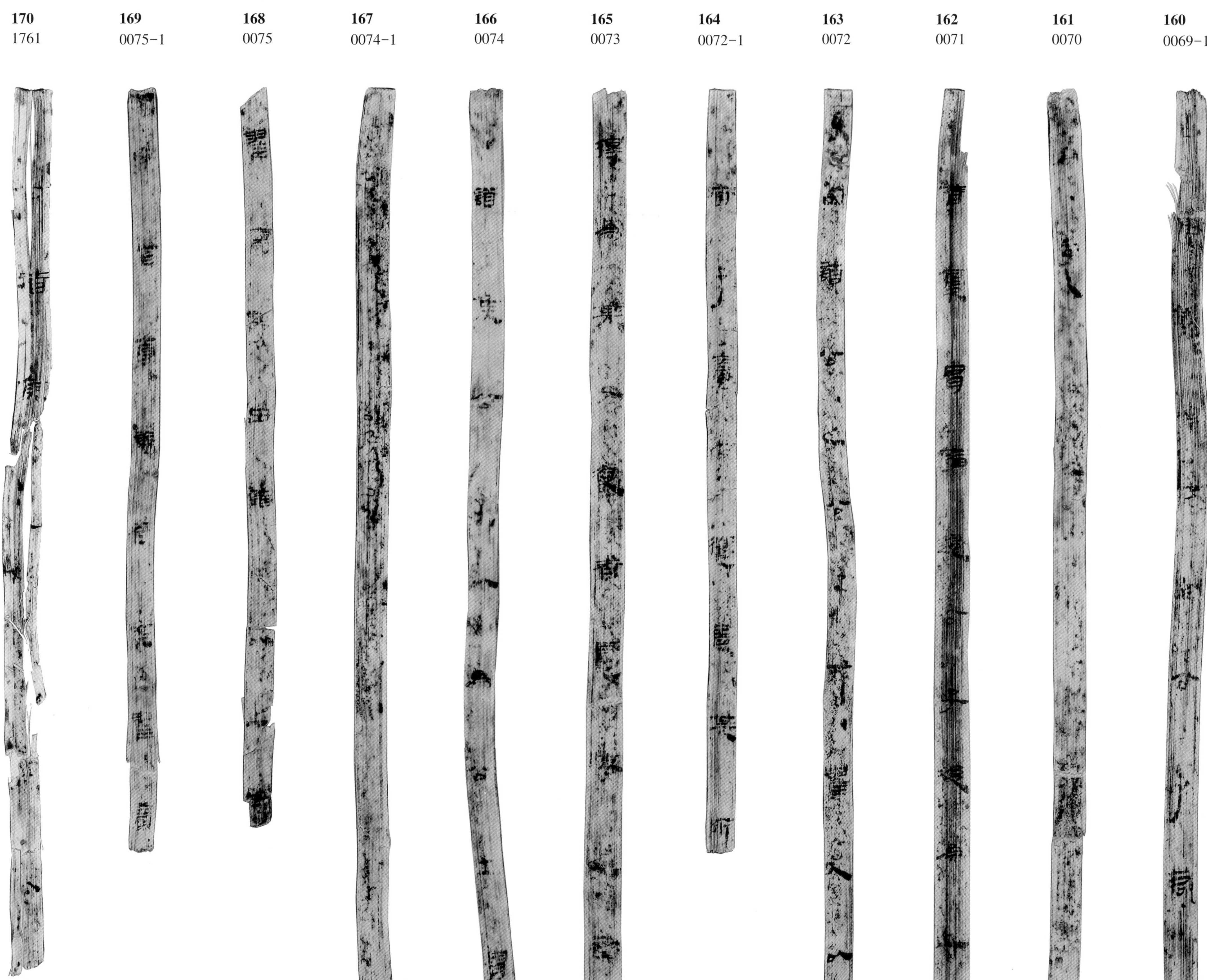

170 1761 | 169 0075-1 | 168 0075 | 167 0074-1 | 166 0074 | 165 0073 | 164 0072-1 | 163 0072 | 162 0071 | 161 0070 | 160 0069-1

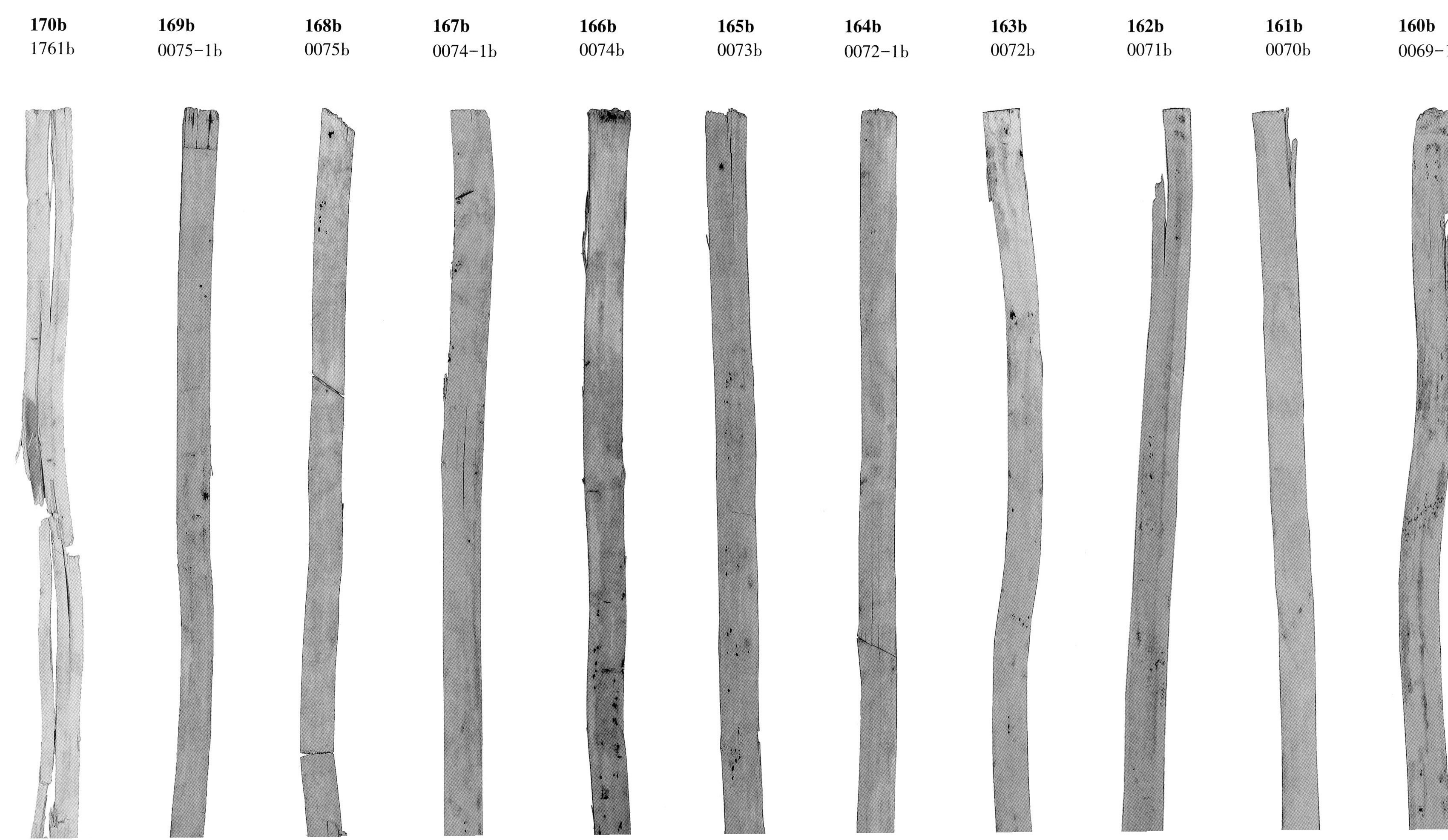

160b 0069-1b

161b 0070b

162b 0071b

163b 0072b

164b 0072-1b

165b 0073b

166b 0074b

167b 0074-1b

168b 0075b

169b 0075-1b

170b 1761b

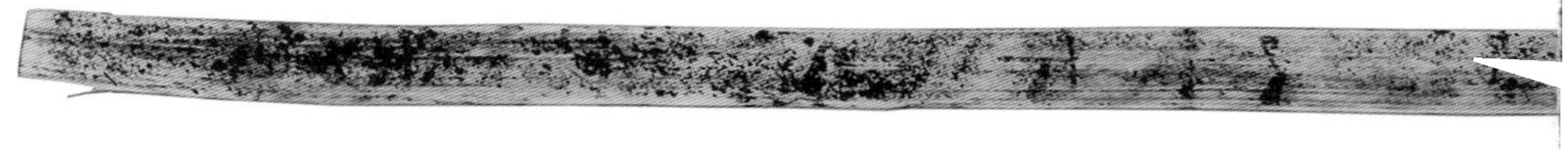

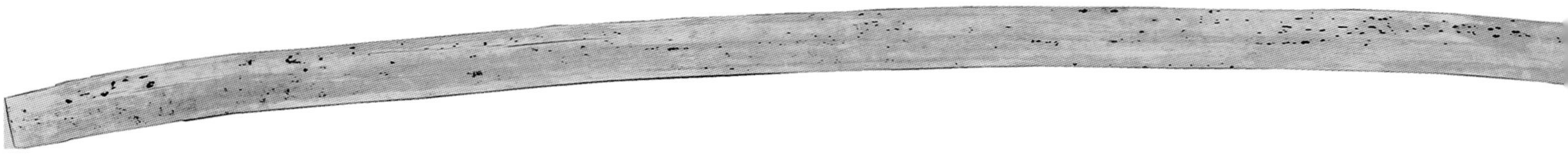

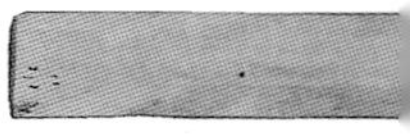

案例五　諸公、爵　單簡圖版及釋文

☆ 148 0058

148b 0058b

□復故吏（事）者當以其爵□命之，其自八月，諸侯以下主諸公之公……

☆ 149 0059

149b 0059b

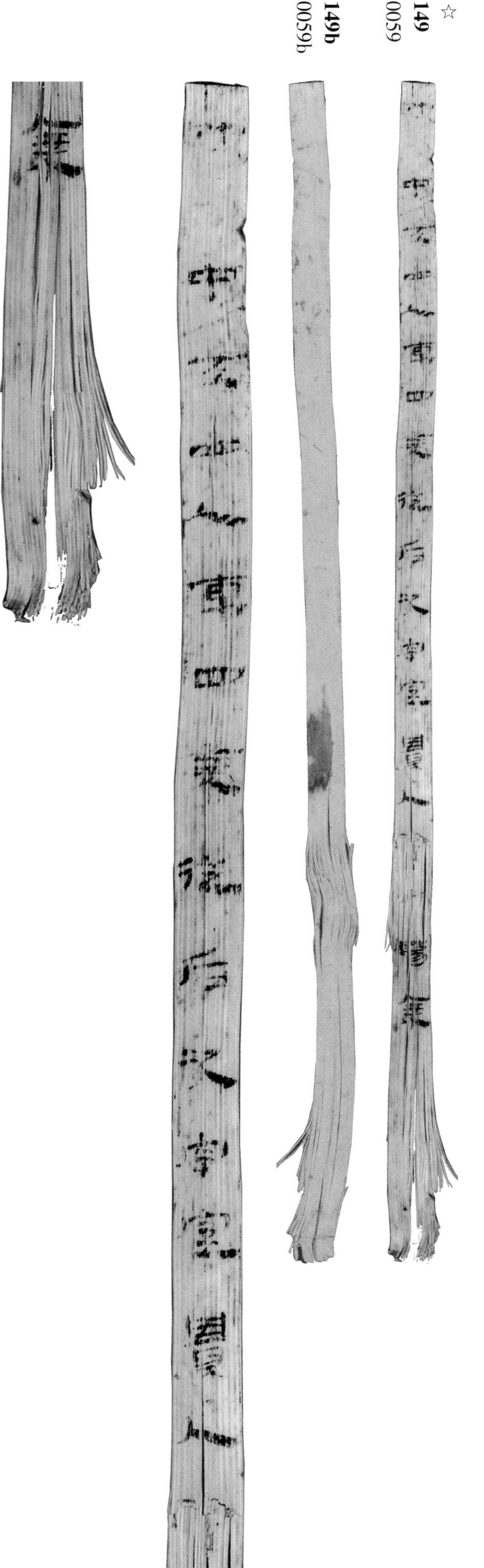

中大夫四人車四乘從后，次宗室貴人車以驂乘

☆ **150** 0060

150b 0060b

子翟人故爲士五翟人毋（無）君公☑……

☆ **151** 0061

151b 0061b

諸大夫爵長子傅以□材□□□當事其一子如公子如公子者死若欲以它子□

☆ **152** 0062

152b 0062b

□代□之……之……

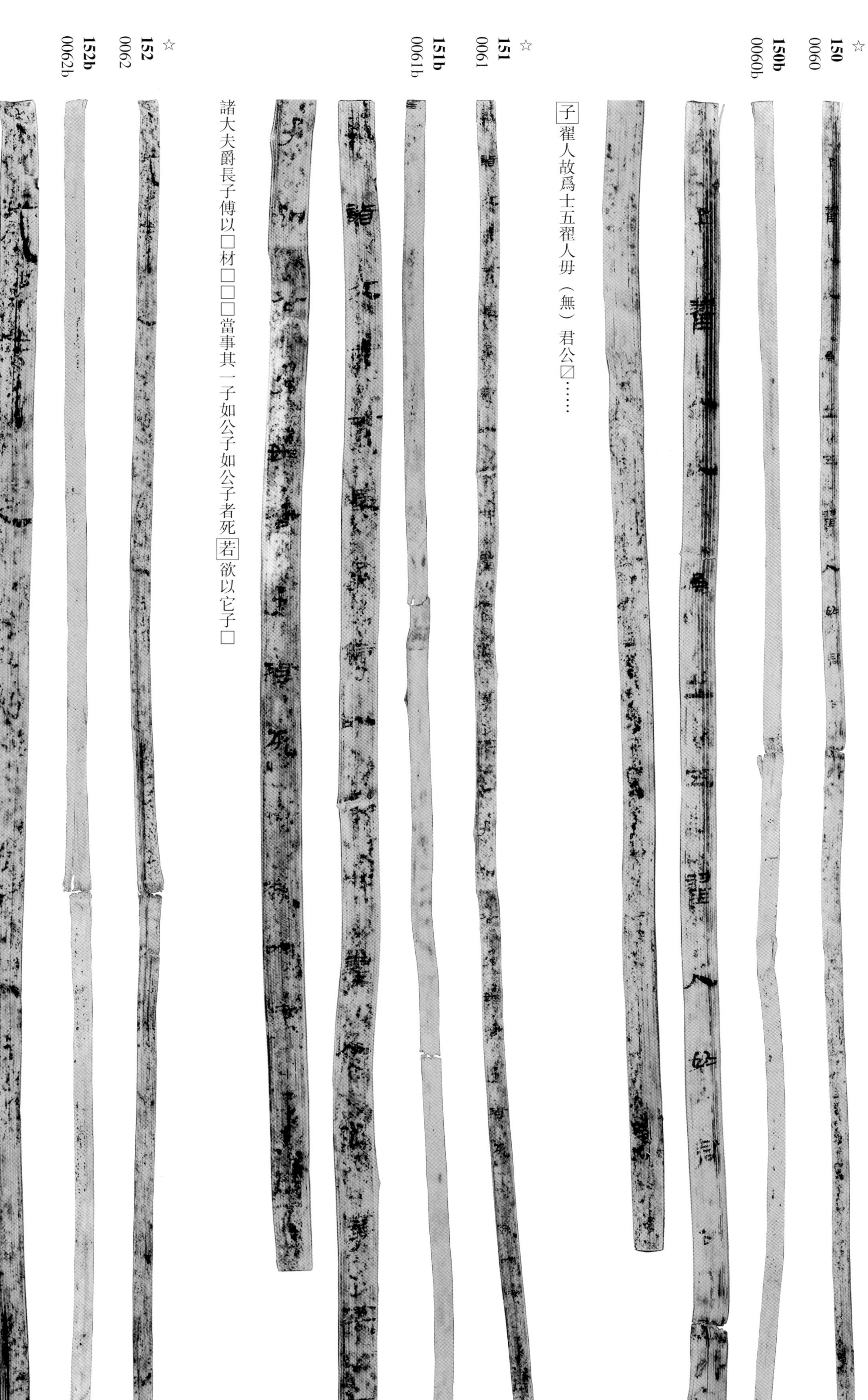

☆ **153** 0063 **153b** 0063b

翟爵部田諸公以上至諸侯疾死事，其後各襲其爵，□同爵

☆ **154** 0064 **154b** 0064b

□部田諸公、諸大夫若無後益爵其子男□□□□□□〼

☆ **155** 0065 **155b** 0065b

部界諸公子亡自出及得，奪爵一級，毋罪□□□□□□□

☆ **156** 0066 **156b** 0066b

□之公子翟人以爲士五（伍），□公子及翟人□[息]□亡及□罪而□

☆ **157** 0067 **157b** 0067b

□長爵爲□□毋爵□[事]□[襲]□□其故爵一級，諸……

☆ **158** 0068 **158b** 0068b

□不得益爵參食□

159 0069

159b 0069b

·蜀廣漢氏夷□□越侯□得其共第内從就之☒

160 0069-1

160b 0069-1b

☒出□□□□□□其君公子若□

☆ **161** 0070

161b 0070b

☒□□□

☆ **162** 0071

162b 0071b

諸□胄諸嫡公子後爲上廷買田□公侯復之諸公以下之子不□

163 0072

163b 0072b

□□諸公之公子戎翟人以爲士五（伍）⧄

164 0072-1

164b 0072-1b

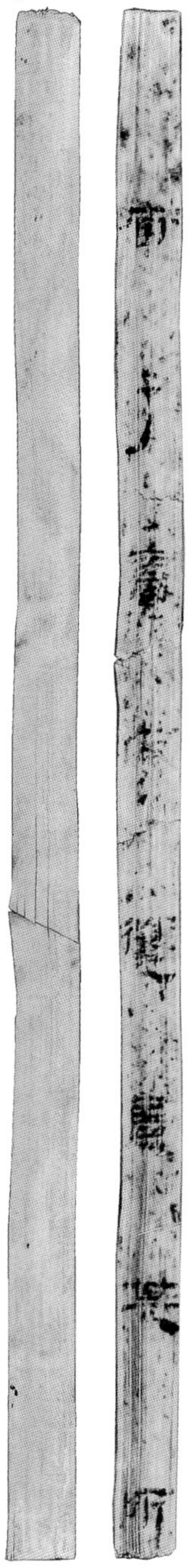

者子爵令復屬其所⧄

165
0073

165b
0073b

☐得爲其父後者復故之諸公子主☐☐之

166
0074

166b
0074b

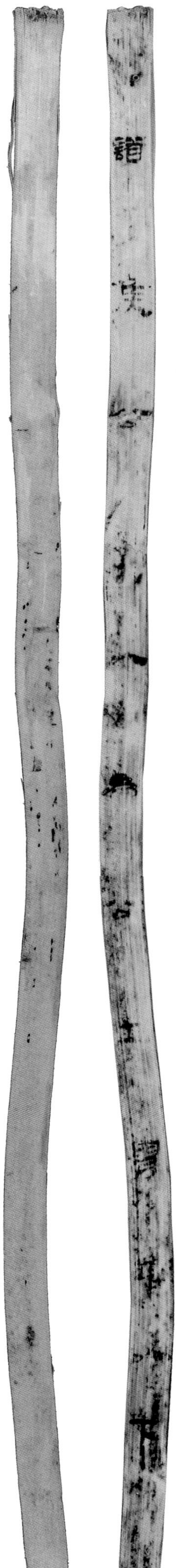

·諸侯公子以爲公士，翟爵以下

167
0074-1

167b
0074-1b

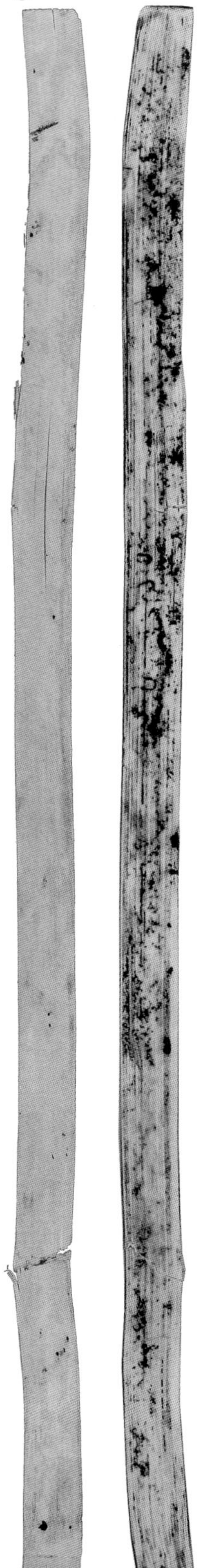

……

168 0075
168b 0075b
☒翟爵部田諸公以上□☒

169 0075-1
169b 0075-1b
☒□□首當論者案翟爵☒

170 1761
170b 1761b
公者（諸）侯□□□□□□☒

案例六　慶盜縣官材案　正背面編聯圖版

171 0286

172 2135

173 0253

174 0284

175 1447

176 0385

171b
0286b
172b
2135b
173b
0253b
174b
0284b
175b
1447b
176b
0385b

177 0294

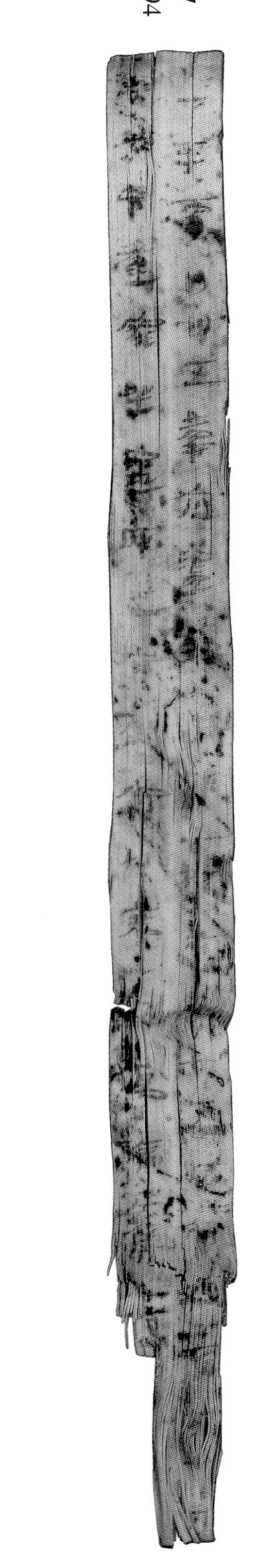

178 0459

179 1147

180 0941

181 0952

182 1069

183 1192

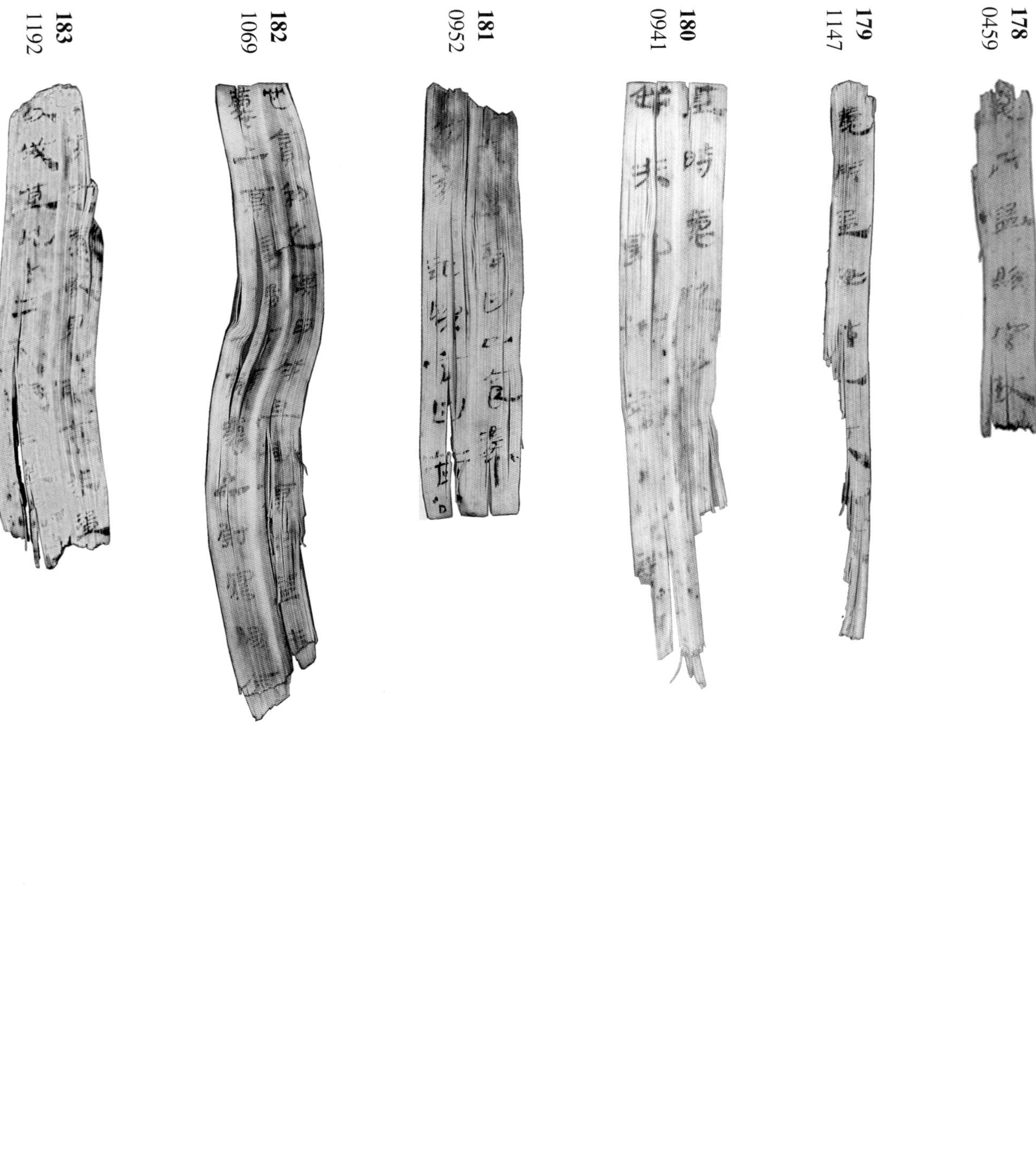

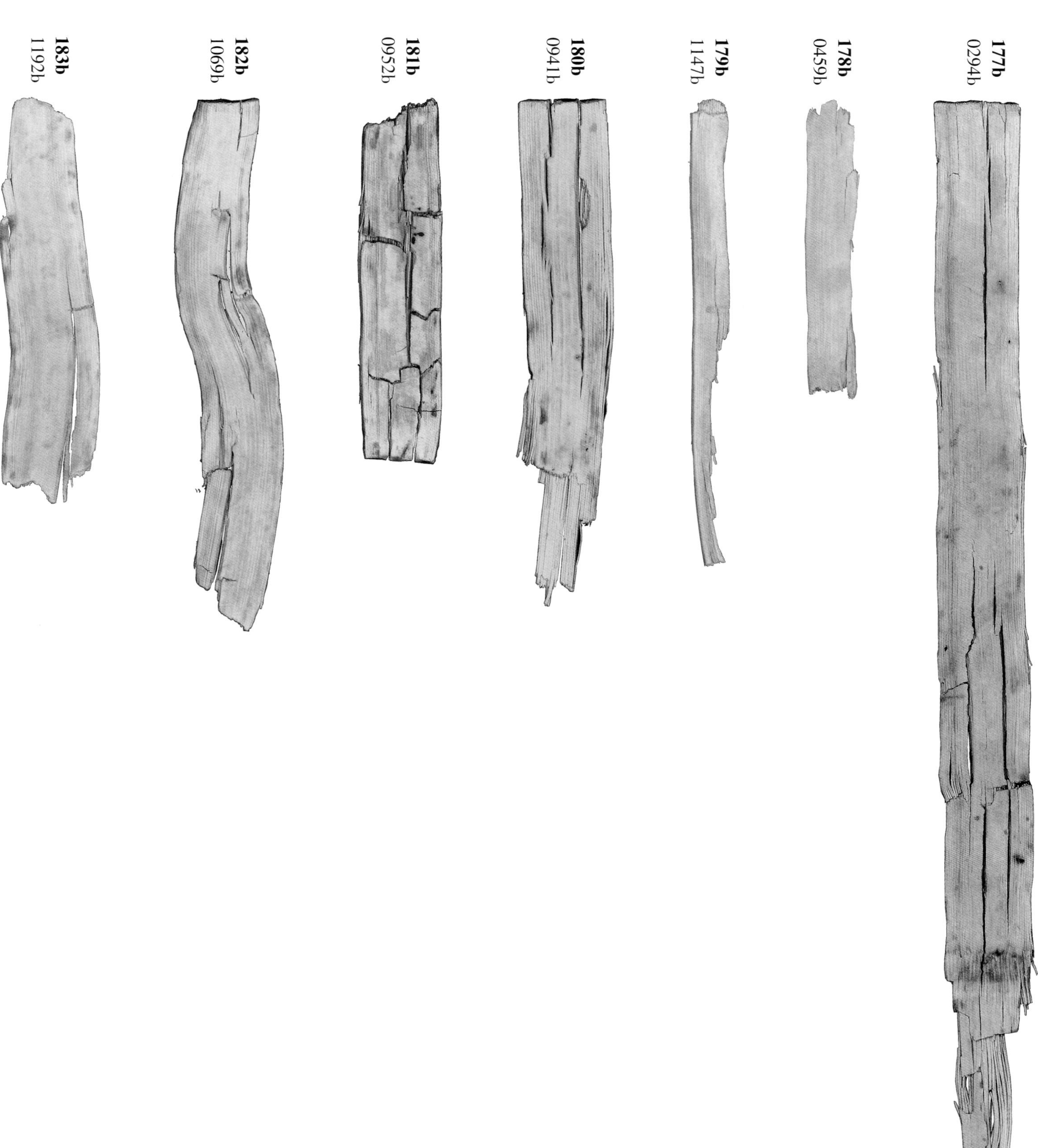
177b
0294b
178b
0459b
179b
1147b
180b
0941b
181b
0952b
182b
1069b
183b
1192b

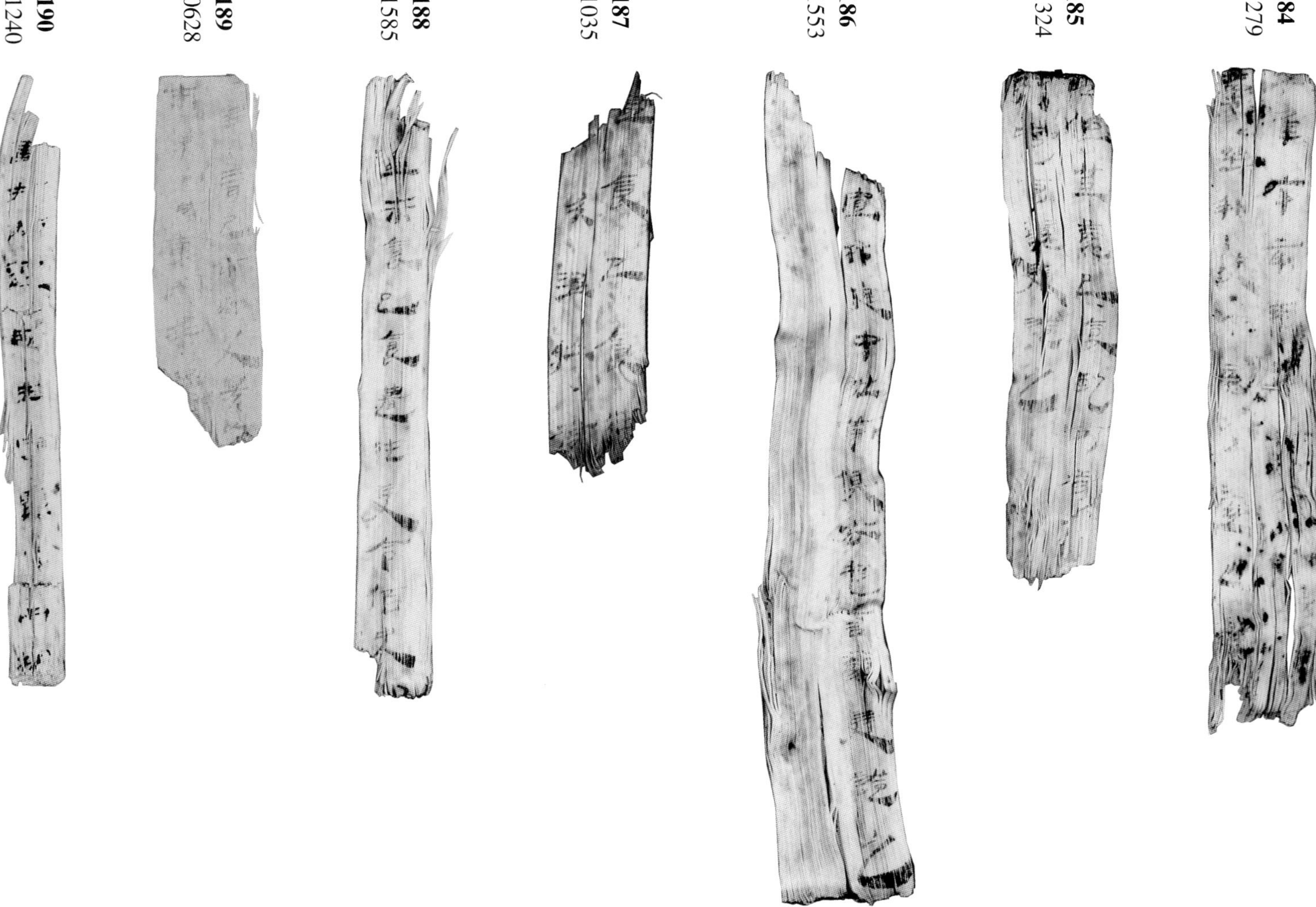

184 1279

185 1324

186 1553

187 1035

188 1585

189 0628

190 1240

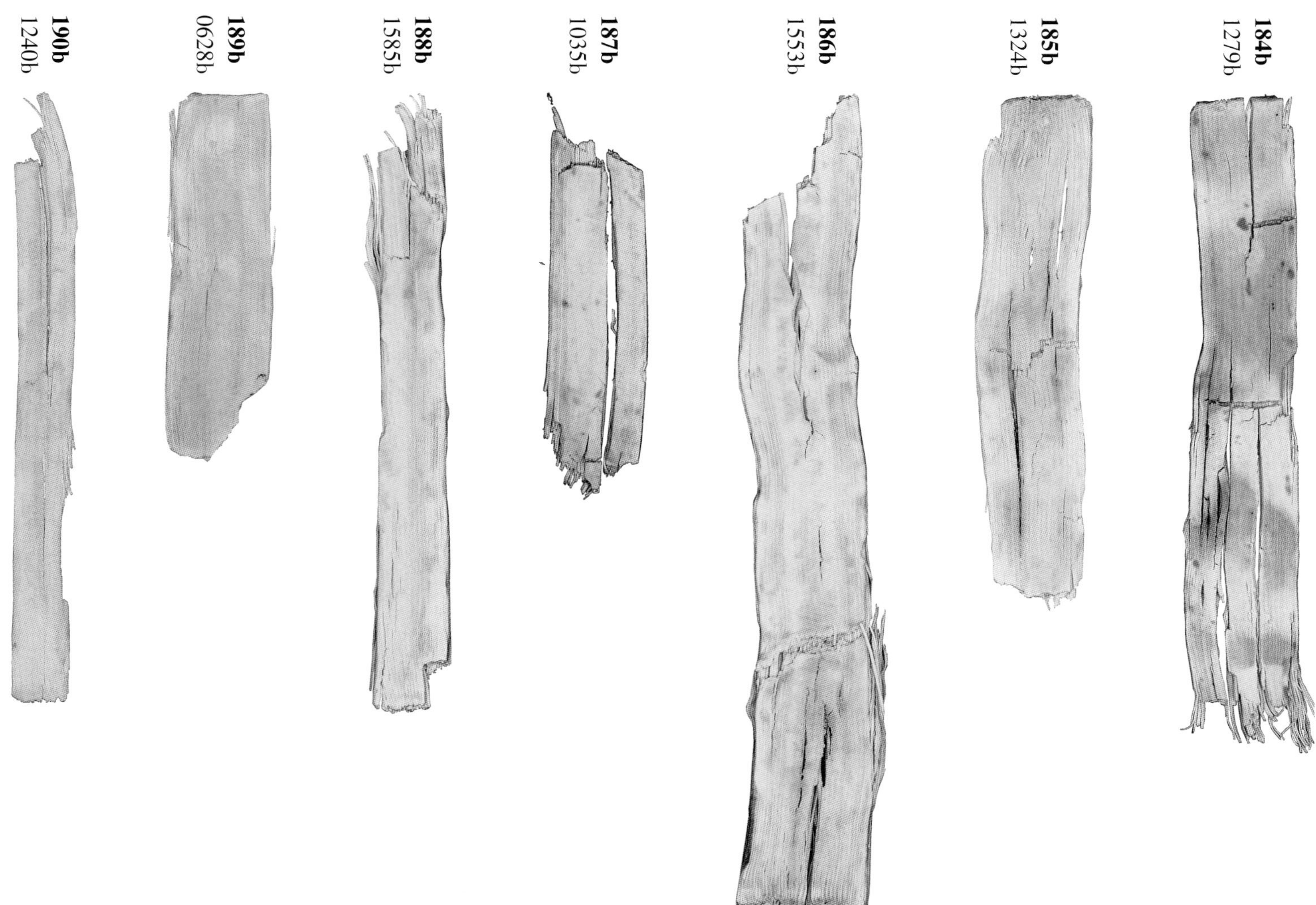
184b
1279b
185b
1324b
186b
1553b
187b
1035b
188b
1585b
189b
0628b
190b
1240b

191 0962+0898

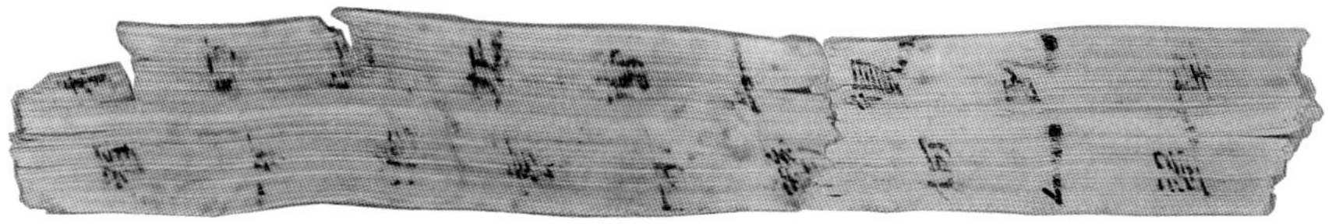

192 2103

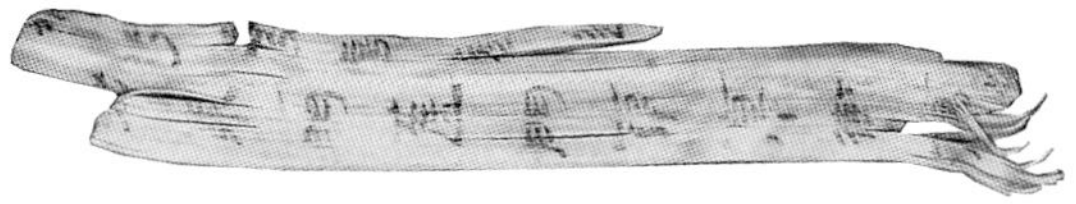

193 0712

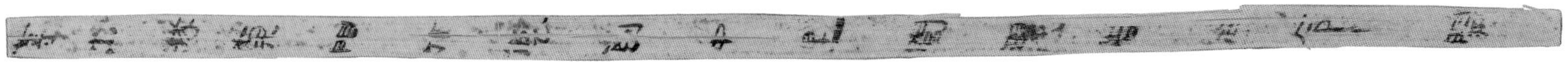

194 0244

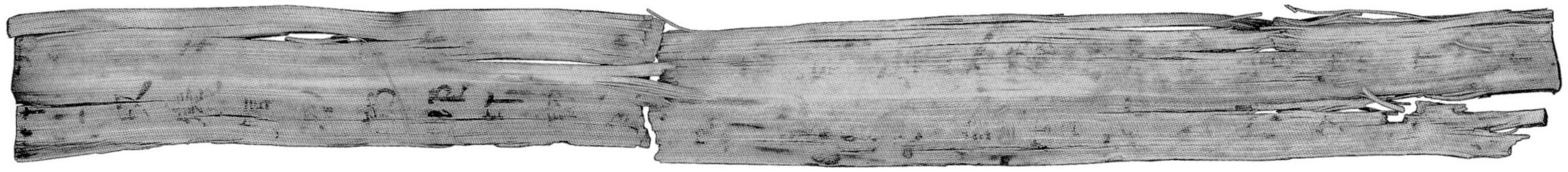

195 0457

196 1265

191b
0962+
0898b

192b
2103b

193b
0712b

194b
0244b

195b
0457b

196b
1265b

案例六　慶盜縣官材案　單簡圖版及釋文

171 0286

171b 0286b

・辟慶所盜材尉辟報

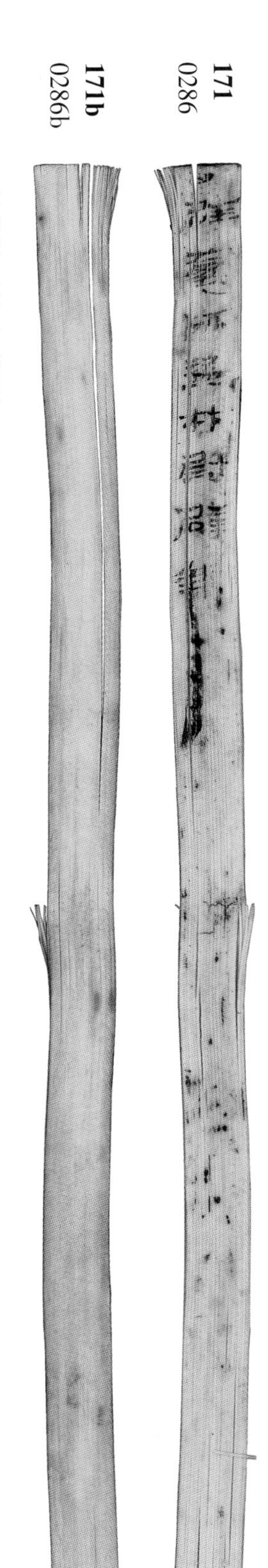

172 2135

172b 2135b

☒未斲，劾曰：尉史慶私使所監臨求盜通、堅、莊、未爲家作，問辤（辭）慶☐☒

☒……☒

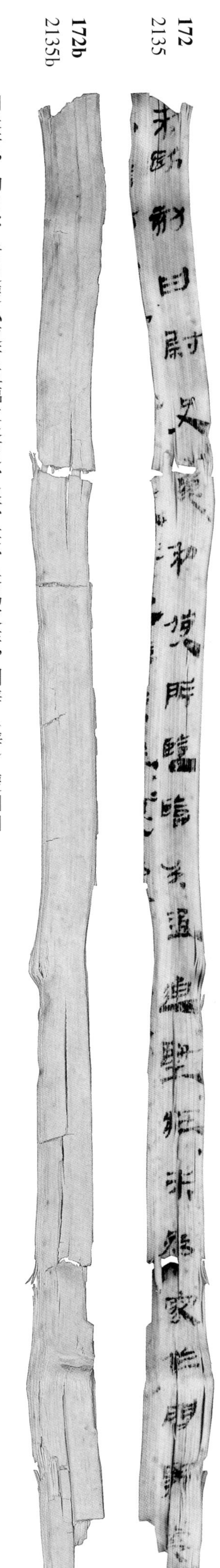

173 0253

173b 0253b

☒☐枚慶所主守非有計餘毋（無）有何官材，何解？辤（辭）☒

☒之，據曰：都鄉繇治城北門外橋餘材寄尉官毋計餘慶☒

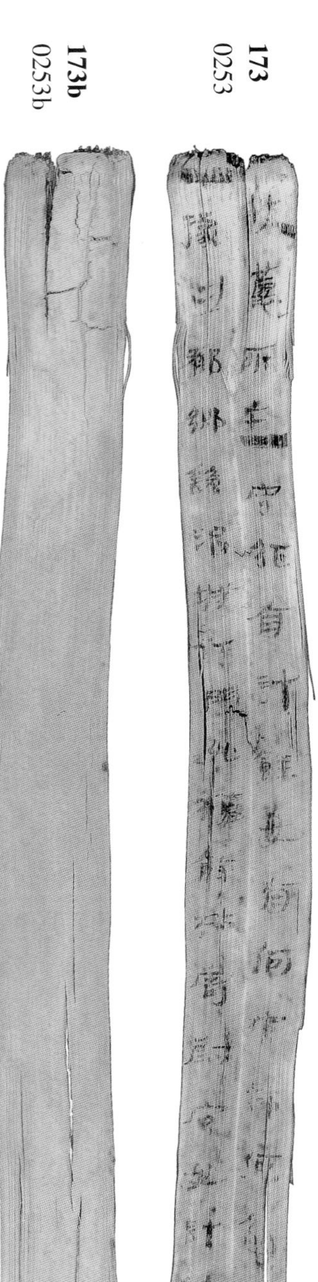

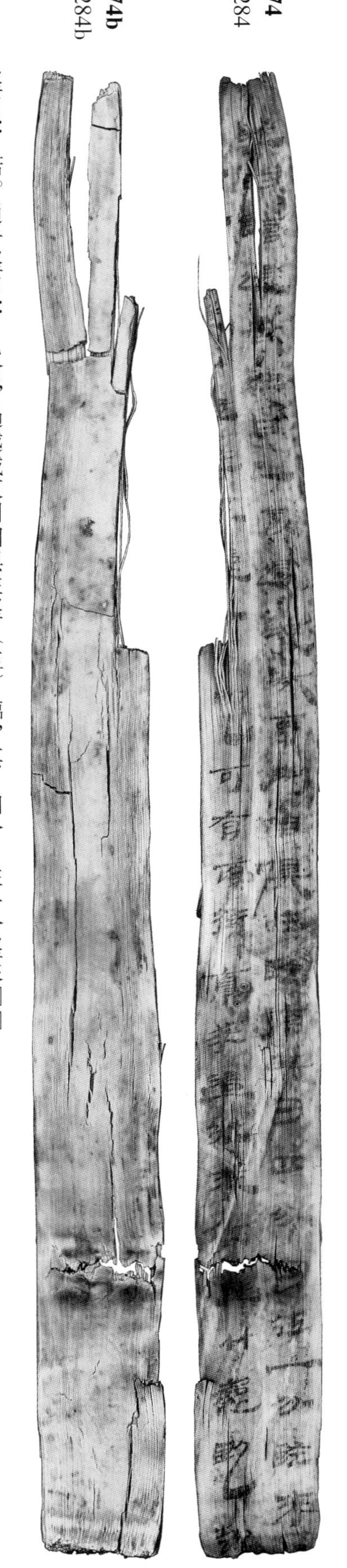

174
0284
堅曰：諸。通告堅曰：已食，過越城東門相俱往堅〈監〉臨，其日四分日往一分堅來□▨

174b
0284b
庭竹堅往來慶□它，可有頃街亭求盜壯（莊）來，佐庭竹。慶臥起▨

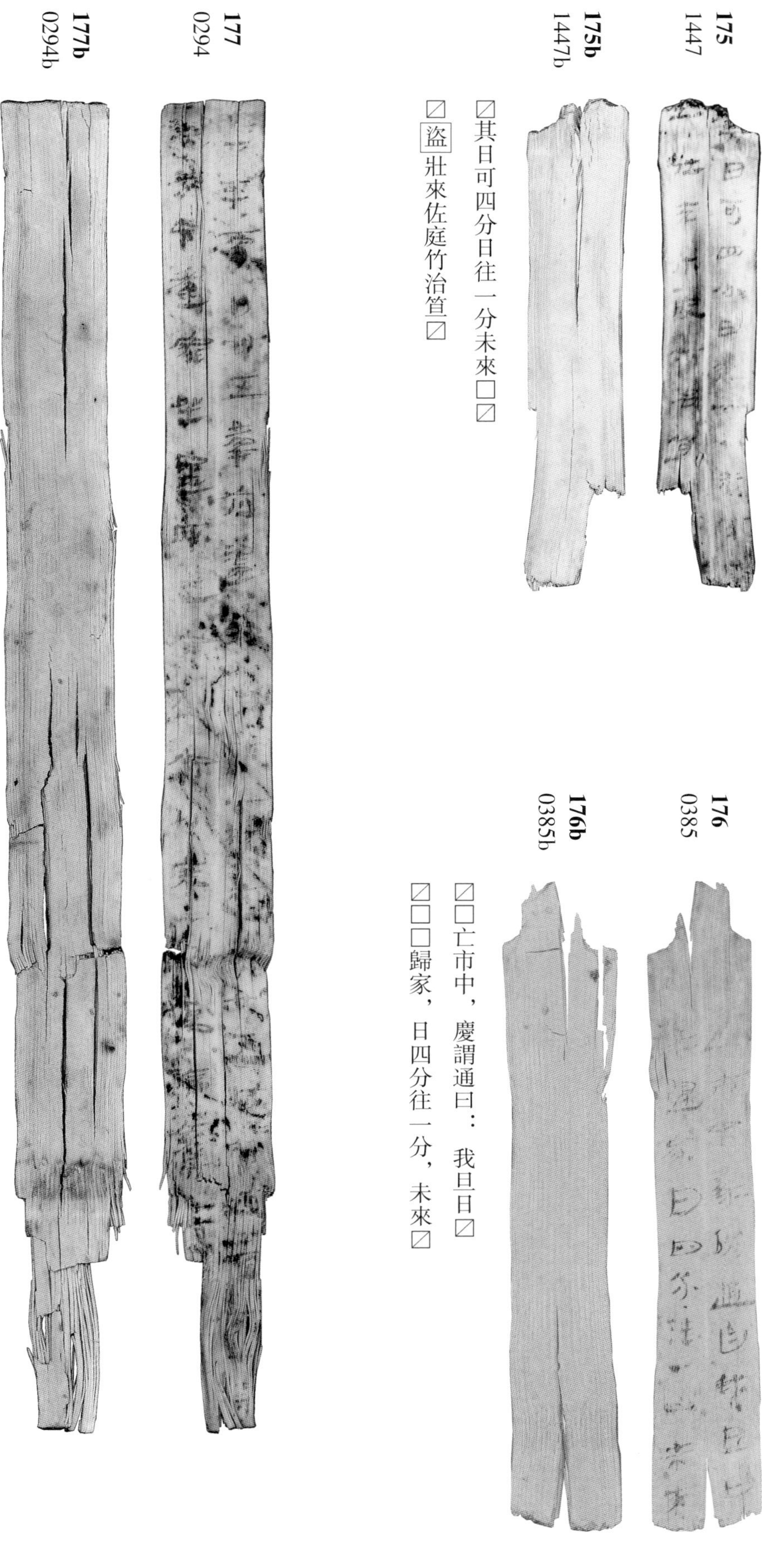

175
1447
▨其日可四分日往一分未來□▨

175b
1447b
▨盜壯來佐庭竹治笪▨

176
0385
▨□亡市中，慶謂通曰：我旦日▨

176b
0385b
▨□□歸家，日四分往一分，未來▨

177
0294
□一，平賈（價）百卅五，慶有（又）盜□□□一枚直（值）錢廿五，臧（贓）並直（值）……等

177b
0294b
慶有它重罪，坐盜所竈（？）守縣官材，竹（？）一枚，衺五（？）□駕（加）論奪爵▨

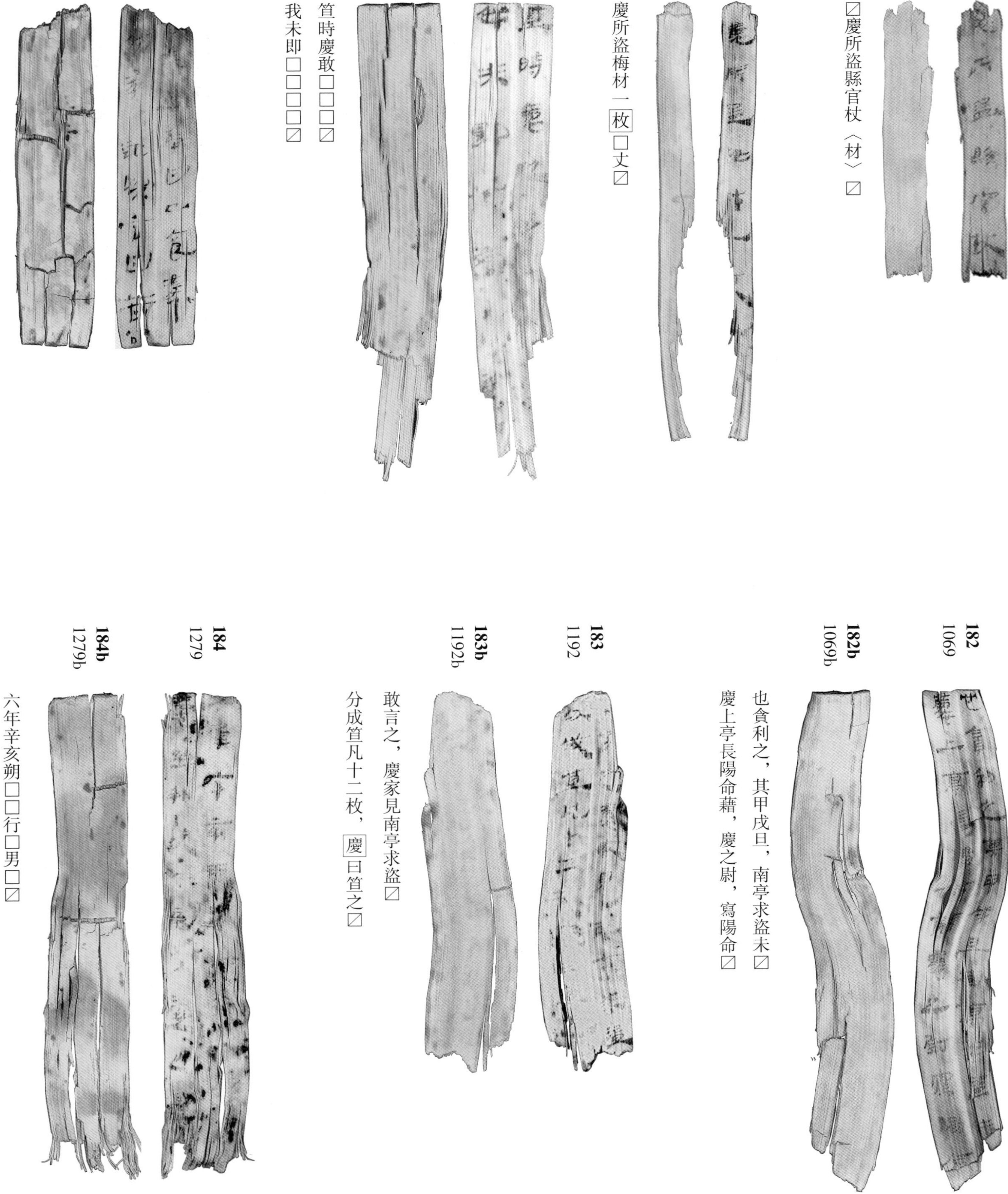

178
0459

178b
0459b

☐慶所盜縣官杖〈材〉☐

179
1147

179b
1147b

慶所盜梅材一枚□丈☐

180
0941

180b
0941b

笪時慶敢□□□☐
我未即□□□□☐

181
0952

181b
0952b

☐□□□豎曰：已食，慶
☐佐慶，慶起與言曰□□

182
1069

182b
1069b

也貪利之，其甲戌旦，南亭求盜未☐
慶上亭長陽命藉，慶之尉，寫陽命☐

183
1192

183b
1192b

敢言之，慶家見南亭求盜☐
分成笪凡十二枚，慶曰笪之☐

184
1279

184b
1279b

六年辛亥朔□□行□男□☐
慶坐私使所屬求盜通、監、□☐

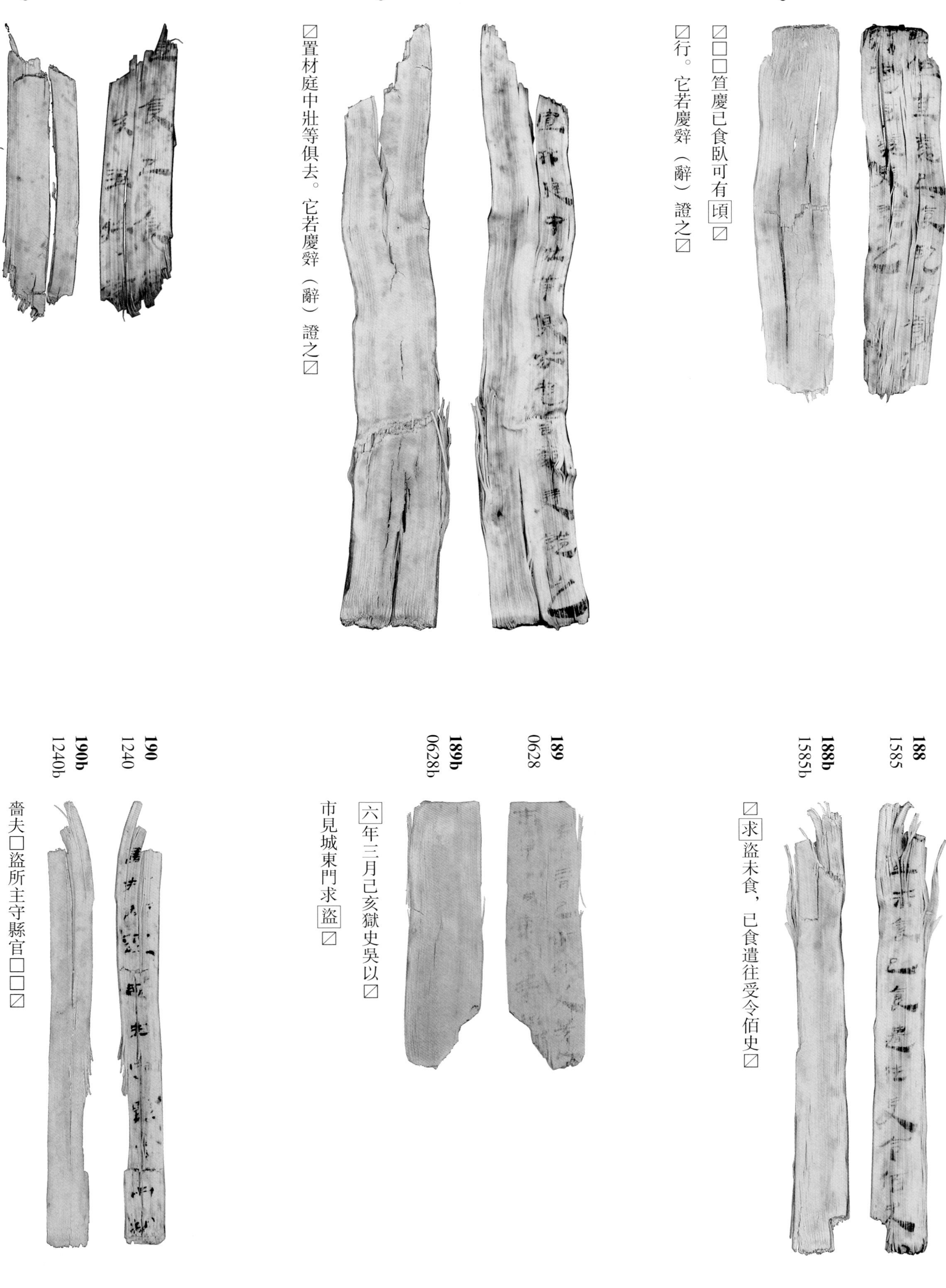

185 1324
185b 1324b

☐☐☐笪慶已食臥可有[頃]☐
☐行。它若慶辤（辭）證之☐

186 1553
186b 1553b

☐置材庭中壯等俱去。它若慶辤（辭）證之☐

187 1035
187b 1035b

☐歸食，已食往☐
☐求盜壯（莊）有☐

188 1585
188b 1585b

☐[求]盜未食，已食遣往受令佰史☐

189 0628
189b 0628b

[六]年三月己亥獄史吳以☐
市見城東門求[盜]☐

190 1240
190b 1240b

嗇夫☐盜所主守縣官☐☐☐

191
0962+
0898

191b
0962+
0898b

〼□□□在當□復臥其〼

〼者不準言不智（知）何人盜〼

192
2103

192b
2103b

〼獄史□□□□〼

〼城東門蓬門南亭街亭〼

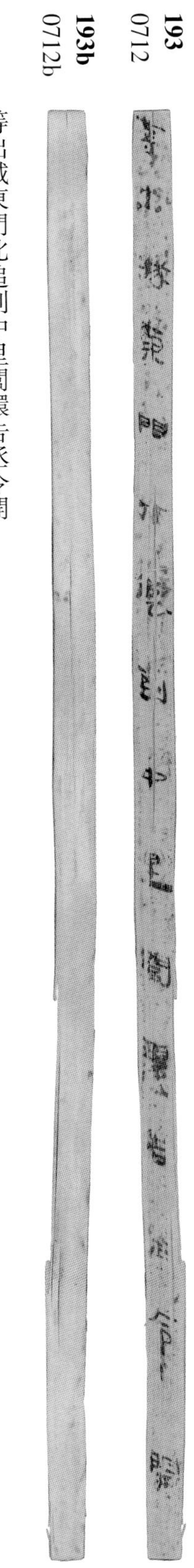

193
0712

193b
0712b

等出城東門北追到中里閒環告丞令開

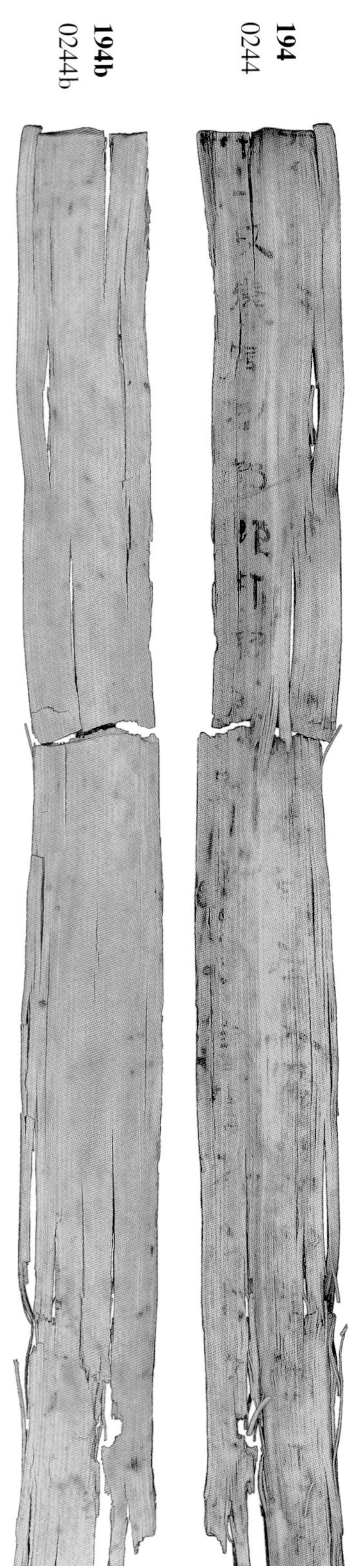

194
0244

194b
0244b

九年[五]月……告□□史……

竹一枚□辤（辭）曰都鄉佐□及……

195
0457

195b
0457b

書到，以律穀，謹備司勿令能[遂]☐

[月]通到穀（繫）所給所當得[材]☐

196
1265

196b
1265b

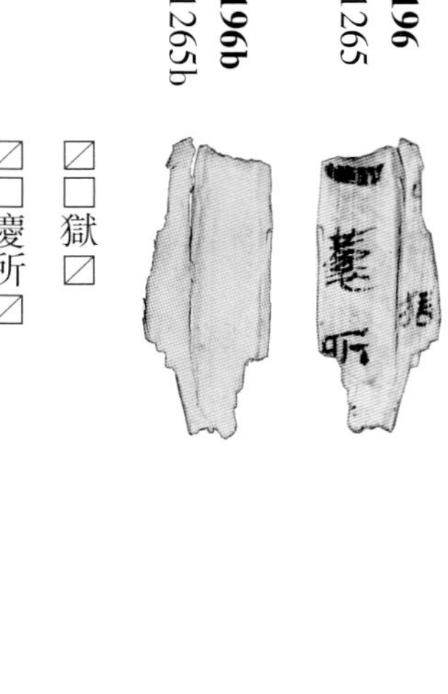

☐□獄☐

☐□慶所☐

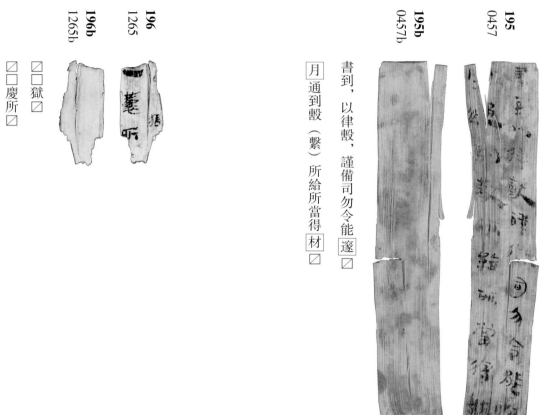

未歸類簡圖版及釋文

197 0851-1

197 0851-1

197b 0851-1b ⧄……⧄

198 0853

198 0853

198b 0853b □□□

199 0854

199 0854

199b 0854b 九年□月□□，獄史過□擴□□□

200 0855

200 0855

200b 0855b

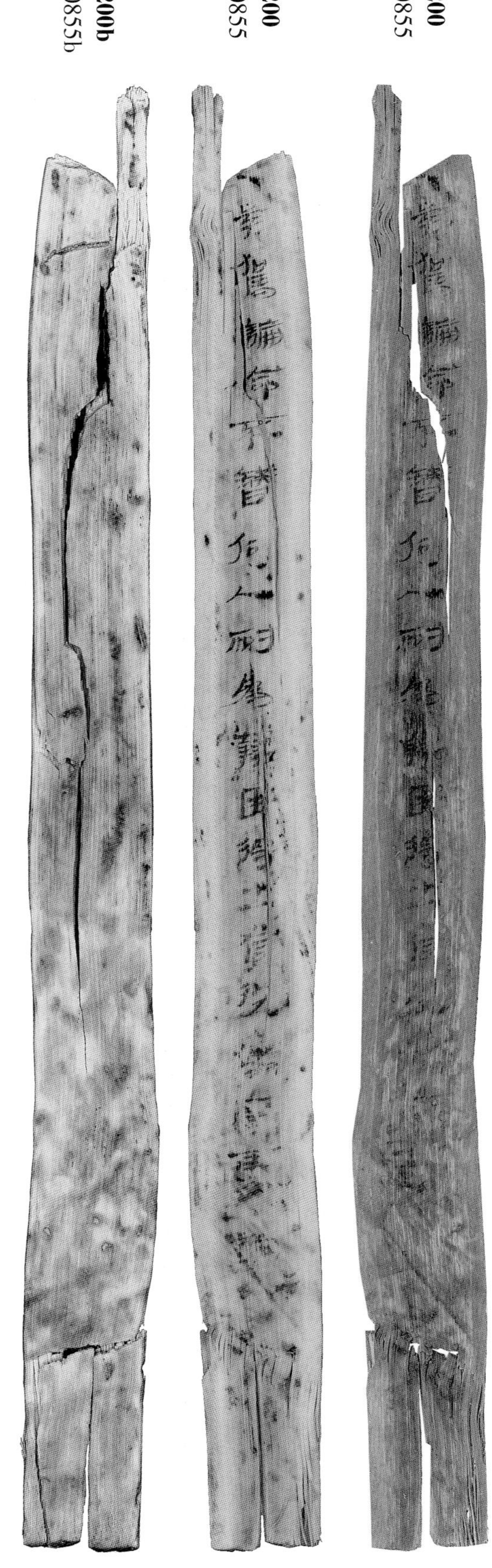

☐史吴駕（加）論命不智（知）何人耐爲隸臣，得、出、有後請（情）當處☐☐

201 0856

201 0856

201b 0856b

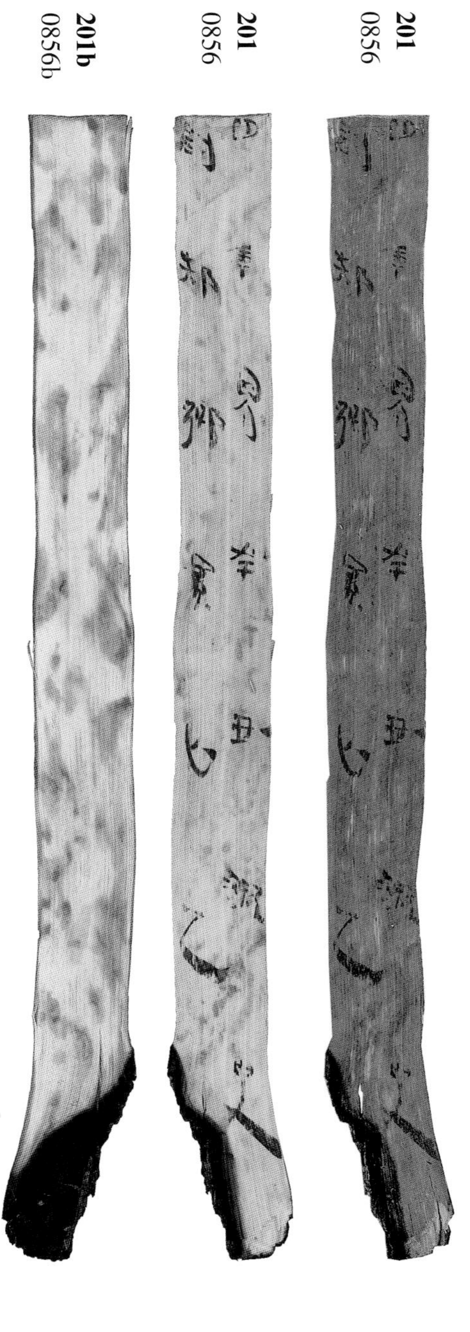

四年四月癸丑，獄史☐
尉都鄉實亡之☐

202 0859

202 0859

202b 0859b

輸七年同里□□六石□……□□百卌六石三鈞十斤

毋（無）芻茭以錢六千六百七十五□錢九千五百卅九予廟廚嗇夫核

約爲

203 0860

203 0860

203b 0860b

名故爵里它坐，移真命籍，毋去往來内纏封印，勿令可姦

須有驗報，毋留，若律令。

204
0861

204
0861

204b
0861b

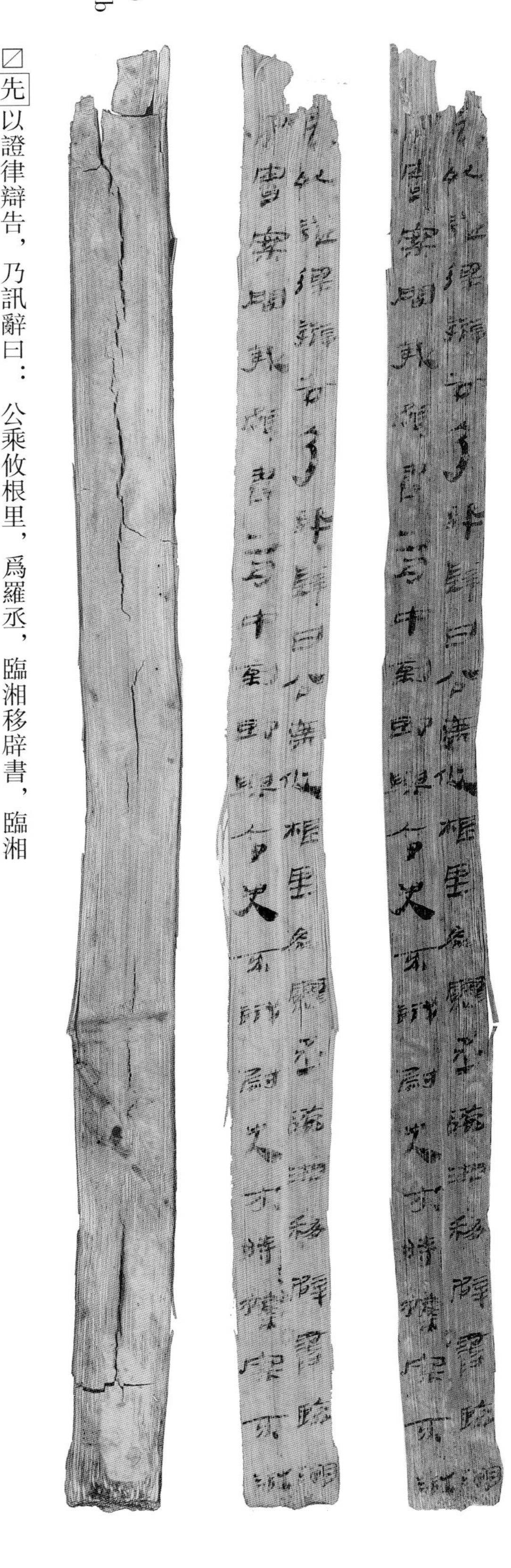

☑先以證律辯告，乃訊辭曰：公乘攸根里，爲羅丞，臨湘移辟書，臨湘

☑不審，案問報辟書二月中到，即與令史不識、尉史方時雜案不識

205
0862

205
0862

205b
0862b

右方八牒問□□□□□□□

206
0863

206
0863

206b
0863b

（空白簡）

207 0864

207 0864

207b 0864b

☒□來且□七月□□毋忽敢言之

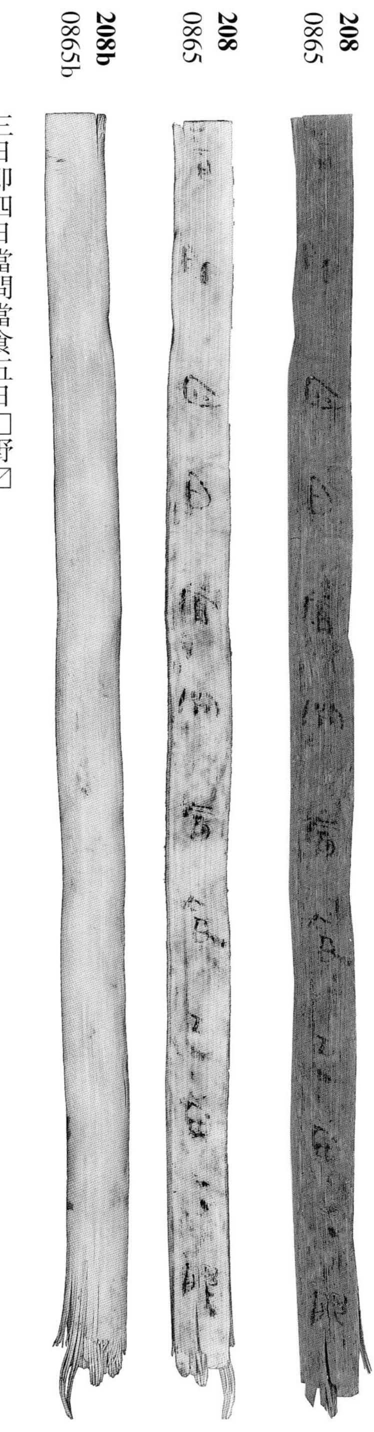

208 0865

208 0865

208b 0865b

三日即四日當問當食五日□野☒

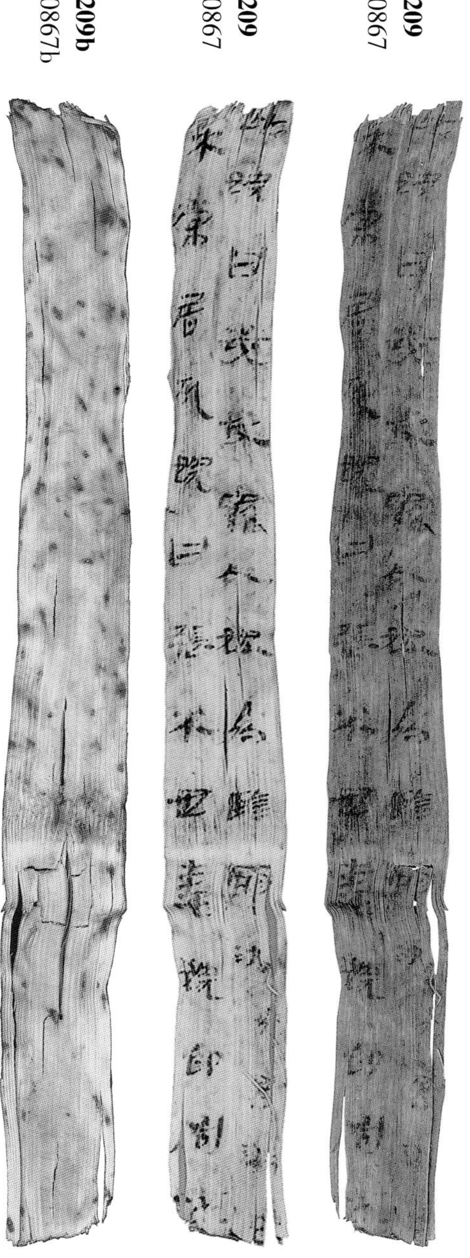

209 0867

209 0867

209b 0867b

☒此婠曰我故羅人嫁爲臨湘沙□里□□☒

☒木常居死婠曰張木母恚婠即問□☒

210 0868

210 0868

210b 0868b

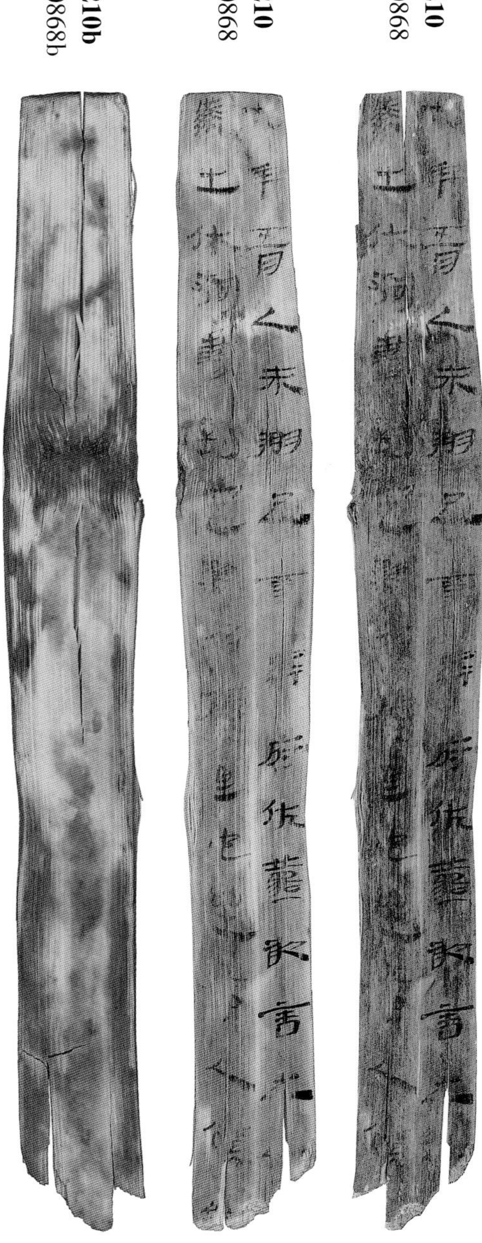

九年五月乙未朔己酉，衛（率）府佐燕敢言之以☐

衛（率）土伏狗書到，定縣名爵里、它坐，令人領□☐

211 0869

211 0869

211b 0869b

四月辛卯，臨湘令城、都水丞擴行丞事敢言之☐

·寫關敢言之☐

212
0870

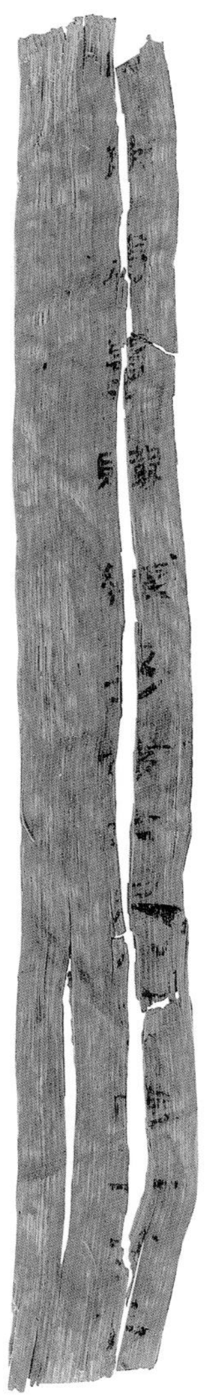

212
0870

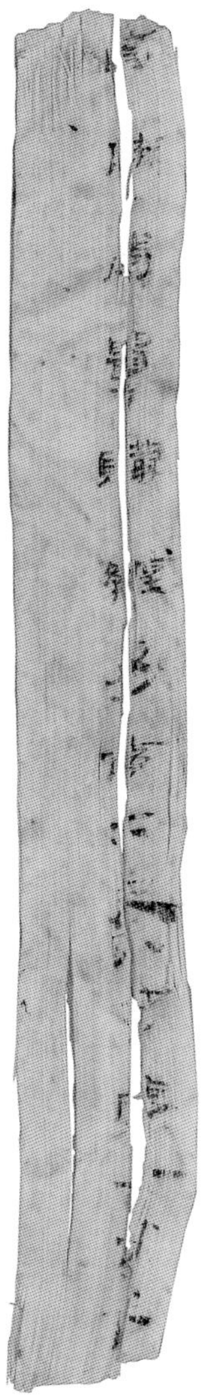

212b
0870b

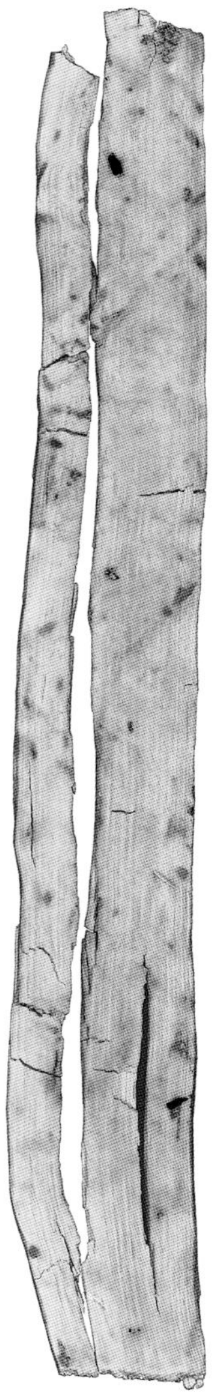

☒西麻青婁購纏刃袤二尺八寸廣一寸半☒

213
0871

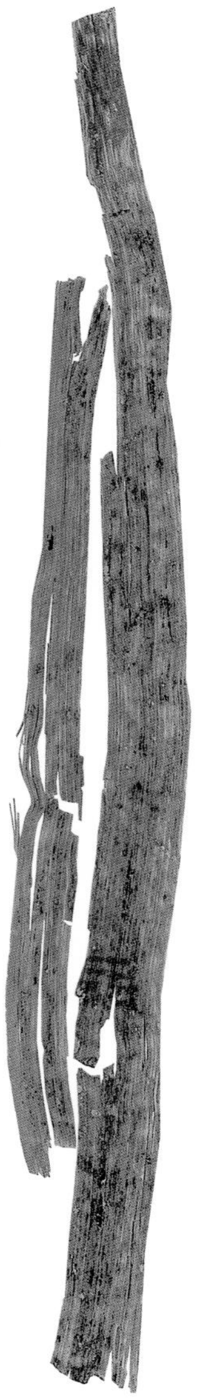

213
0871

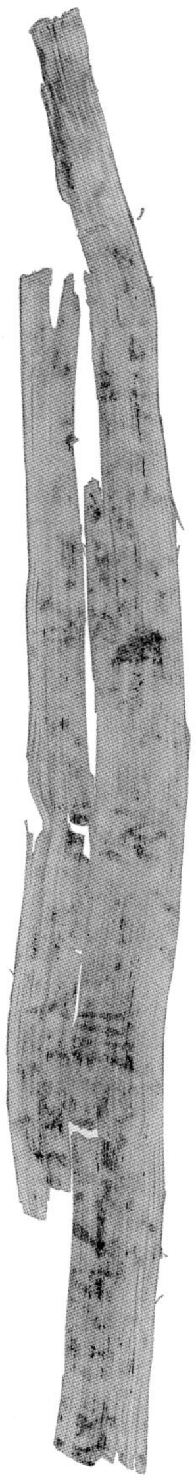

213b
0871b

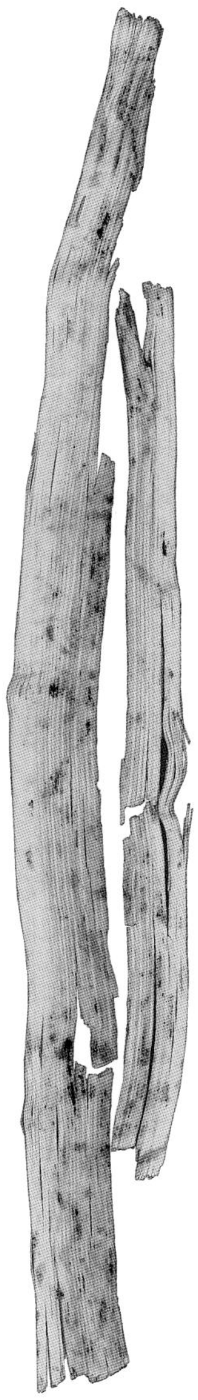

……

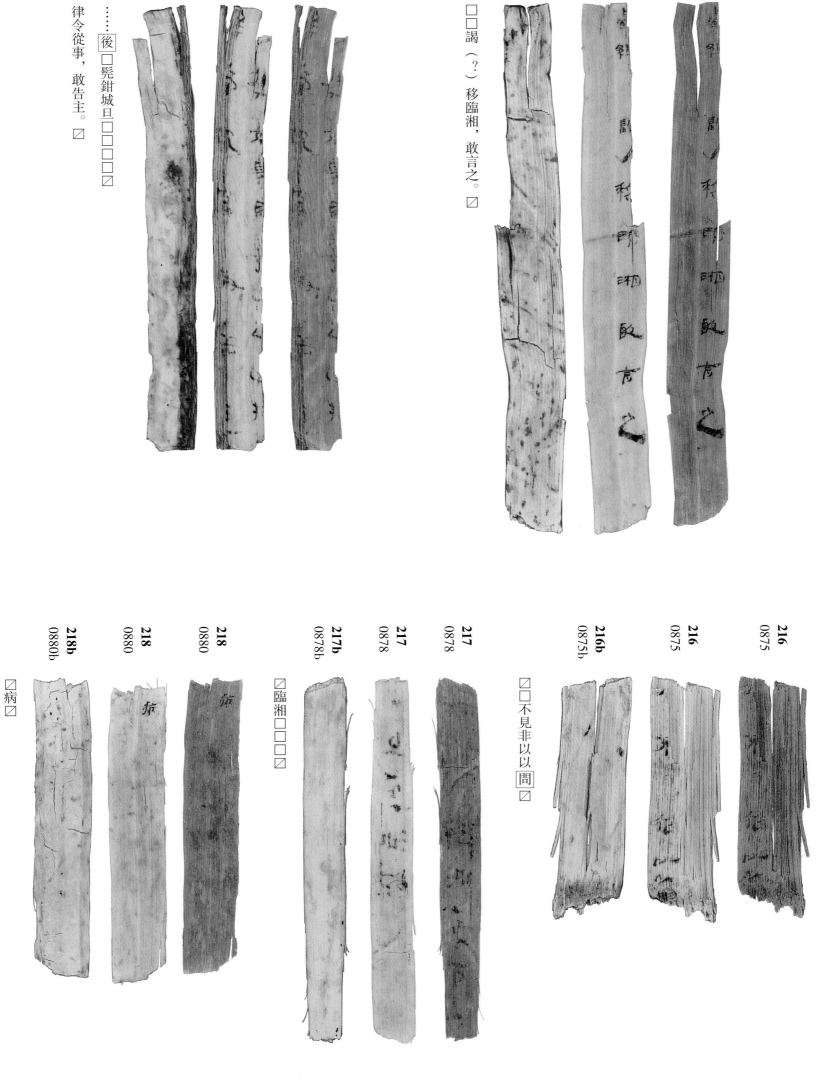

214
0872

214
0872

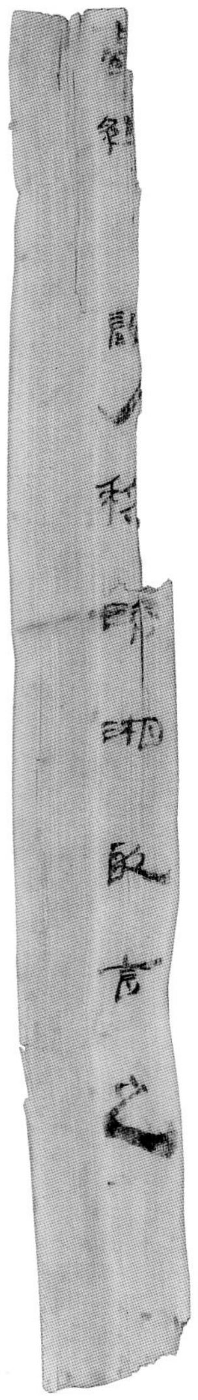

214b
0872b

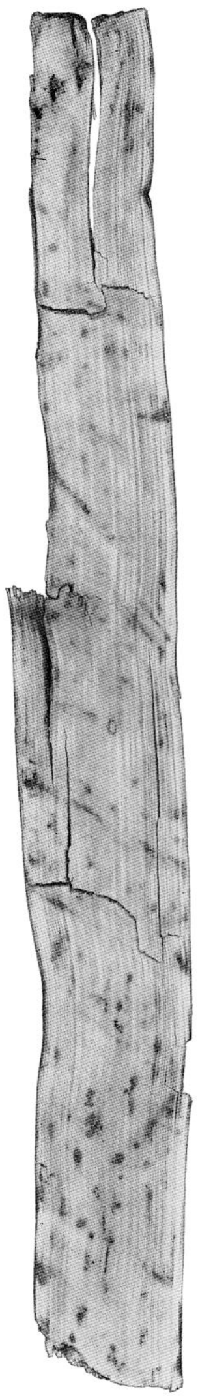

□□謁（？）移臨湘，敢言之。☐

215
0873

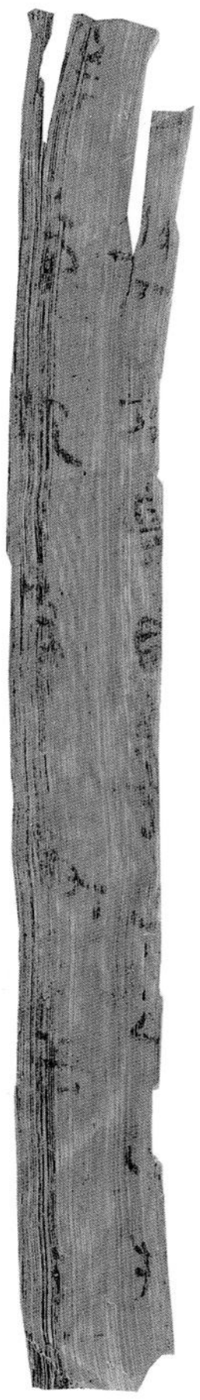

215
0873

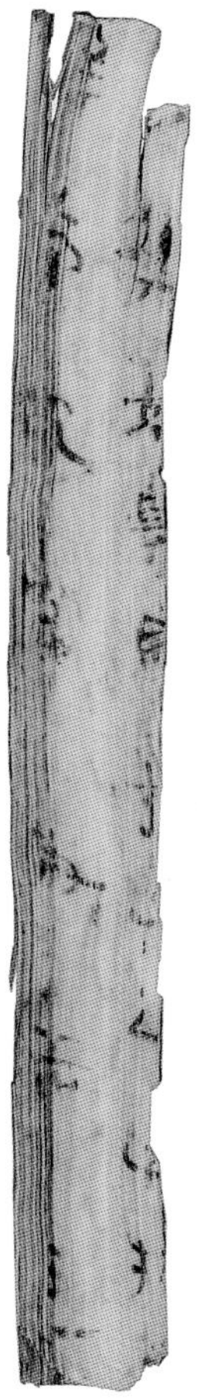

215b
0873b

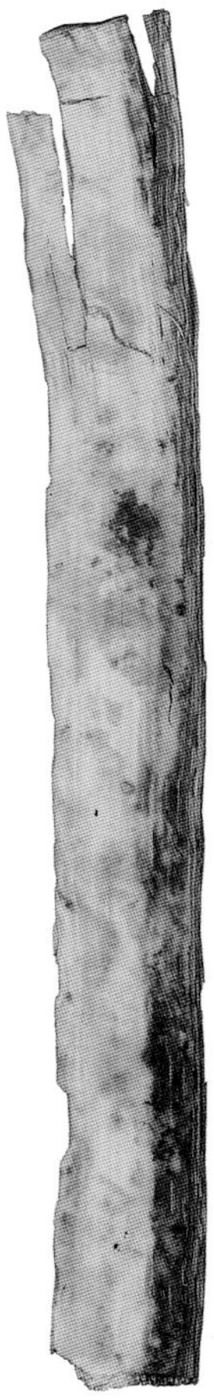

……後□髡鉗城旦□□□□☐

律令從事，敢告主。☐

216
0875

216
0875

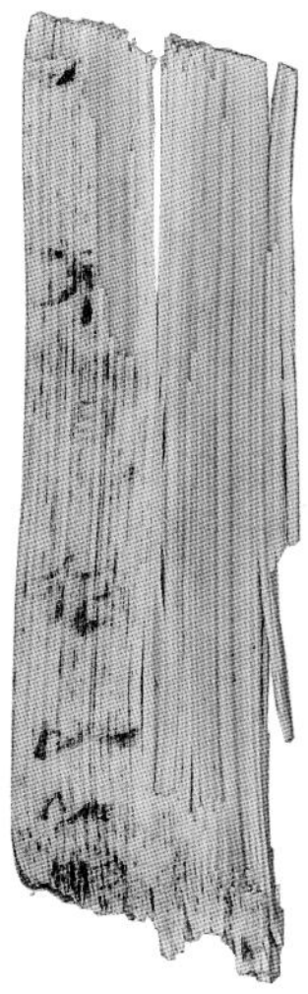

216b
0875b

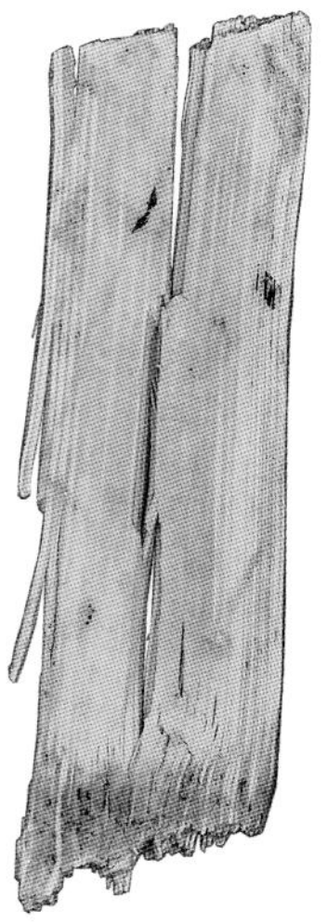

☐□不見非以以問☐

217
0878

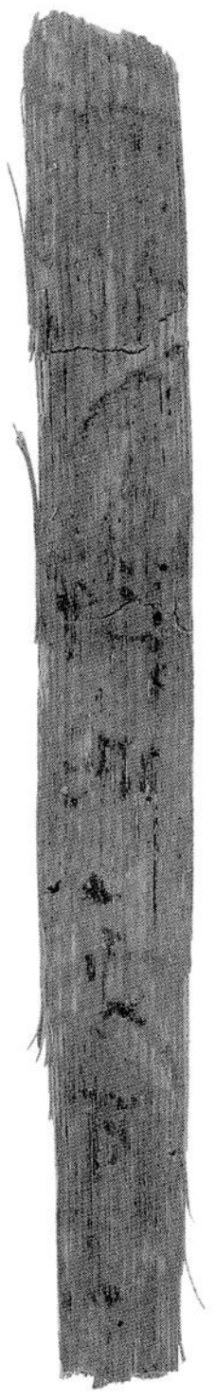

217
0878

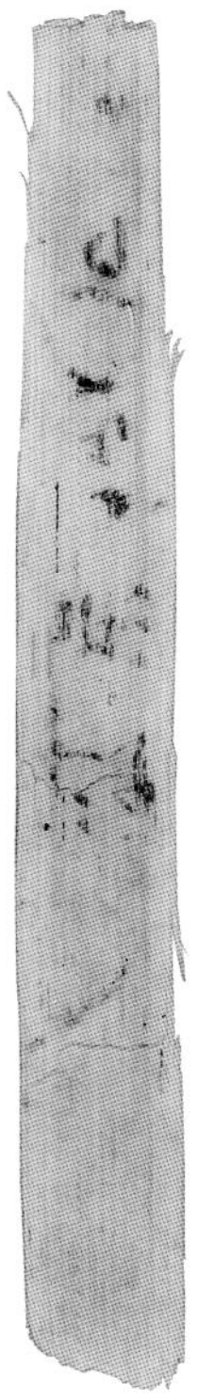

217b
0878b

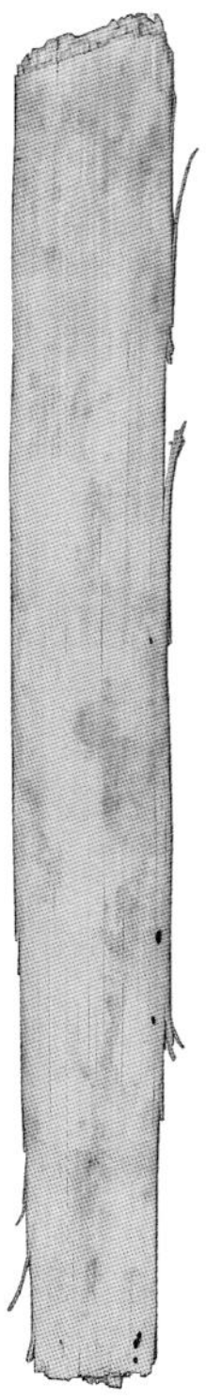

☐臨湘□□□☐

218
0880

218
0880

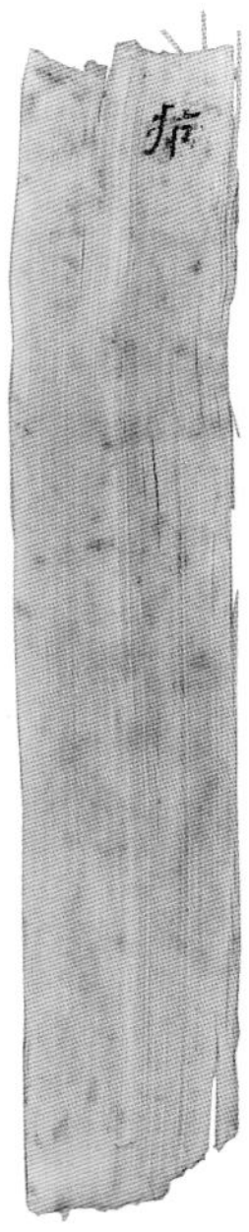

218b
0880b

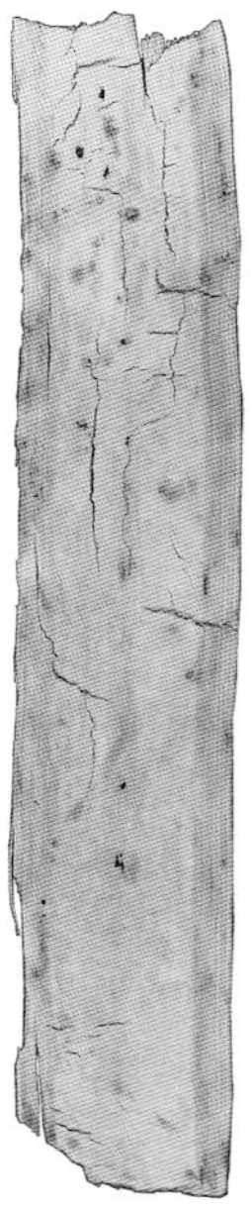

☐病☐

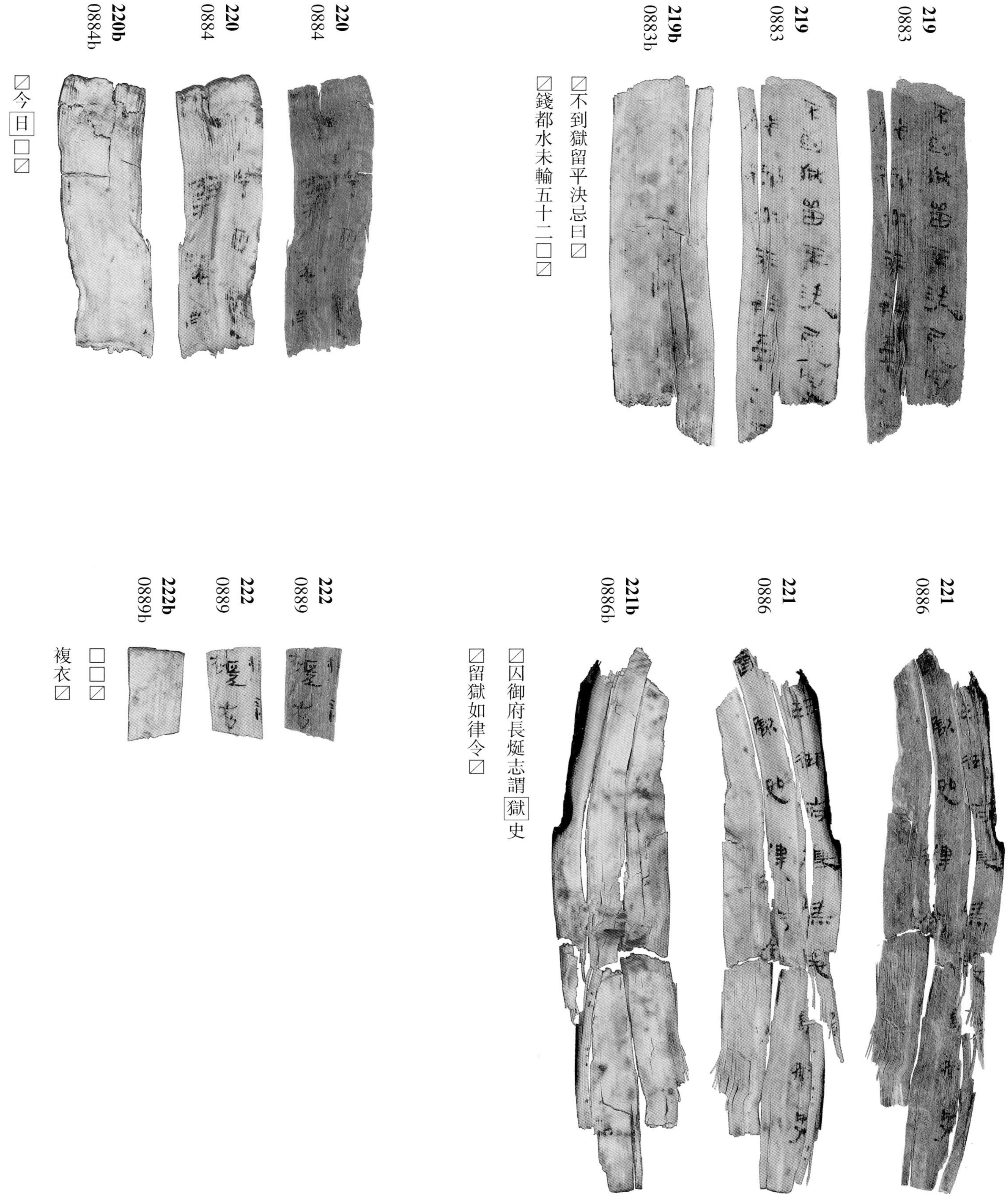

219
0883

219
0883

219b
0883b

⧄不到獄留平決忌曰⧄
⧄錢都水未輸五十二□⧄

220
0884

220
0884

220b
0884b

⧄今日□⧄
⧄故事□□⧄

221
0886

221
0886

221b
0886b

⧄囚御府長⿰火疑志謂獄史
⧄留獄如律令⧄

222
0889

222
0889

222b
0889b

□□⧄
複衣⧄

223 0890

223 0890

223b 0890b

☐……☐

☐☐寛赦罰金一斤☐

☐受／六月甲戌南☐☐

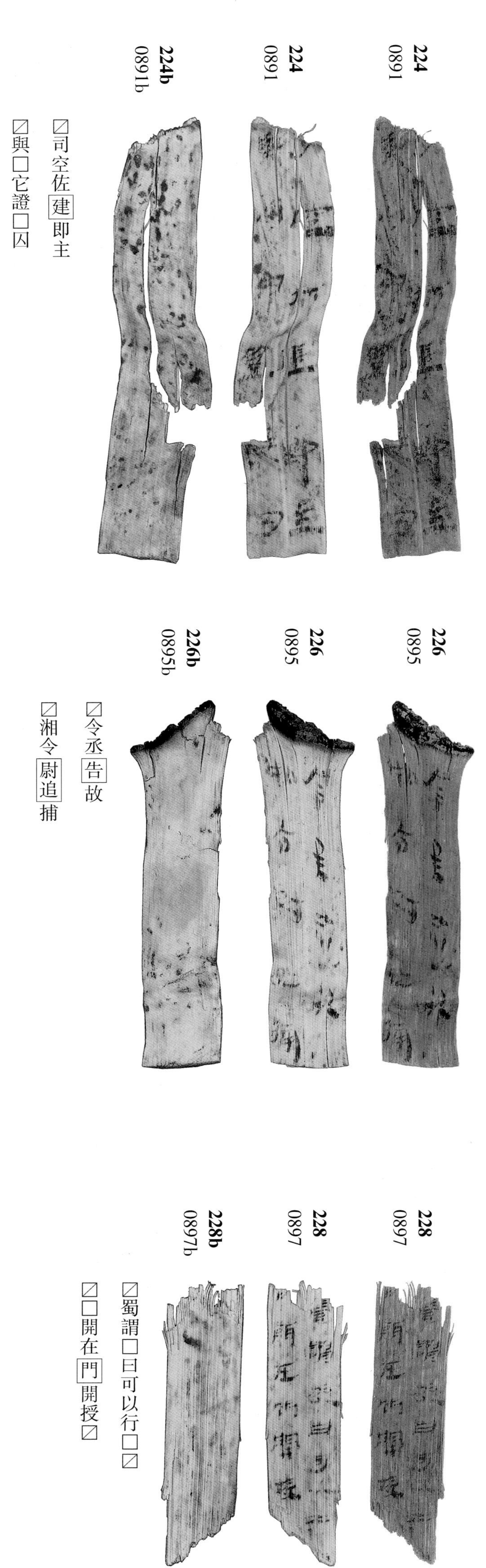

224 0891

224 0891

224b 0891b

☐司空佐建即主

☐與☐它證☐囚

225 0892

225 0892

225b 0892b

☐☐爲狗案之惡病滿三月免☐

226 0895

226 0895

226b 0895b

☐令丞告故

☐湘令尉追捕

227 0896

227 0896

227b 0896b

☐乙未夜

☐人從跡

228 0897

228 0897

228b 0897b

☐蜀謂☐曰可以行☐☐

☐☐開在門開授☐

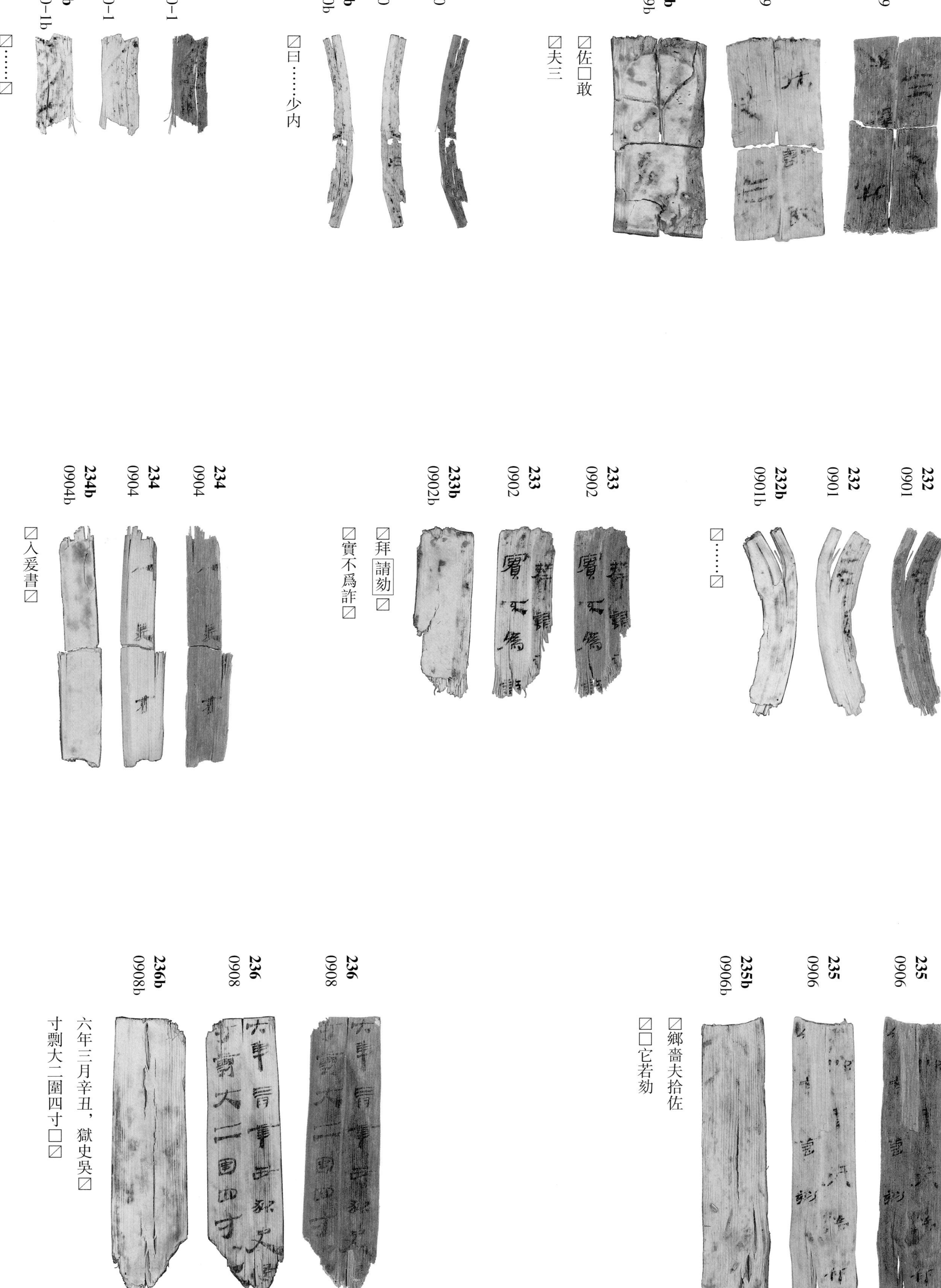

229 0899

229 0899

229b 0899b

⧄佐□敢

⧄夫三

230 0900

230 0900

230b 0900b

⧄曰……少内

231 0900-1

231 0900-1

231b 0900-1b

⧄……⧄

232 0901

232 0901

232b 0901b

⧄……⧄

233 0902

233 0902

233b 0902b

⧄拜請劾⧄

⧄實不爲詐⧄

234 0904

234 0904

234b 0904b

⧄入爰書⧄

235 0906

235 0906

235b 0906b

⧄鄉嗇夫拾佐

⧄□它若劾

236 0908

236 0908

236b 0908b

六年三月辛丑，獄史吳⧄

寸剽大二圍四寸□⧄

237 0909+0910

237 0909+0910

237b 0909+0910b

[棄]登市，并上診□用刑☑

238 0914

238 0914

238b 0914b

☑六月輸四年以來盡八年

☑[元]年三年五年七年租輸

239 0915

239 0915

239b 0915b

☑……☑

240 0916

240 0916

240b 0916b

☑還辟未報

☑更爲求盜

241 0918

241 0918

241b 0918b

☑年雜診尉史☑

☑[雜]診☑

242 0919

242 0919

242b 0919b

☑……☑

☑□□□□□☑

243 0921

243 0921

243b 0921b

☑[三宿]即去[之]室後☑

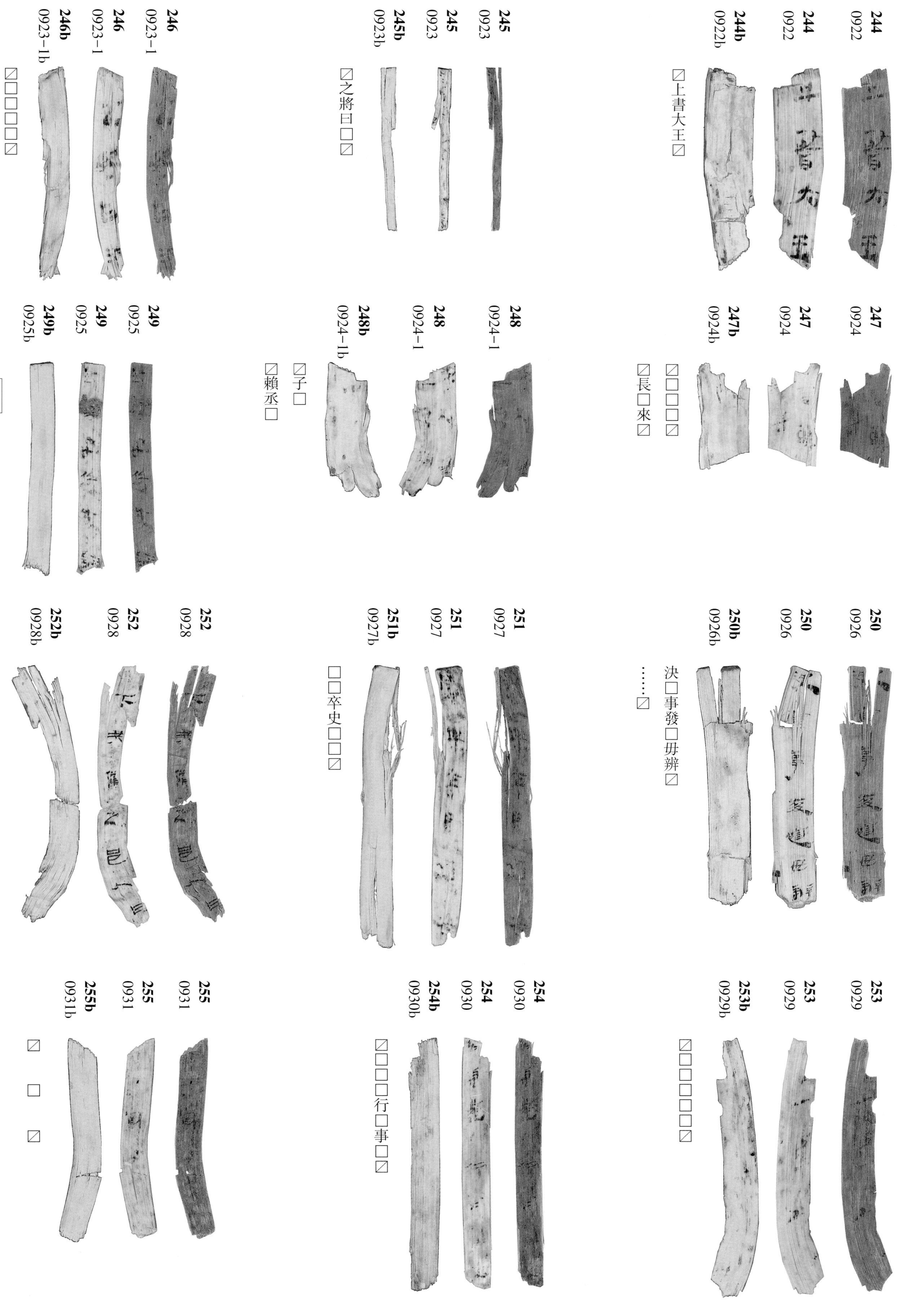

244 0922
244 0922
244b 0922b

☒上書大王☒

245 0923
245 0923
245b 0923b

☒之將曰□☒

246 0923-1
246 0923-1
246b 0923-1b

☒□□□□☒

247 0924
247 0924
247b 0924b

☒□□□☒
☒長□來☒

248 0924-1
248 0924-1
248b 0924-1b

☒子□
☒賴丞□

249 0925
249 0925
249b 0925b

□男子倚來□☒

250 0926
250 0926
250b 0926b

決□事發□毋辨☒
……☒

251 0927
251 0927
251b 0927b

□□卒史□□☒

252 0928
252 0928
252b 0928b

☒下共償之邑人曰☒

253 0929
253 0929
253b 0929b

☒□□□□□☒

254 0930
254 0930
254b 0930b

☒□□□行□事□☒

255 0931
255 0931
255b 0931b

☒ □ ☒

256 0932

256 0932

256b 0932b

□□□□☑

事長沙王己☑

257 0933

257 0933

257b 0933b

死罪囚小☑

258 0934

258 0934

258b 0934b

□三□☑

259 0936

259 0936

259b 0936b

□□□☑

260 0937

260 0937

260b 0937b

☑髡鉗□□☑

261 0938

261 0938

261b 0938b

☑□長沙☑

262 0939

262 0939

262b 0939b

□□□

☑會□會☑

263 0940

263 0940

263b 0940b

☑□衣□□☑

264 0942

264 0942

264b 0942b

寫移敢告主☑

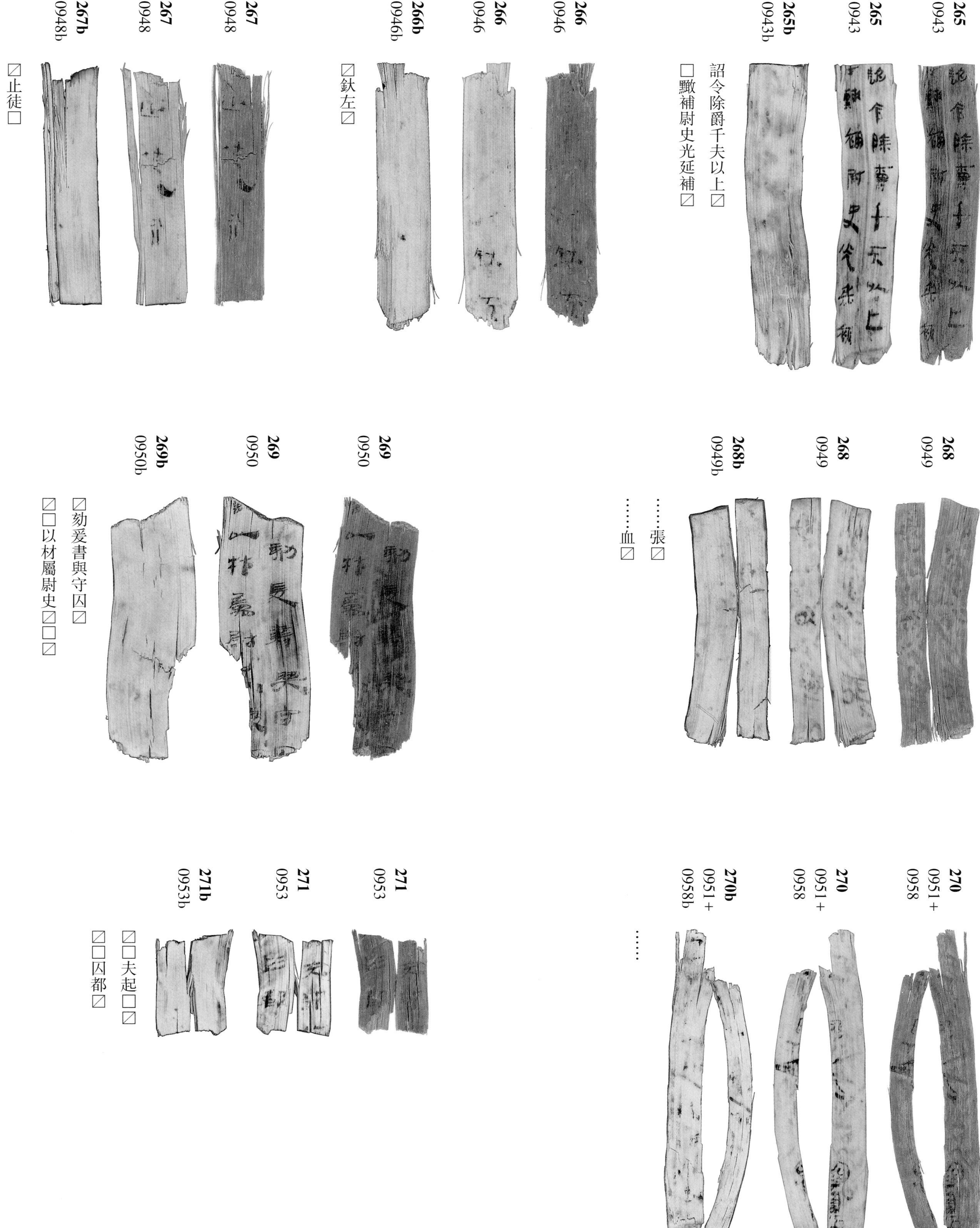

265
0943

265
0943

265b
0943b

詔令除爵千夫以上▨
□斆補尉史光延補▨

266
0946

266
0946

266b
0946b

▨鈇左▨

267
0948

267
0948

267b
0948b

▨止徒□

268
0949

268
0949

268b
0949b

……張▨
……血▨

269
0950

269
0950

269b
0950b

▨㓒爰書與守囚▨
▨□以材屬尉史▨□▨

270
0951+
0958

270
0951+
0958

270b
0951+
0958b

……

271
0953

271
0953

271b
0953b

▨□夫起□▨
▨□囚都▨

272 0954

272 0954

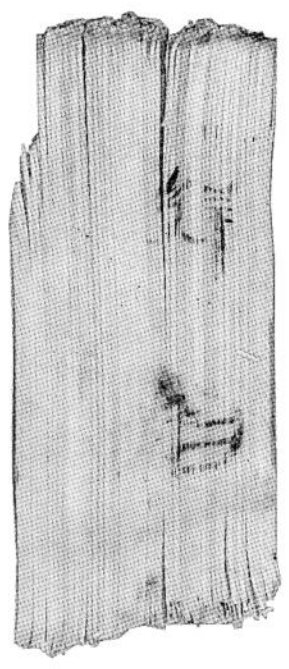

272b 0954b

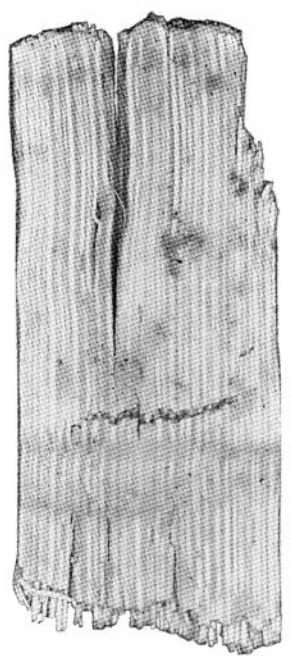

☐辤（辭）曰☐

273 0955

273 0955

273b 0955b

九年八月辛未☐

當陽里耶聞☐

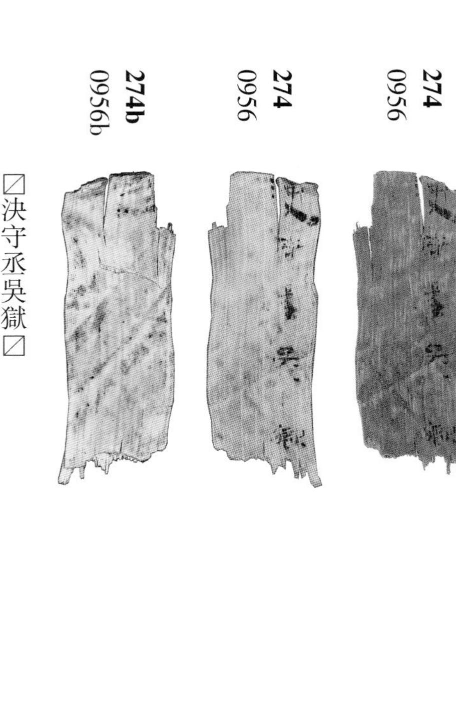

274 0956

274 0956

274b 0956b

☐決守丞吴獄☐

275 0957

275 0957

275b 0957b

☐□毋小船☐

☐□盜乘☐

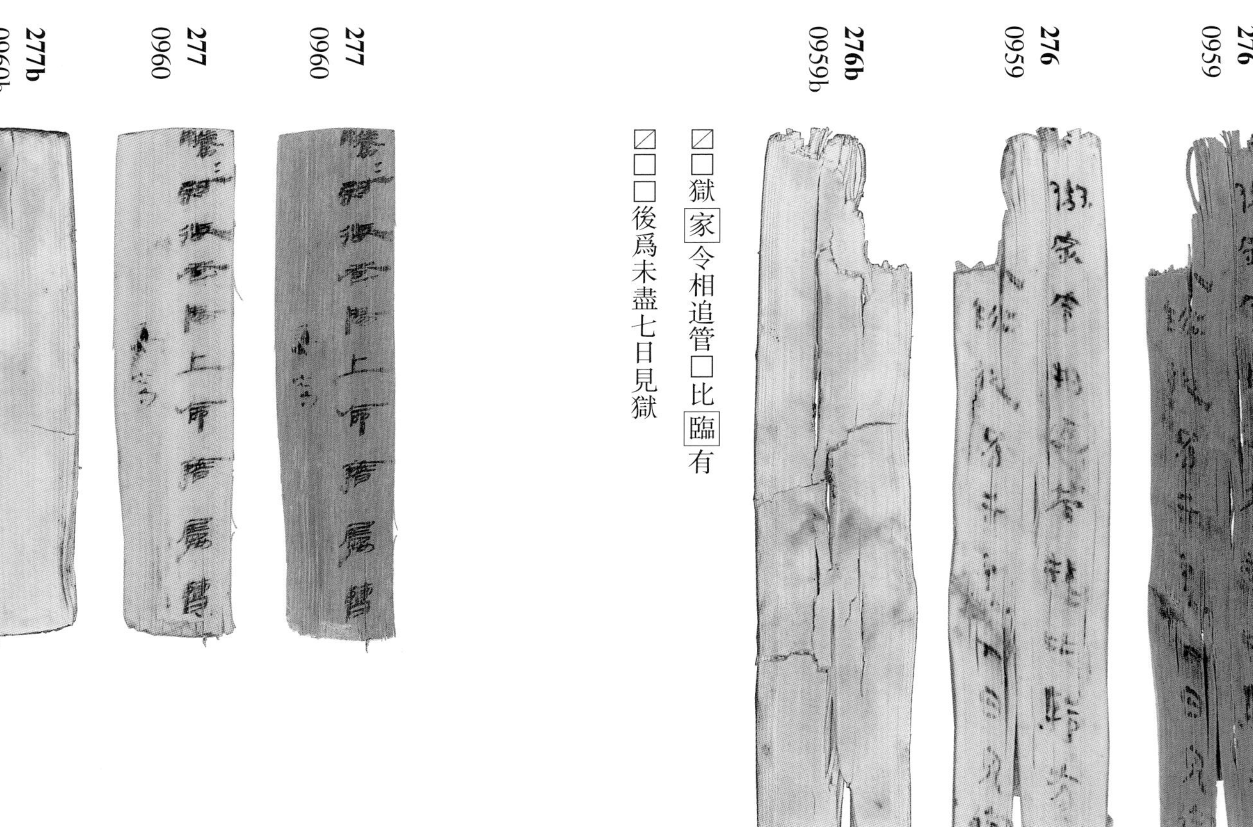

276 0959

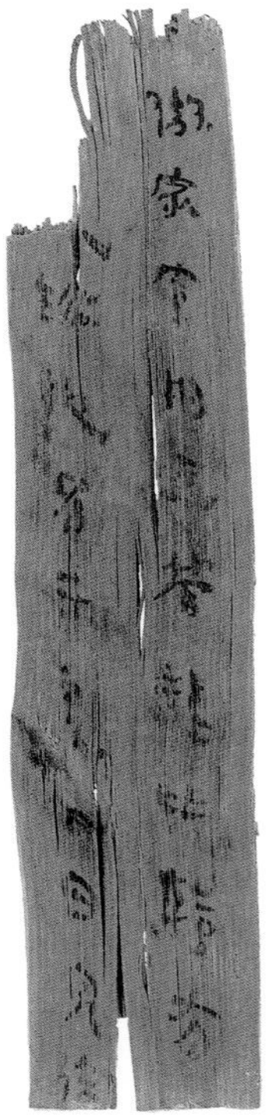

276 0959

276b 0959b

☐□獄[家]令相追管□比[臨]有

☐□□後爲未盡七日見獄

277 0960

277 0960

277b 0960b

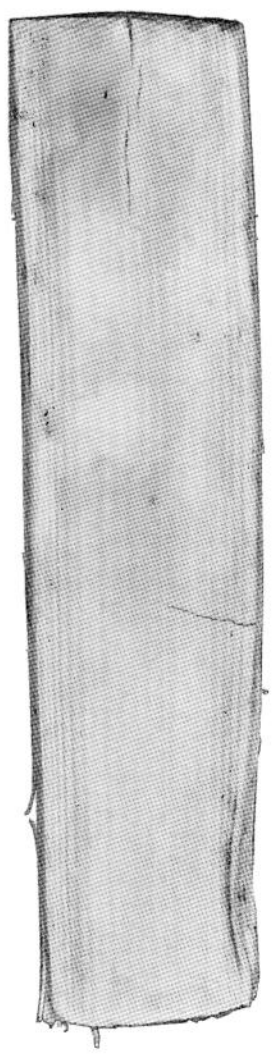

騰騰尉攸、烝陽上命籍屬曹□☐

年六月

278
0961

278
0961

278b
0961b

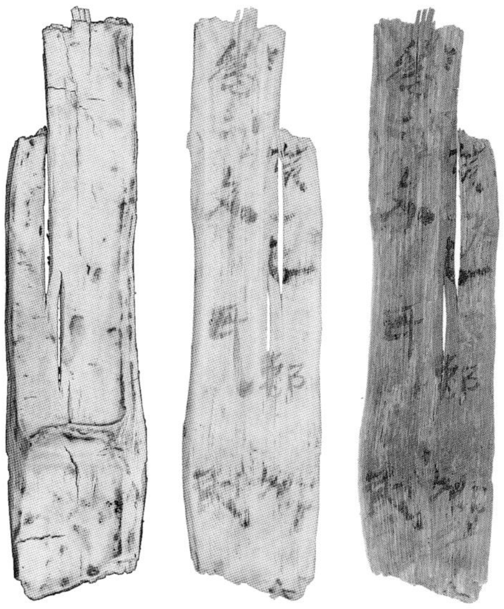

⍁癸巳都鄉□⍁
⍁爲文氏敢□⍁

279
0963

279
0963

279b
0963b

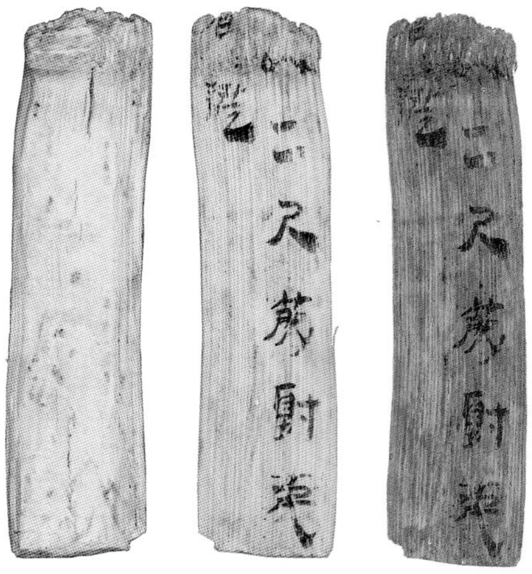

⍁以二尺簡副第⍁
⍁[者]證⍁

280
0965

280
0965

280b
0965b

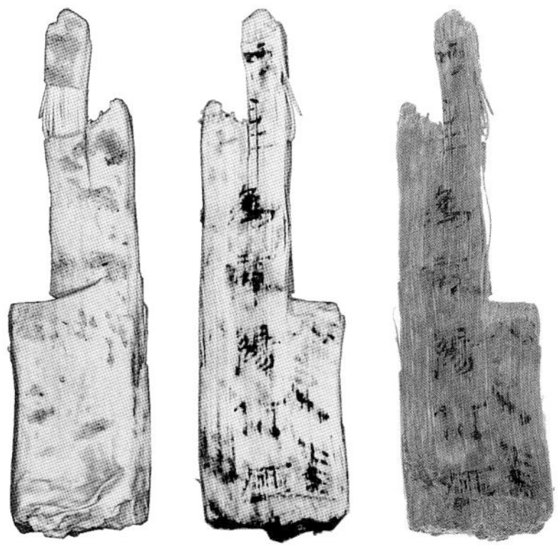

⍁□邑奉⍁
⍁□□爲益陽□迺⍁

281
0966

281
0966

281b
0966b

⍁□□以□生□通⍁
⍁……其曰⍁

282
0969

282
0969

282b
0969b

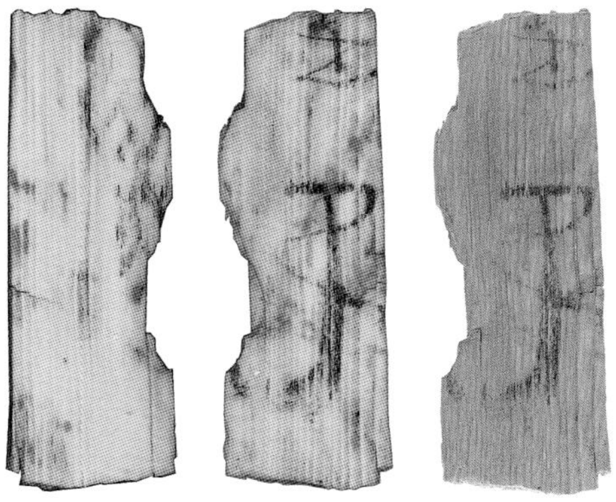

⍁□卪⍁

283
0970

283
0970

283b
0970b

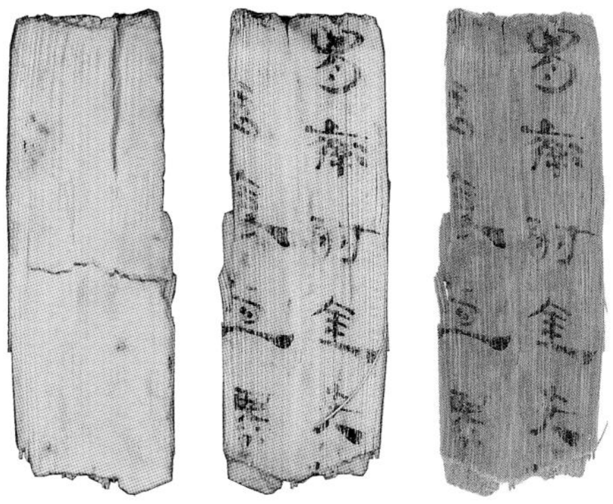

⍁四月率尉金夫⍁
⍁馬食血粟⍁

284
0971

284
0971

284b
0971b

會五月⍁
今謹案宦⍁

285
0972

285
0972

285b
0972b

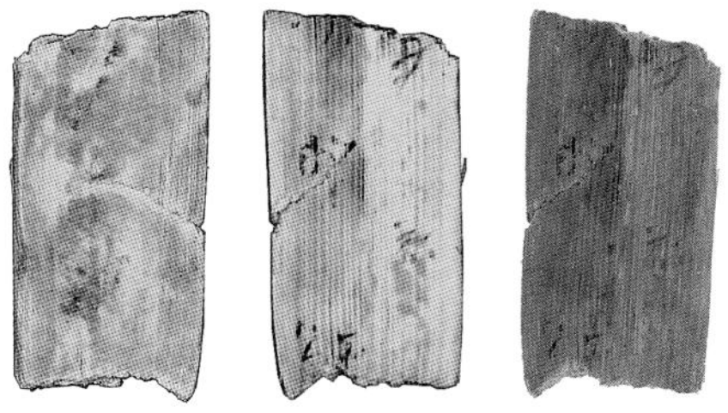

⍁尹君⍁
⍁敢□⍁

286
0973

286
0973

286b
0973b

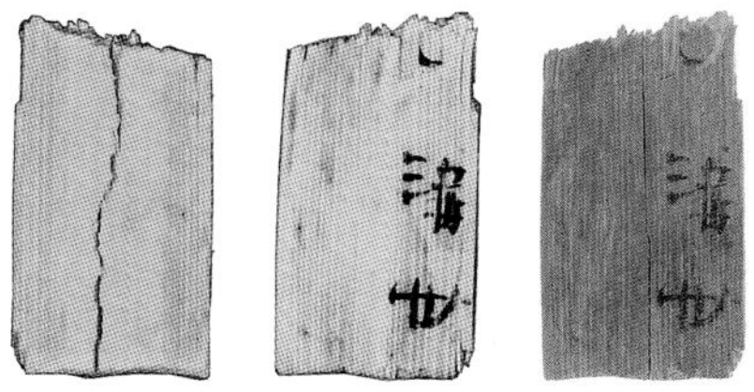

⍁亡溝〈滿〉卅

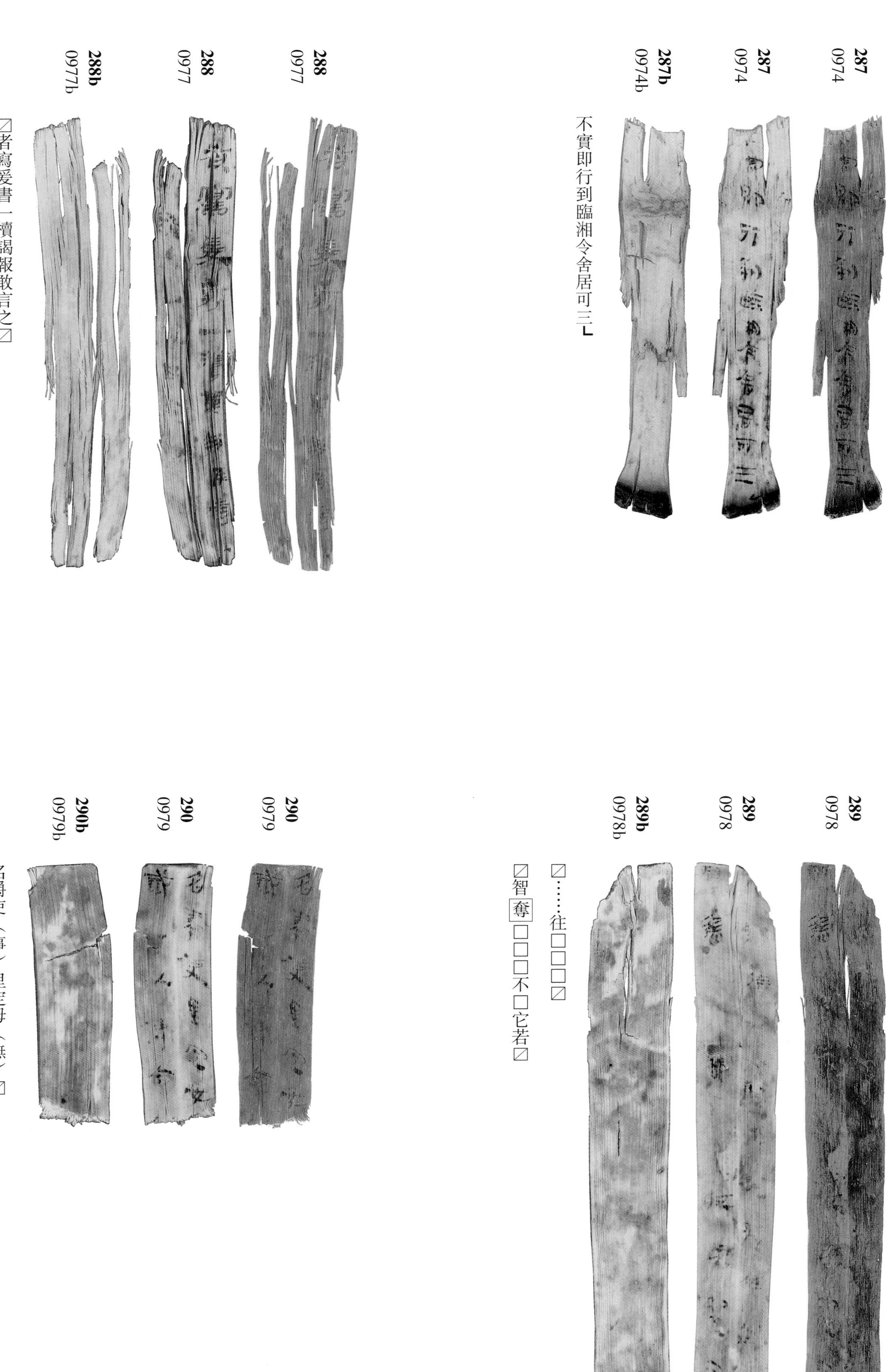

287 0974

287 0974

287b 0974b

不實即行到臨湘令舍居可三∟

288 0977

288 0977

288b 0977b

☐者寫爰書一櫝謁報敢言之☐

☐□以……☐

289 0978

289 0978

289b 0978b

☐……往□□□☐

☐智奪□□□不□它若☐

290 0979

290 0979

290b 0979b

名爵吏（事）里定毋（無）☐

識□，以律令從☐

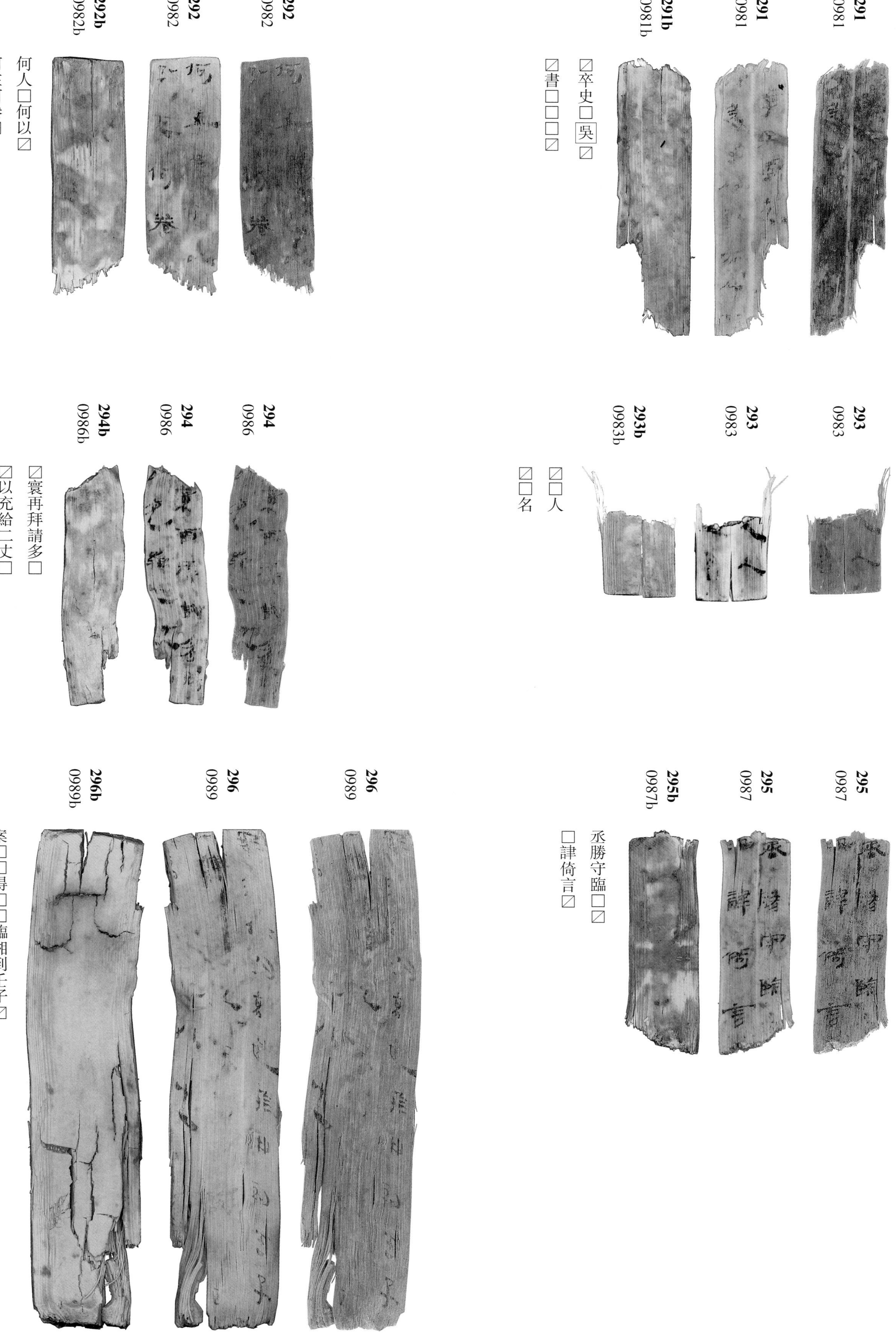

291 0981

291 0981

291b 0981b

☒卒史□吳☒

☒書□□□☒

292 0982

292 0982

292b 0982b

何人□何以☒

何在何卷☒

293 0983

293 0983

293b 0983b

☒□人

☒□名

294 0986

294 0986

294b 0986b

☒褱再拜請多□

☒以充給二丈□

295 0987

295 0987

295b 0987b

丞勝守臨□☒

□肆倚言☒

296 0989

296 0989

296b 0989b

案□□得□□臨湘到壬子☒

一牒……得☒

……之☒

297 0990

297 0990

297b 0990b

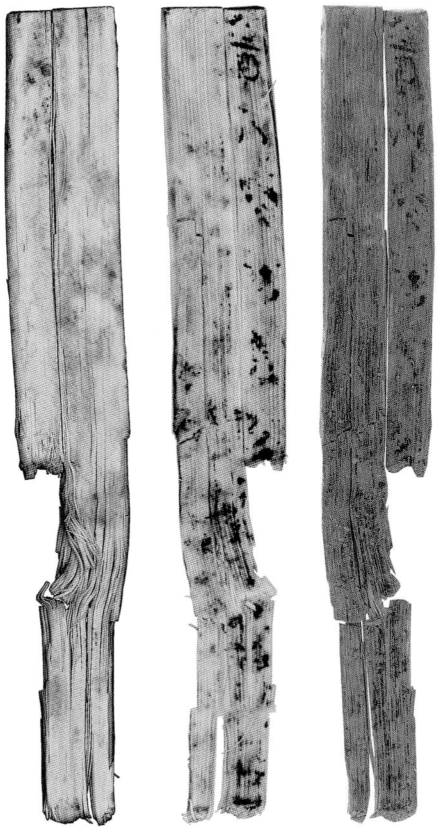

三月……☐

298 0991

298 0991

298b 0991b

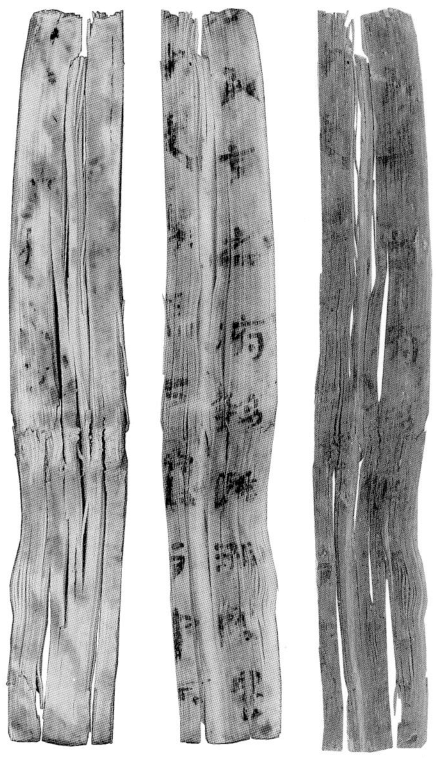

☐☐敢言之：府移臨湘陽里

☐☐☐☐☐☐☐中☐

299 0992

299 0992

299b 0992b

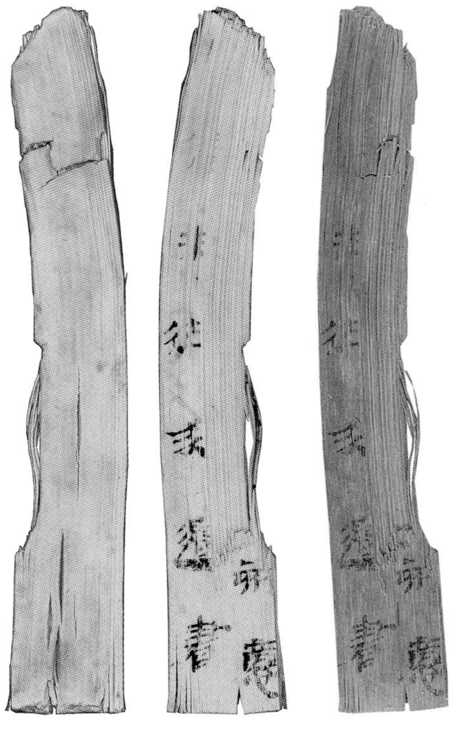

☐[劾]慶

☐☐徒未往求遺書

300 0993

300 0993

300b 0993b

☐丞告尉謂庫☐告

☐……人居

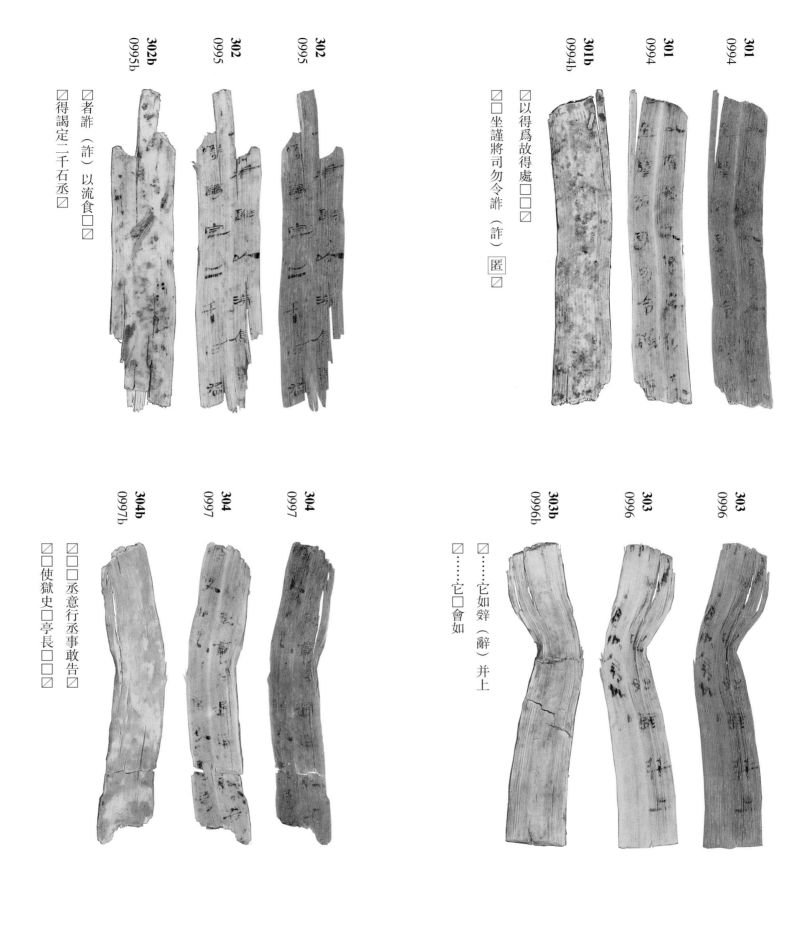

301
0994

301
0994

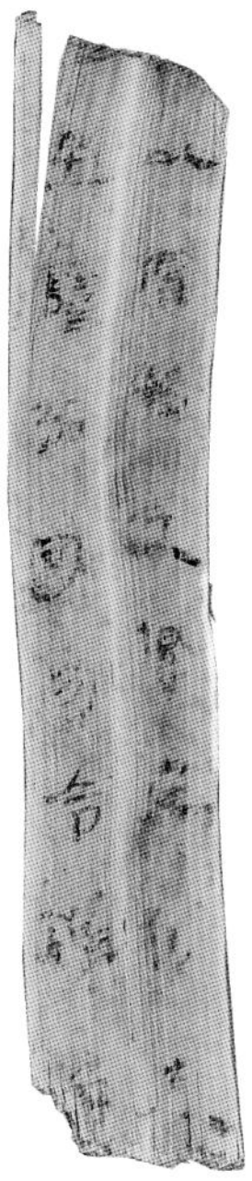

301b
0994b

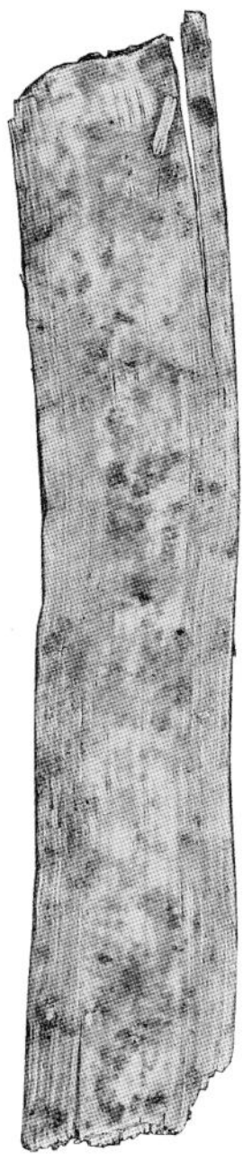

☑以得爲故得處□□☑

☑□坐謹將司勿令詐（詐）匿☑

302
0995

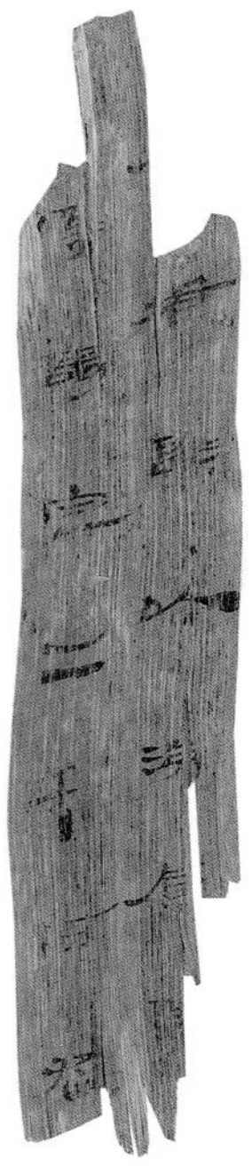

302
0995

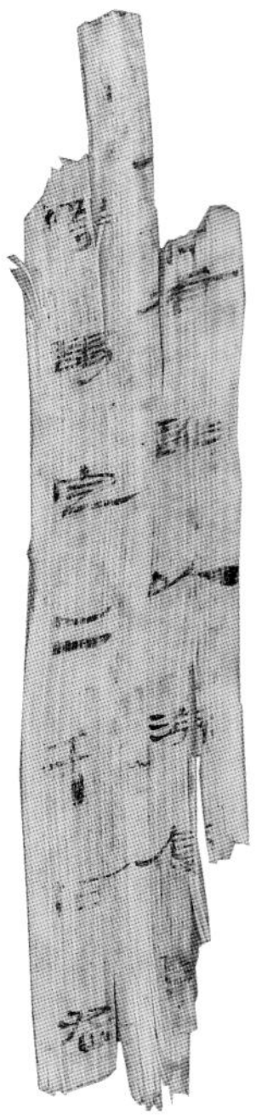

302b
0995b

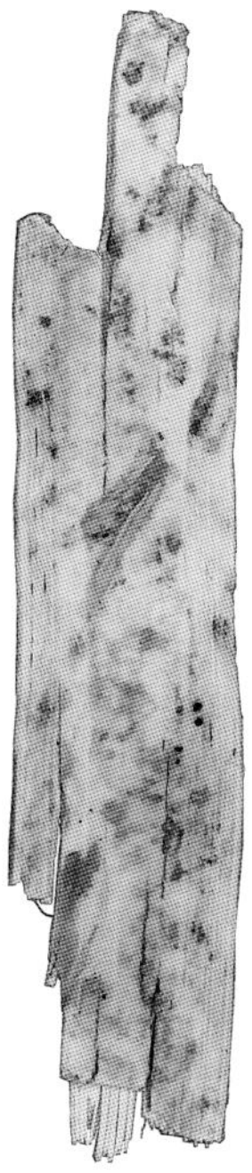

☑者詐（詐）以流食□☑

☑得謁定二千石丞☑

303
0996

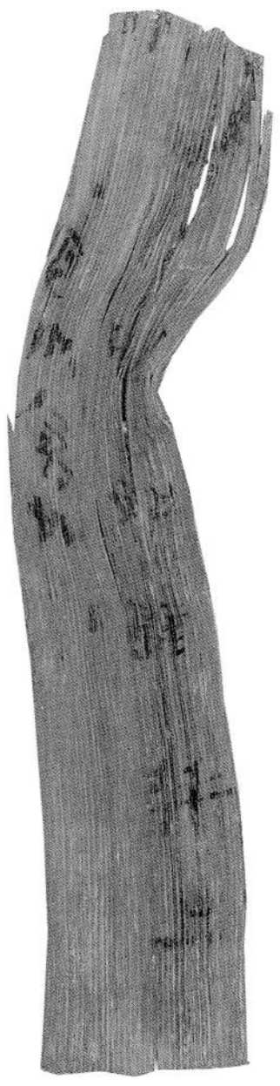

303
0996

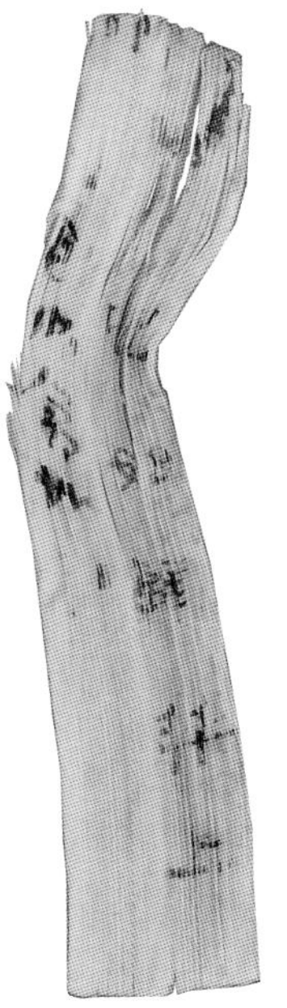

303b
0996b

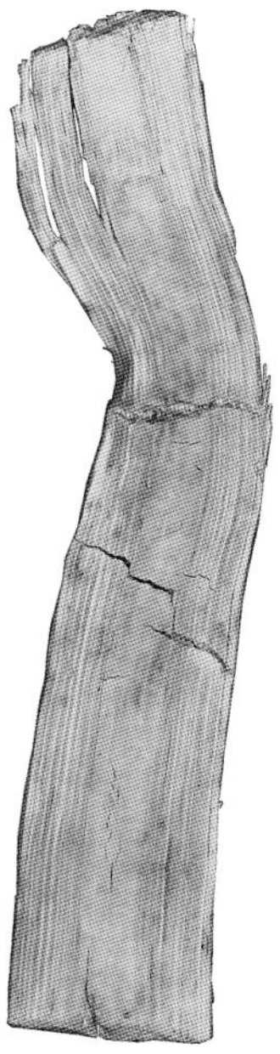

☑……它如辤（辭）并上

☑……它□會如

304
0997

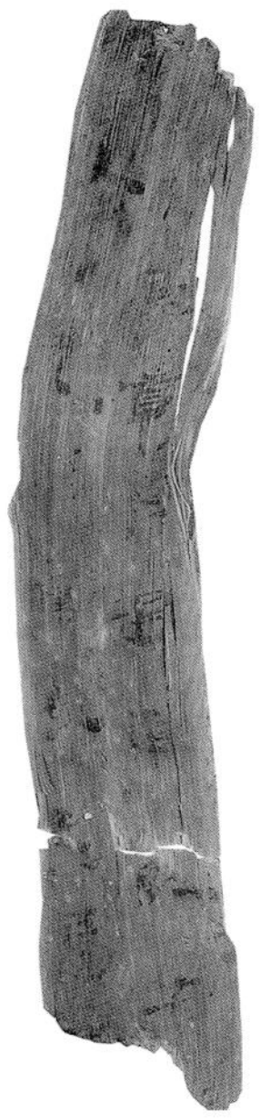

304
0997

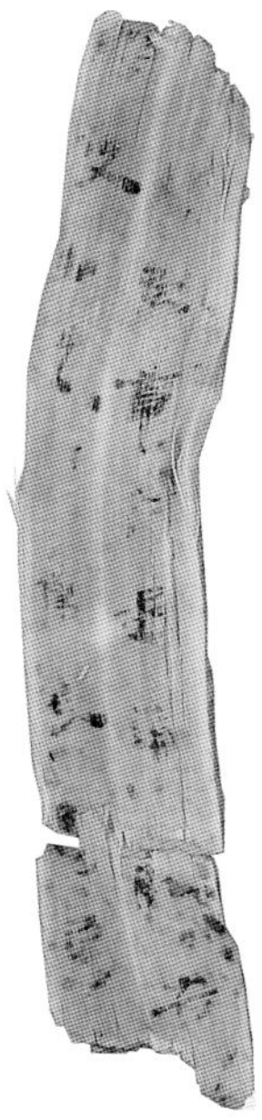

304b
0997b

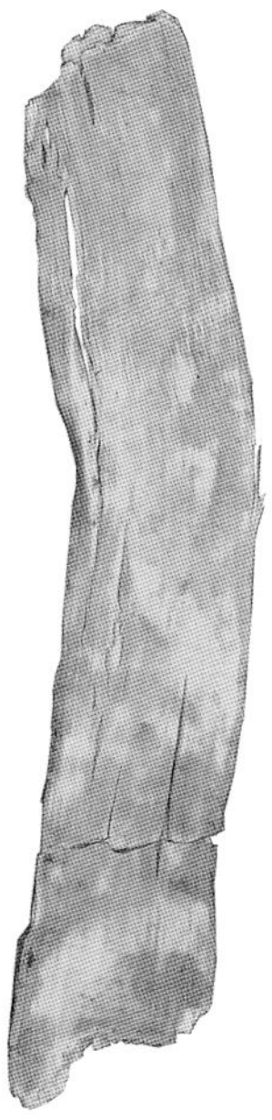

☑□□丞意行丞事敢告☑

☑□使獄史□亭長□□☑

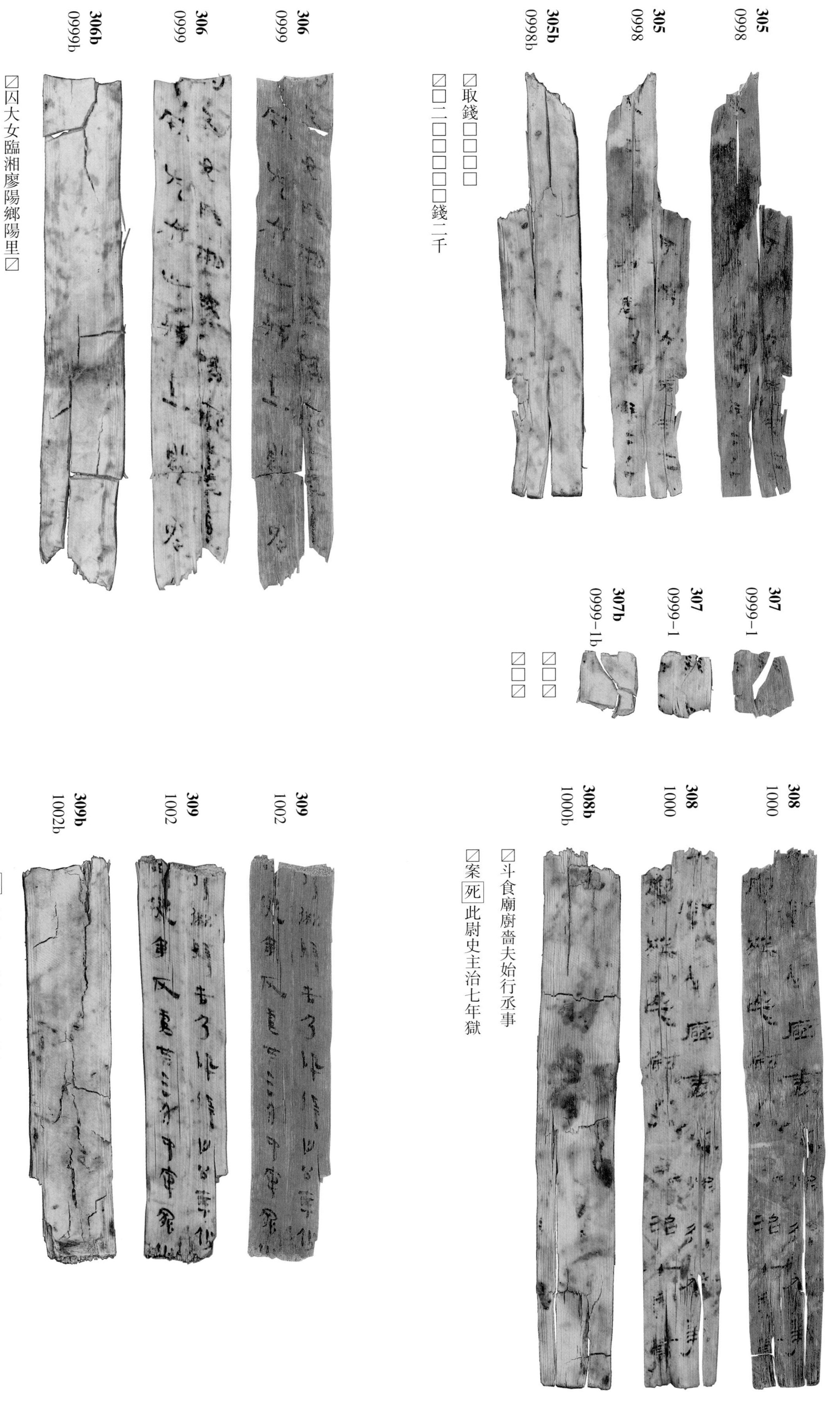

305 0998

305 0998

305b 0998b

☑取錢□□□□

☑□二□□□□□錢二千

306 0999

306 0999

306b 0999b

☑囚大女臨湘廖陽鄉陽里☑

☑鈦左右止城旦嬰鬼新（薪）☑

307 0999-1

307 0999-1

307b 0999-1b

☑□☑

☑□☑

308 1000

308 1000

308b 1000b

☑斗食廟廚嗇夫始行丞事

☑案[死]此尉史主治七年獄

309 1002

309 1002

309b 1002b

☑[訊]獄辯告乃訊辯曰公乘攸☑

☑□變（蠻）夷反虜[等]三月中軍罷[攸]☑

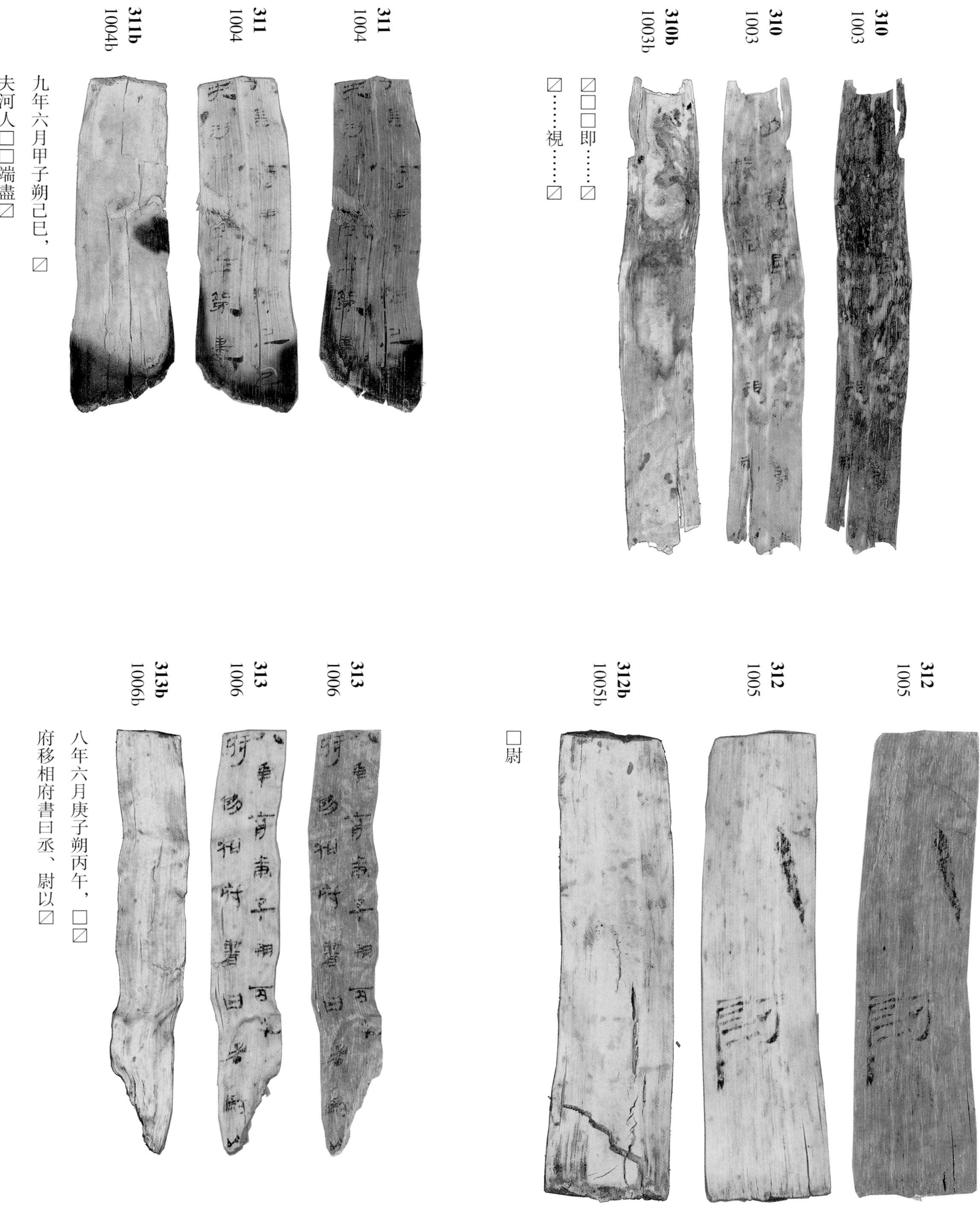

310 1003

310 1003

310b 1003b

□□□即……□

□……視……□

311 1004

311 1004

311b 1004b

九年六月甲子朔己巳，□

夫河人□□端盡□

312 1005

312 1005

312b 1005b

□尉

313 1006

313 1006

313b 1006b

八年六月庚子朔丙午，□□

府移相府書曰丞、尉以□

314 1007

314 1007

314b 1007b

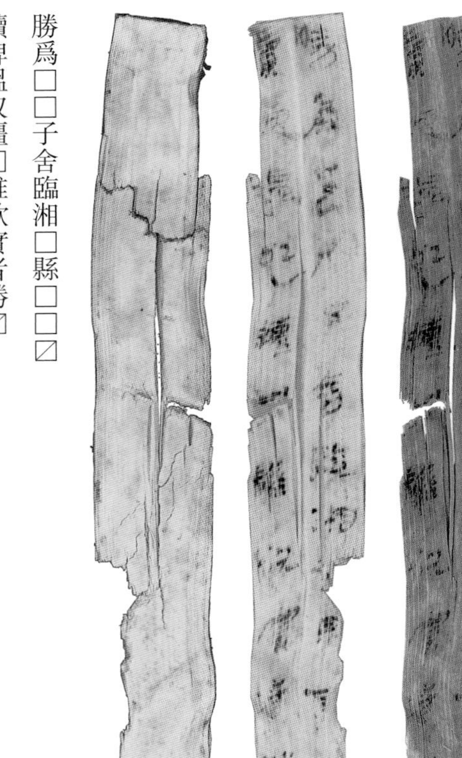

勝爲□□子舍臨湘□縣□□☑

贖婢溫奴纆□誰欲實者勝☑

315 1008

315 1008

315b 1008b

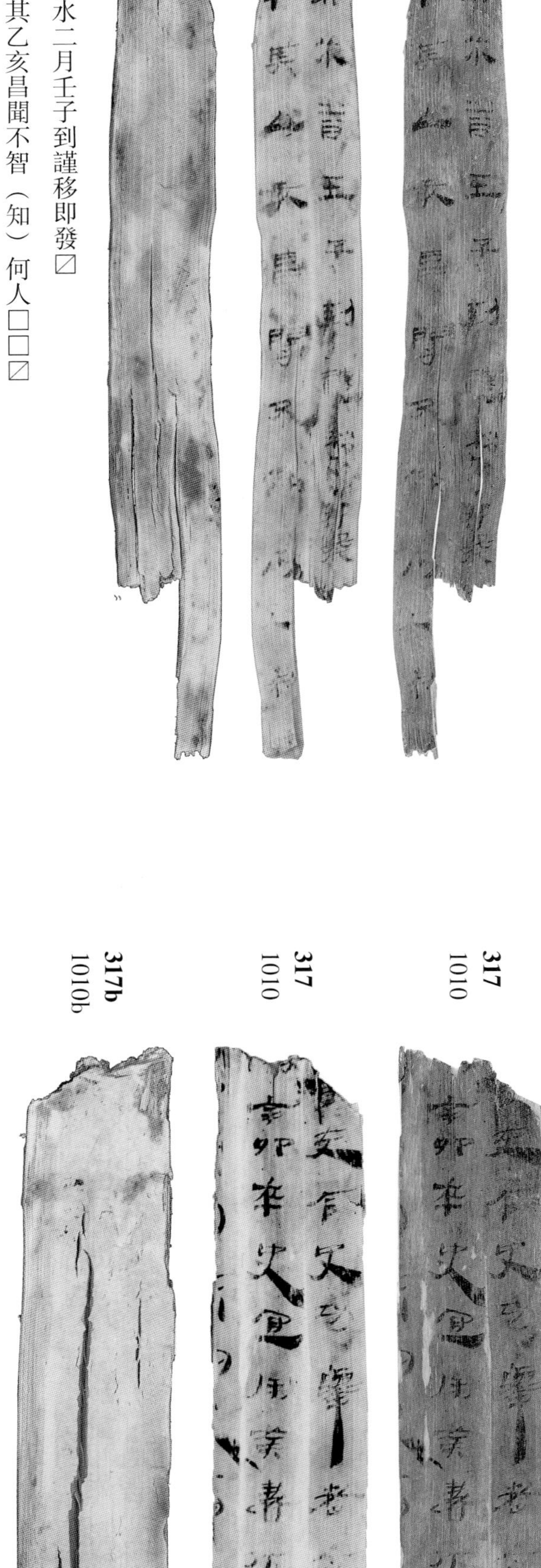

湘水二月壬子到謹移即發☑

中其乙亥昌聞不智（知）何人□□☑

316 1009

316 1009

316b 1009b

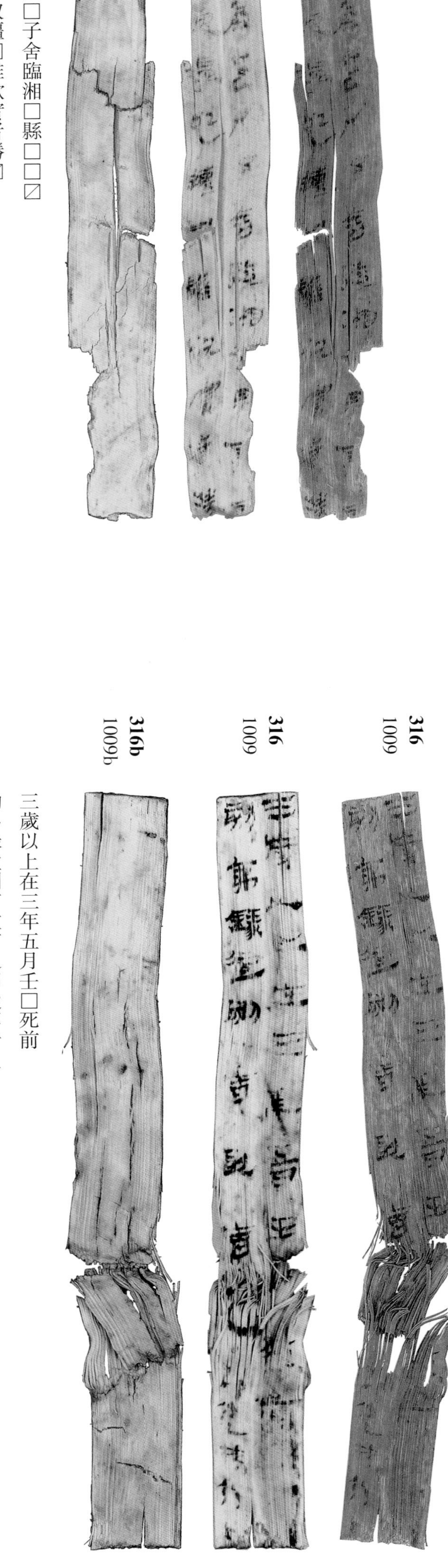

三歲以上在三年五月壬□死前

劾弗錄盍別言敢言之即從傳行上

317 1010

317 1010

317b 1010b

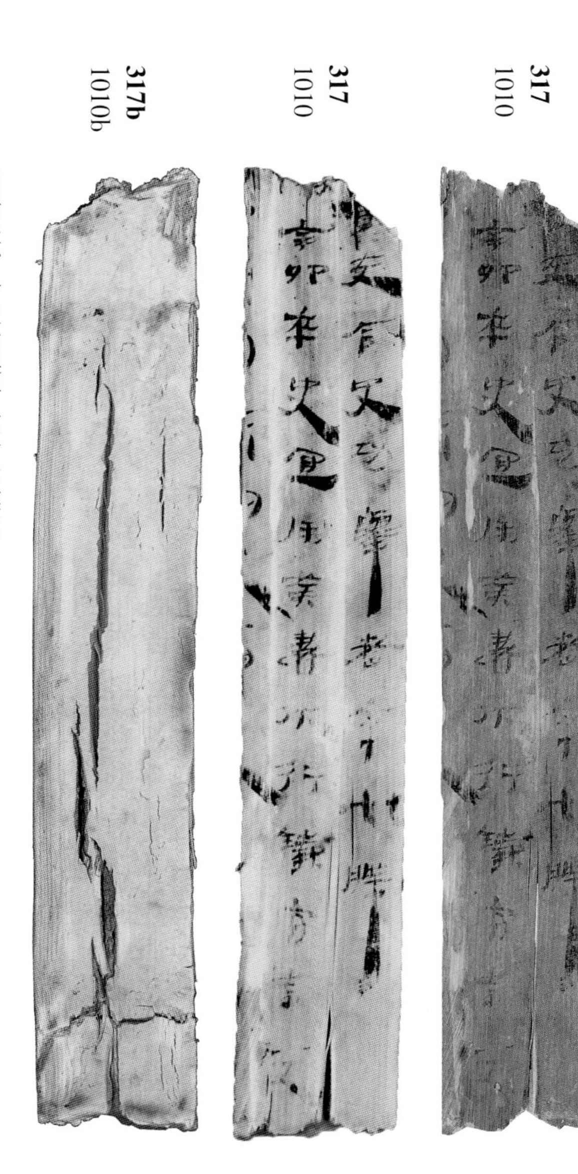

☑嗇夫、令史功舉者六十七牒☑

☑朔辛卯，卒史宜用筭書佐行鐵官嗇夫☑

☑……☑

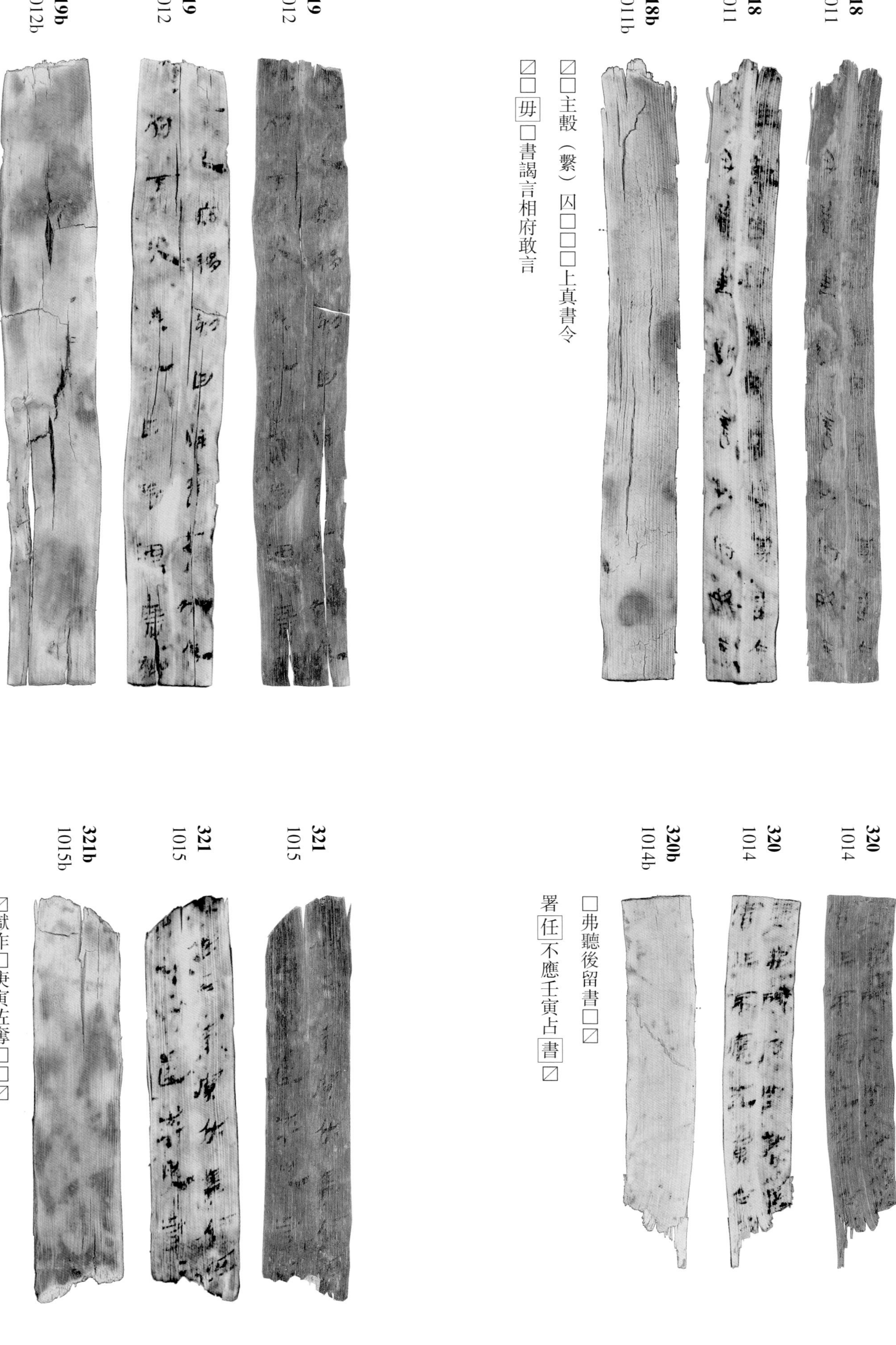

318 1011

318 1011

318b 1011b

⧄□主轂（繫）囚□□□上真書令

⧄□毋□書謁言相府敢言

319 1012

319 1012

319b 1012b

⧄□□府移劾曰牒書七十斗食

⧄□言府史其一曰臨湘磨鄉

320 1014

320 1014

320b 1014b

□弗聽後留書□⧄

署任不應壬寅占書⧄

321 1015

321 1015

321b 1015b

⧄獄作□庚寅佐奪□□⧄

⧄出□□□卒史當當⧄

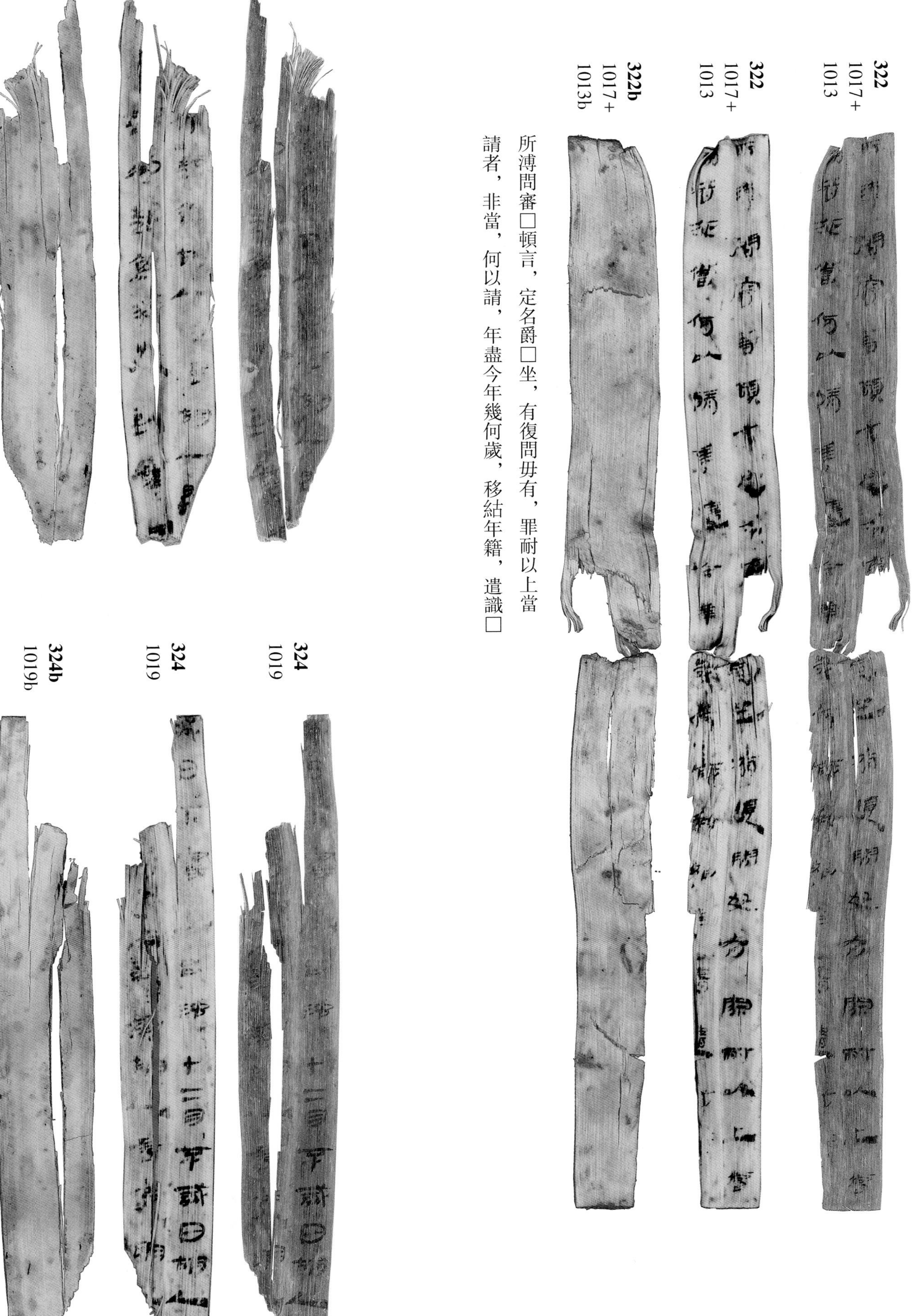

322 1017+1013

322 1017+1013

322b 1017+1013b

所溥問審□頓言，定名爵□坐，有復問毋有，罪耐以上當

請者，非當，何以請，年盡今年幾何歲，移結年籍，遣識□

323 1018

323 1018

323b 1018b

☒□□□胡人□□胡人[即]☒

☒□□爲起爲卒史到□關☒

324 1019

324 1019

324b 1019b

識日下寒廷呂池十二月不識日胡人□☒

☒……□□予胡人言[受]胡[人]☒

325 1020

325 1020

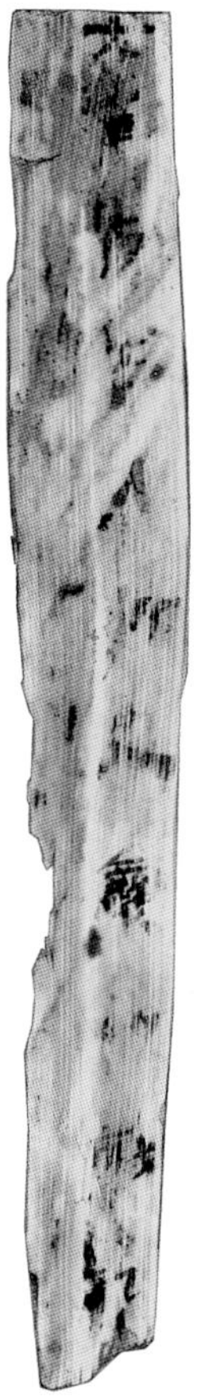

325b 1020b

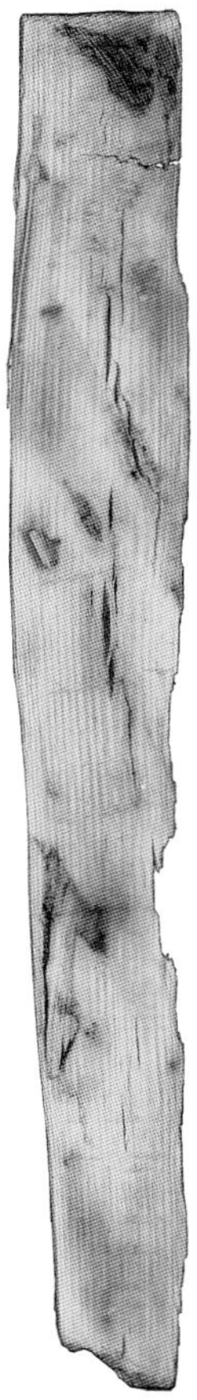

六年□月□□獄史襄以勀訊☒

……☒

326 1021

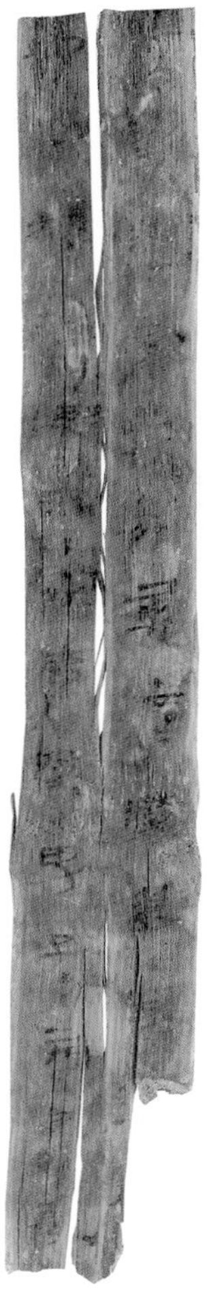

326 1021

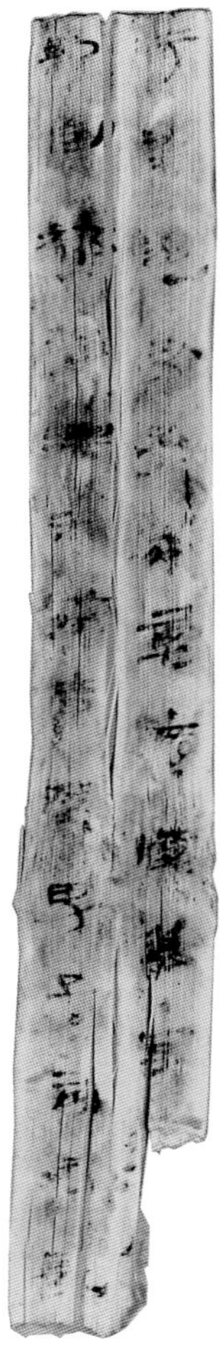

326b 1021b

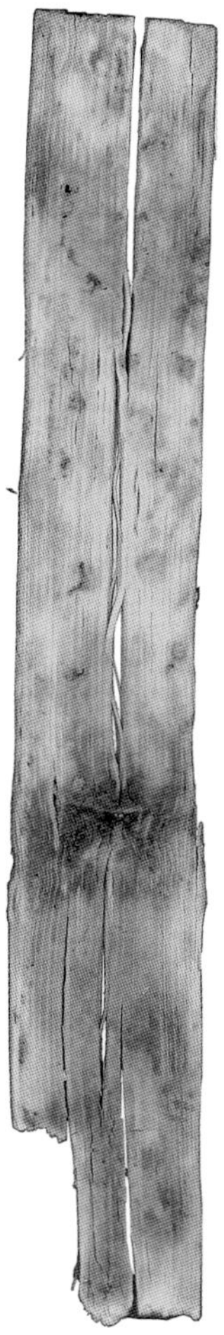

□粱池男子□□□□□□☒

到□都□與□□壽陵男子司□長☒

327 1022

327 1022

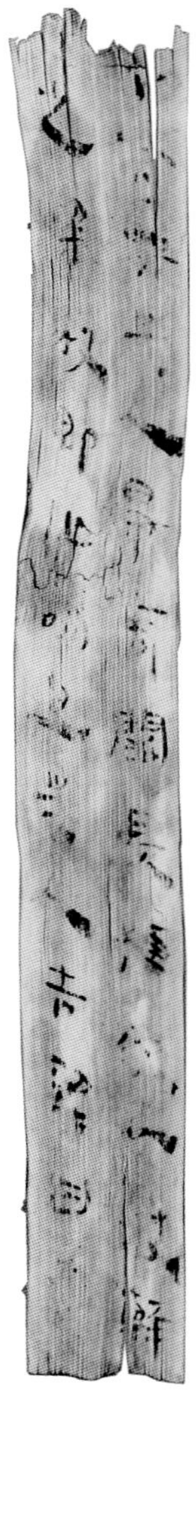

327b 1022b

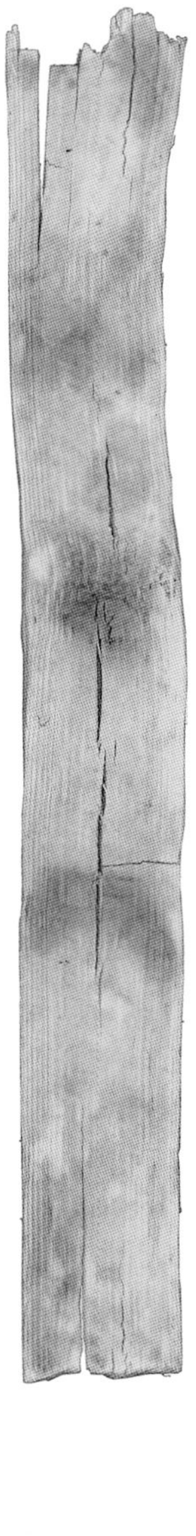

☒年七月與吳人爭言鬬□□□以杖擊□

☒之粱杖即止明旦吳人告書曰

328 1023

328 1023

328b 1023b

☐□□□□□□☐

☐敢言之，已捕得倚，令獄史劾☐

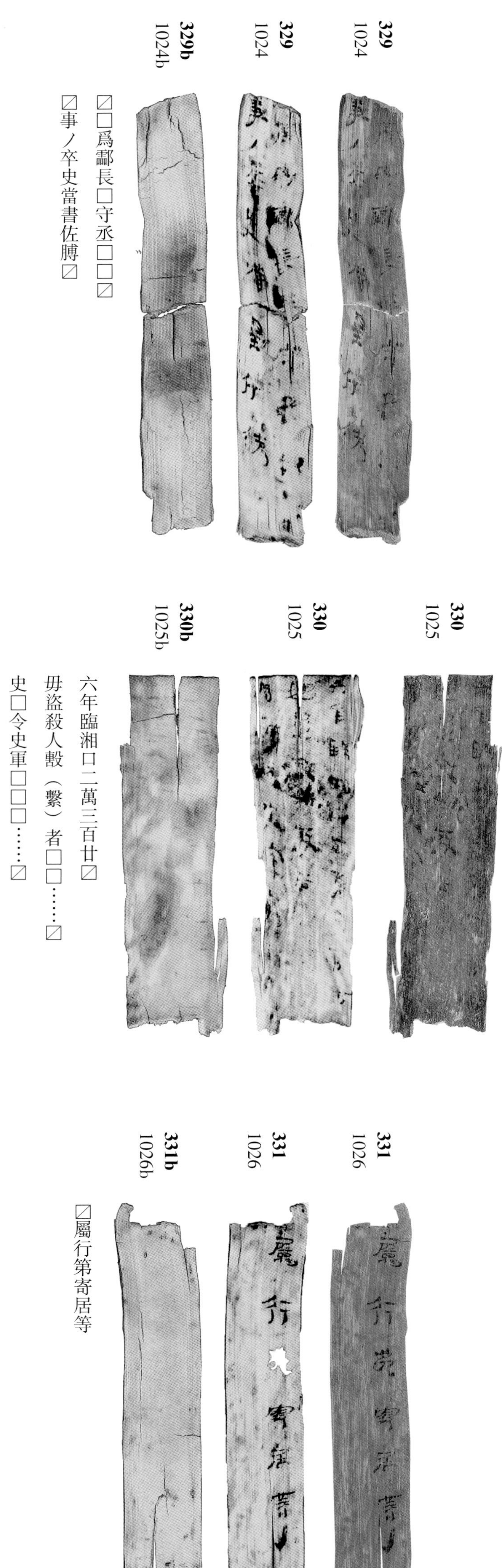

329 1024

329 1024

329b 1024b

☐□爲鄙長□守丞□□□☐

☐事ノ卒史當書佐膊☐

330 1025

330 1025

330b 1025b

六年臨湘口二萬三百廿☐

毋盜殺人毄（繫）者□□……☐

史□令史軍□□□……☐

331 1026

331 1026

331b 1026b

☐屬行第寄居等

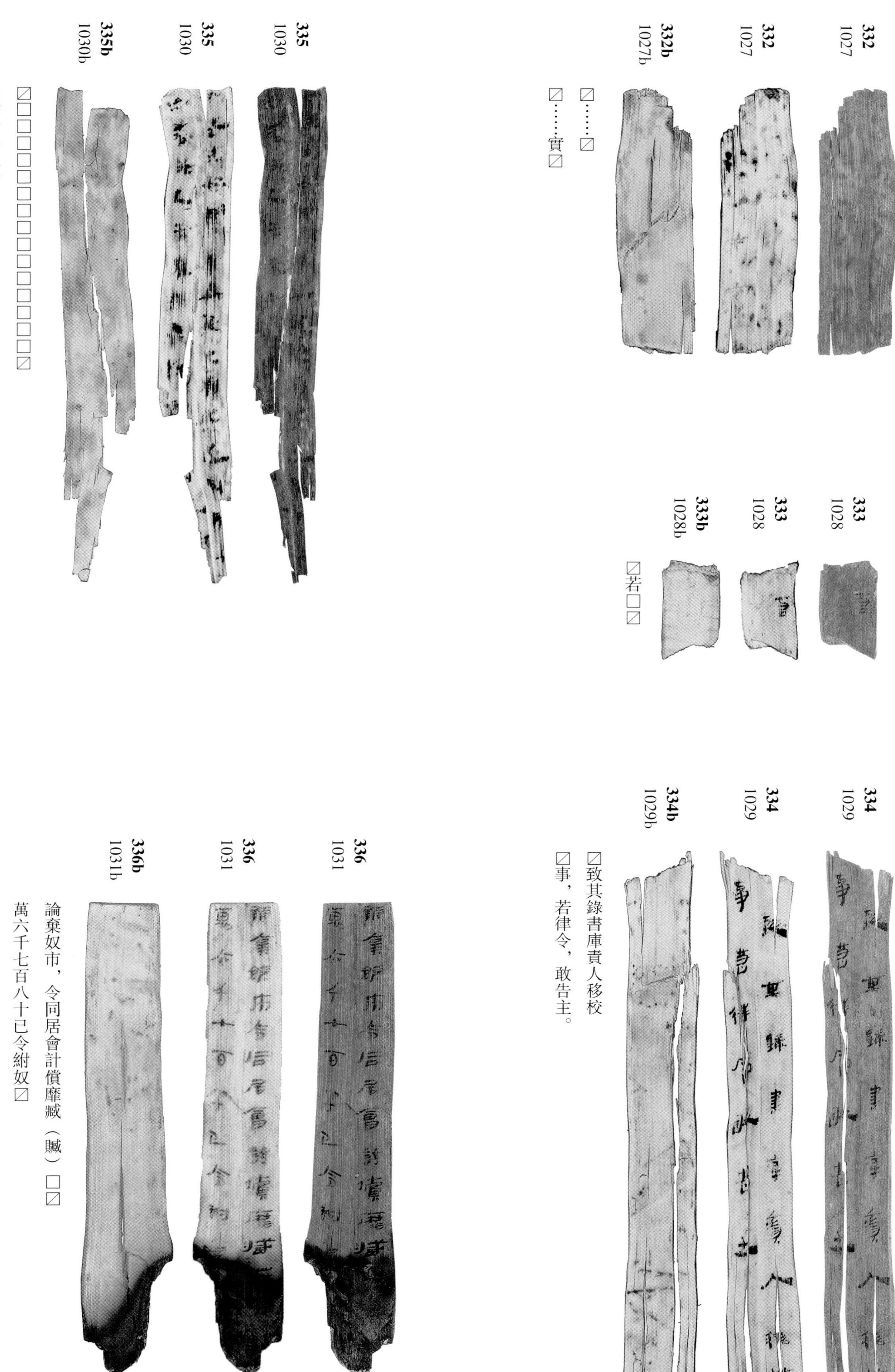

332 1027

332 1027

332b 1027b

☑……☑

☑……實☑

333 1028

333 1028

333b 1028b

☑若□☑

334 1029

334 1029

334b 1029b

☑致其錄書庫責人移校

☑事，若律令，敢告主。

335 1030

335 1030

335b 1030b

☑□□□□□□□□□□□□□□☑

☑亡者外人告□□□□☑

336 1031

336 1031

336b 1031b

論棄奴市，令同居會計償壓臧（贓）□☑

萬六千七百八十已令紨奴☑

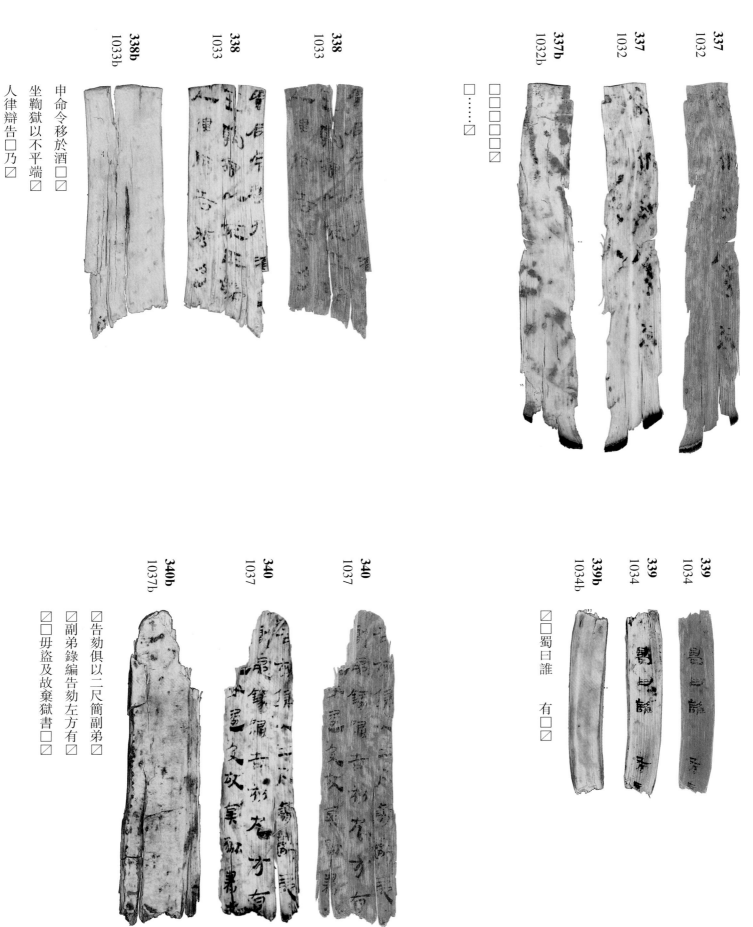

337
1032

337
1032

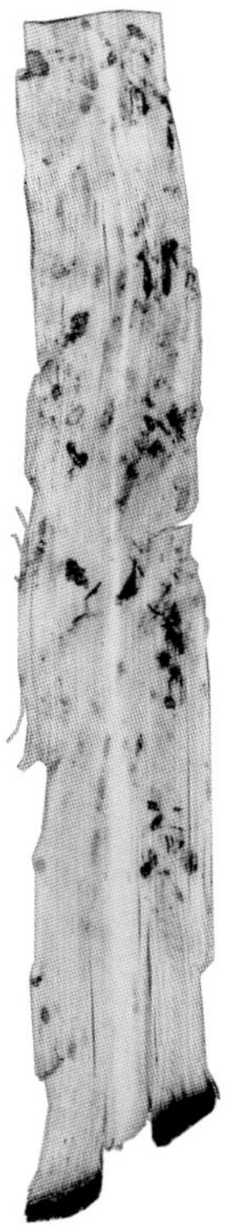

337b
1032b

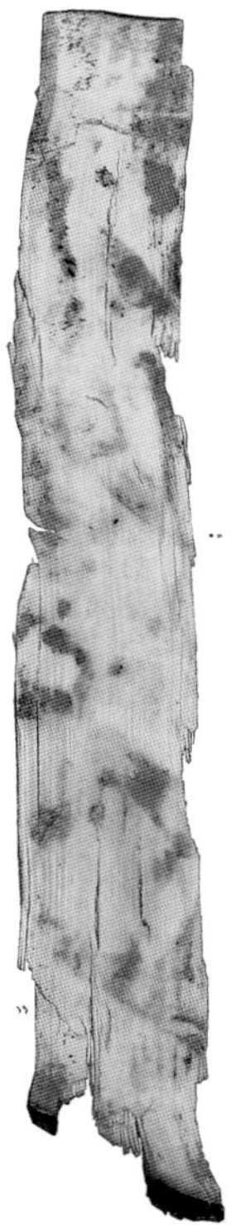

□□□□□☐
□……☐

338
1033

338
1033

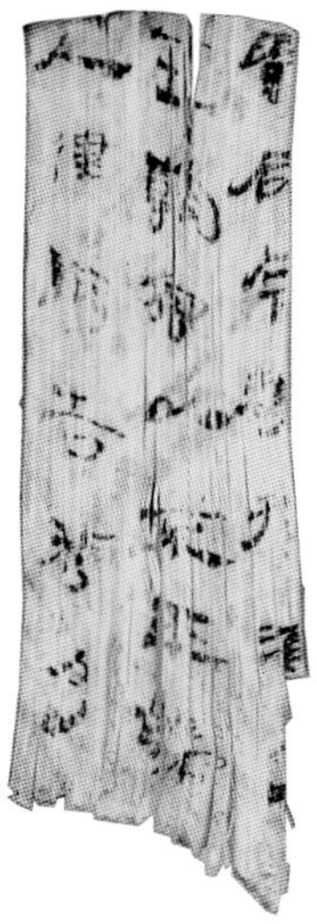

338b
1033b

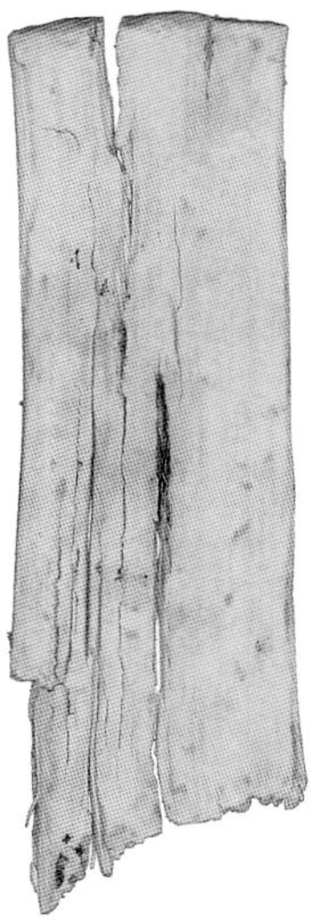

申命令移於酒□☐
坐鞫獄以不平端☐
人律辯告□乃☐

339
1034

339
1034

339b
1034b

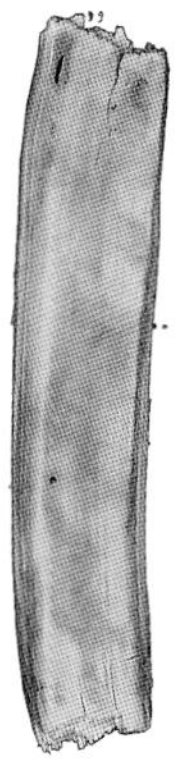

☐□蜀曰誰　有□☐

340
1037

340
1037

340b
1037b

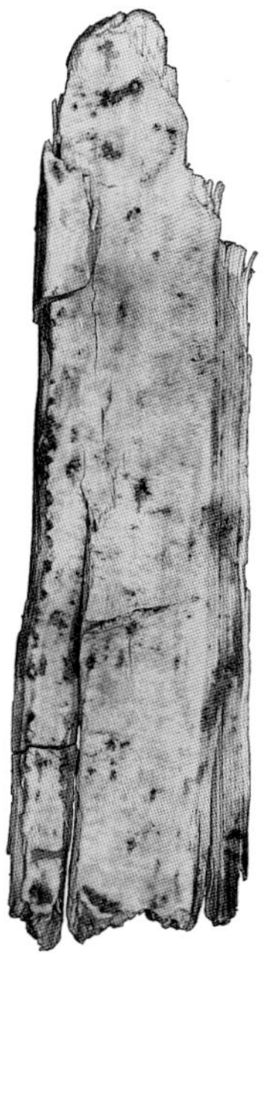

☐告劾俱以二尺簡副弟☐
☐副弟錄編告劾左方有☐
☐□毋盜及故棄獄書□☐

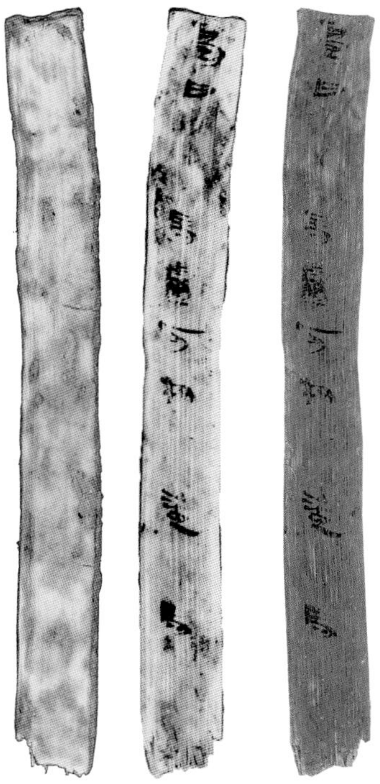

341 1038

341 1038

341b 1038b 蜀曰馬[羸]可相盜馬☐

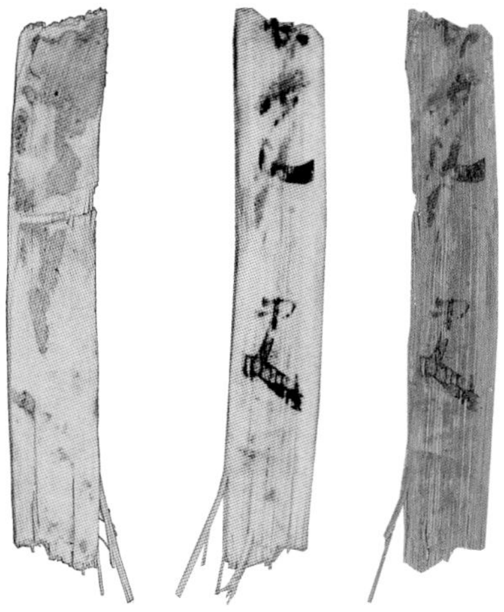

342 1039

342 1039

342b 1039b ☐□之夬☐

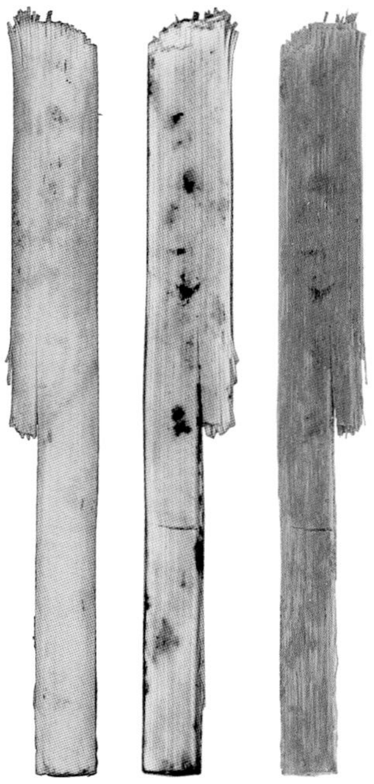

343 1040

343 1040

343b 1040b ……

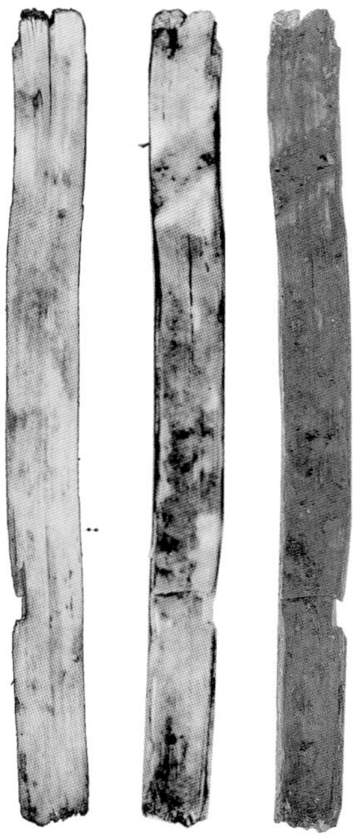

344 1041

344 1041

344b 1041b ……

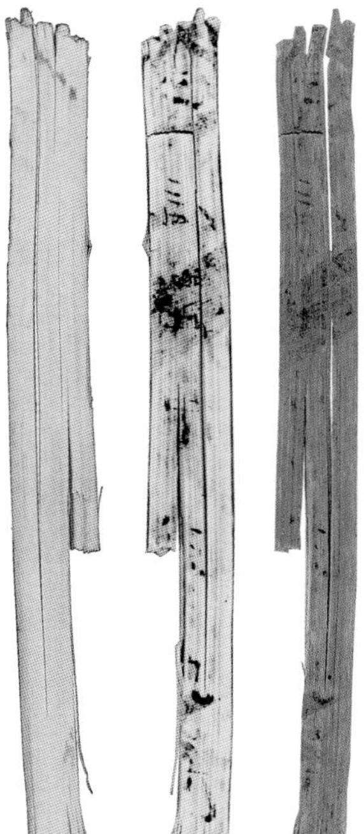

345 1042

345 1042

345b 1042b ☐□□□中□□☐

346 1043

346 1043

346b 1043b ☐□張皆盜賦正月壬戌遣亭長僕求☐

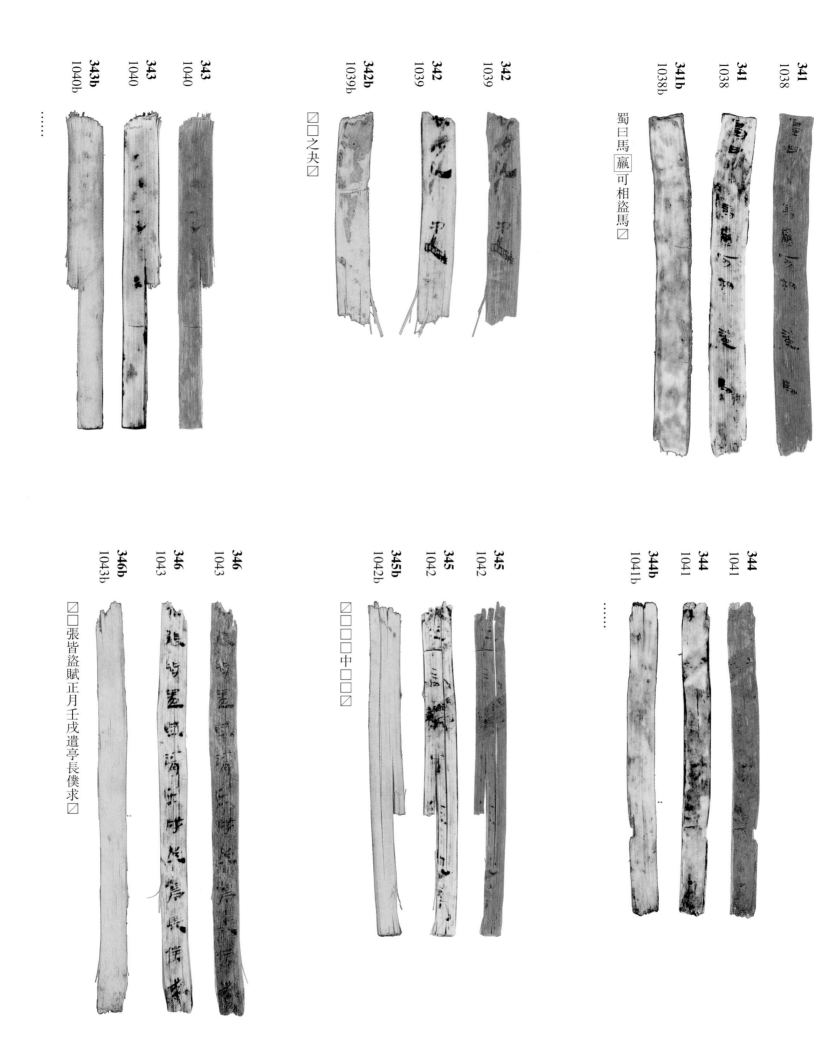

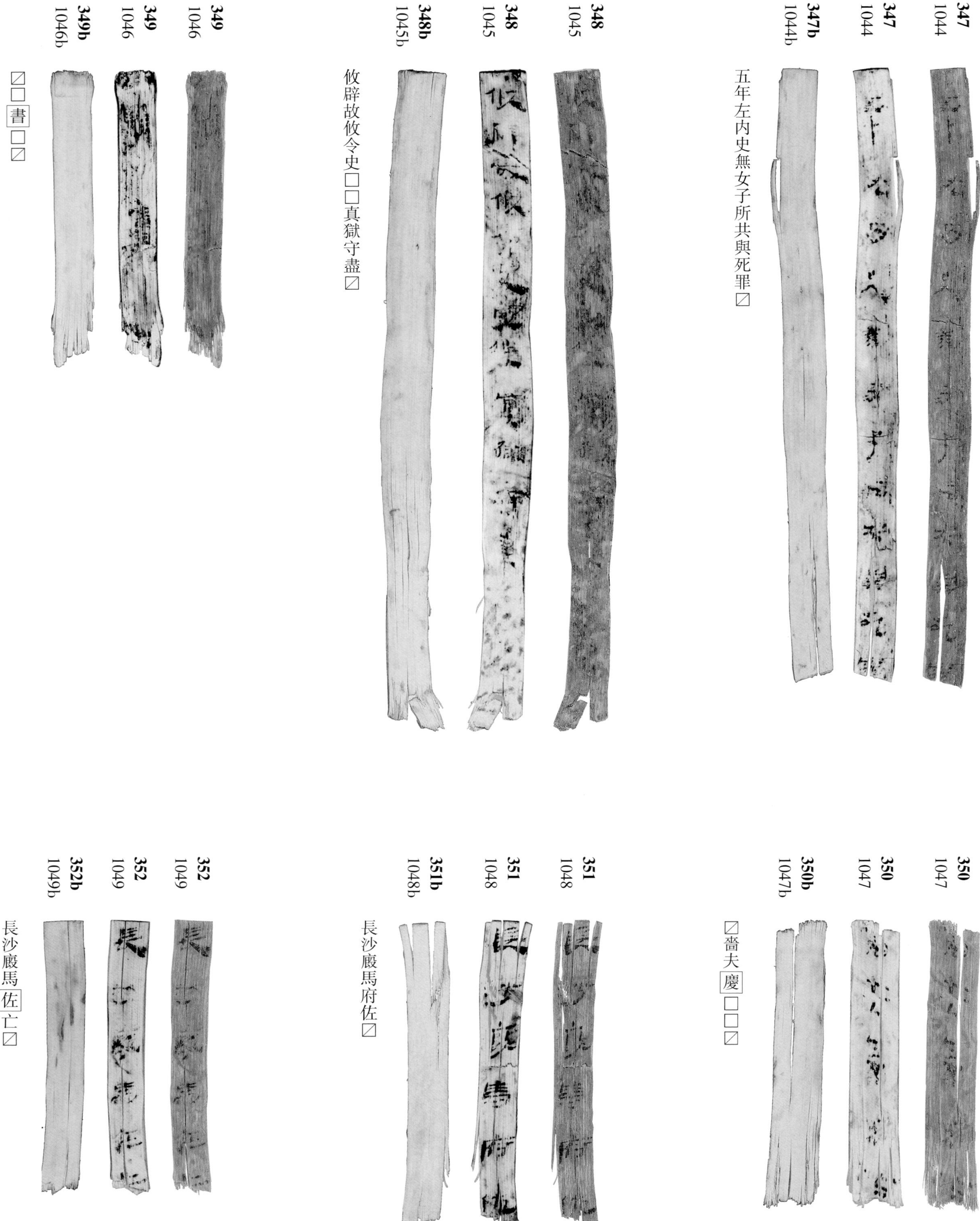
347
1044
347
1044
347b
1044b
五年左内史無女子所共與死罪☑
348
1045
348
1045
348b
1045b
攸辟故攸令史□□真獄守盡☑
349
1046
349
1046
349b
1046b
☑□書□☑
350
1047
350
1047
350b
1047b
☑嗇夫慶□□☑
351
1048
351
1048
351b
1048b
長沙廄馬府佐☑
352
1049
352
1049
352b
1049b
長沙廄馬佐亡☑

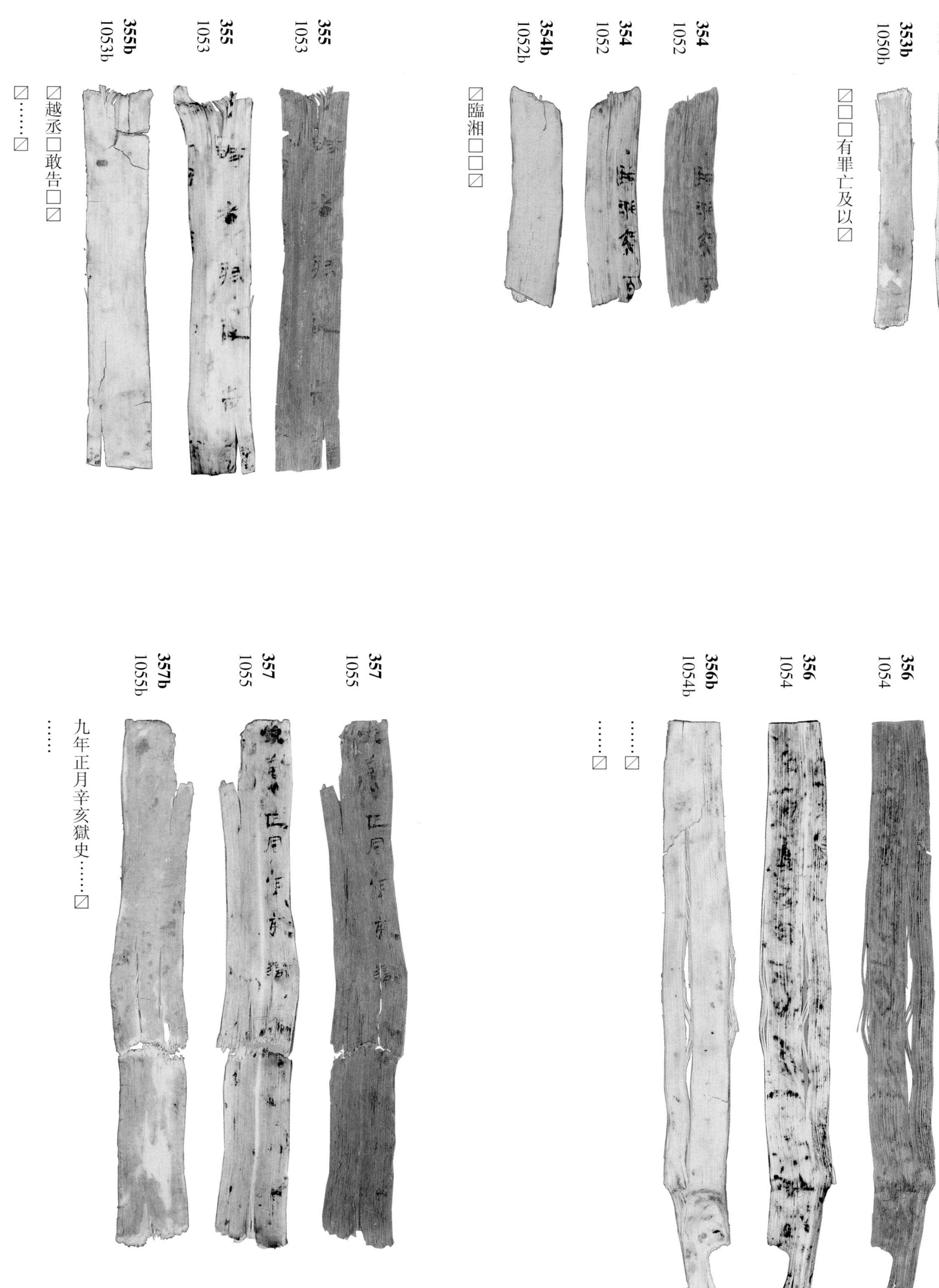

353 1050

353 1050

353b 1050b

☒□□有罪亡及以☒

354 1052

354 1052

354b 1052b

☒臨湘□□☒

355 1053

355 1053

355b 1053b

☒越丞□敢告□☒

☒……☒

356 1054

356 1054

356b 1054b

……☒

……☒

357 1055

357 1055

357b 1055b

九年正月辛亥獄史……☒

……

358 1056

358 1056

358b 1056b

……大……

……

359 1057

359 1057

359b 1057b

……定安里□☐

360 1058

360 1058

360b 1058b

☐□□者毋□死徙

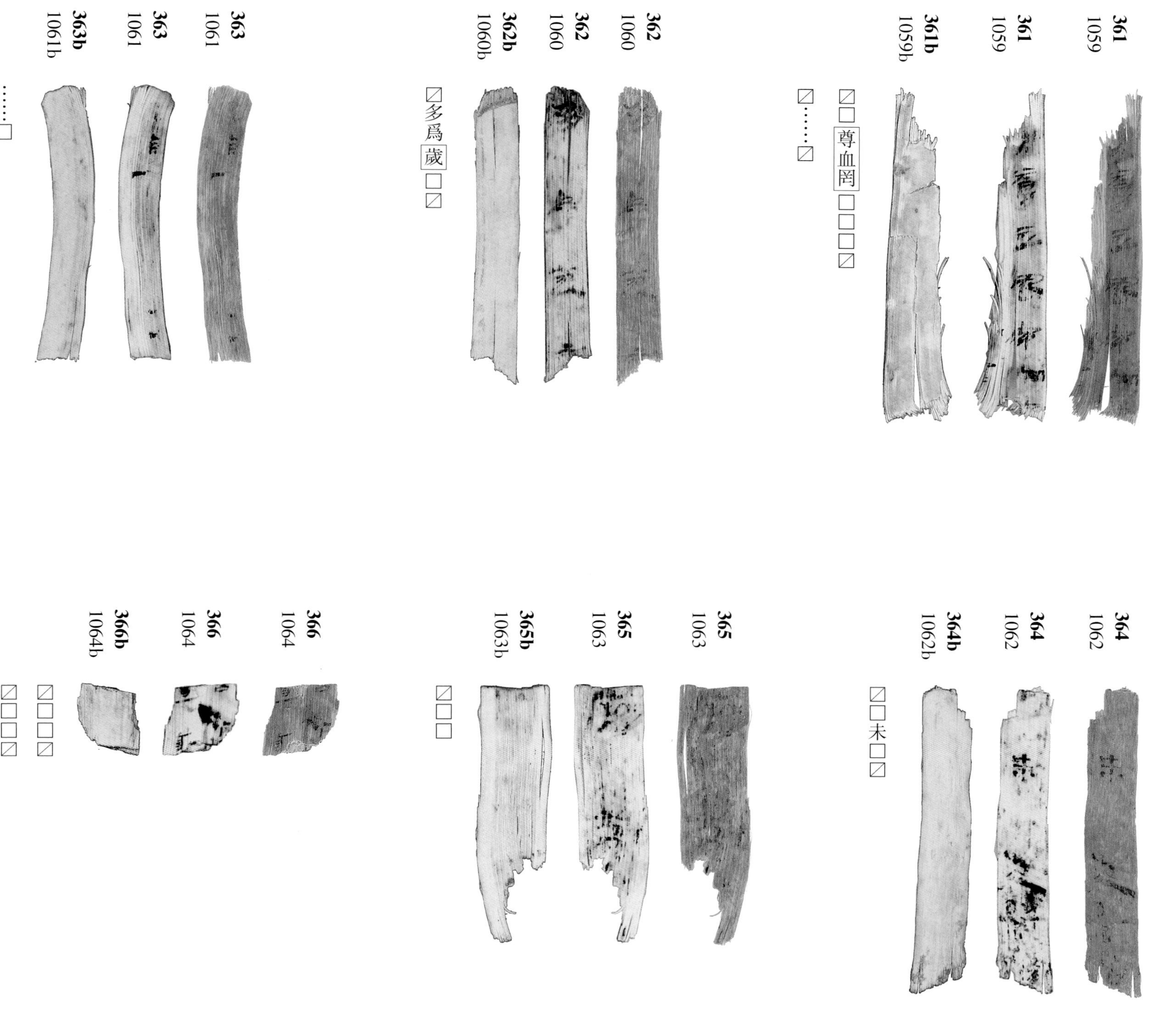

361 1059

361 1059

361b 1059b

☒☐[尊血罔]☐☐☐☒

☒……☒

362 1060

362 1060

362b 1060b

☒多爲[歲]☐☒

363 1061

363 1061

363b 1061b

……☐

364 1062

364 1062

364b 1062b

☒☐未☐☒

365 1063

365 1063

365b 1063b

☒☐☐

366 1064

366 1064

366b 1064b

☒☐☐☒

☒☐☐☒

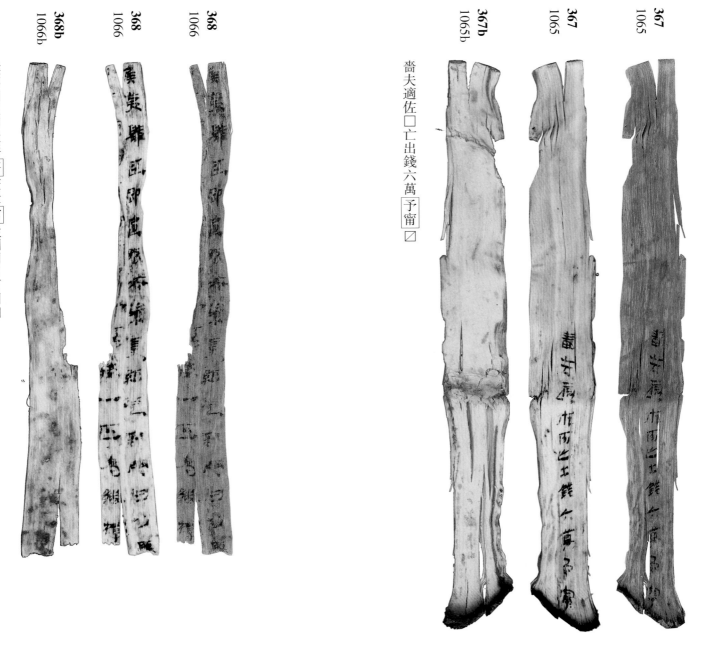

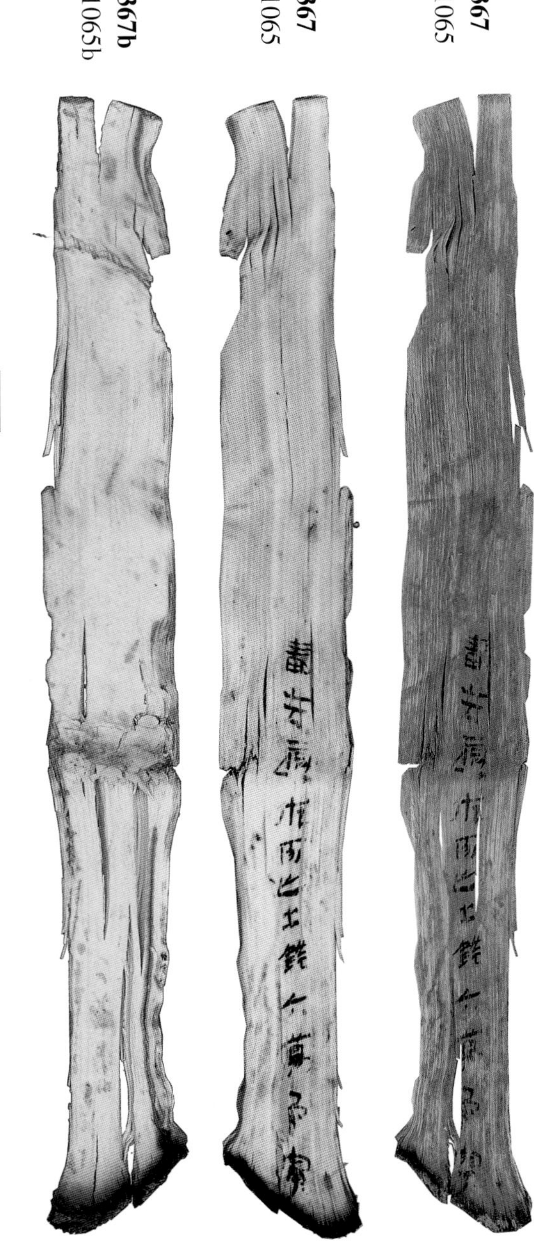

367
1065

367
1065

367b
1065b

嗇夫適佐□亡出錢六萬予甯▨

368
1066

368
1066

368b
1066b

侯第□臣即遣饗吝裹受綰從到門曰可門▨

……□□縑一匹爲絣襌▨

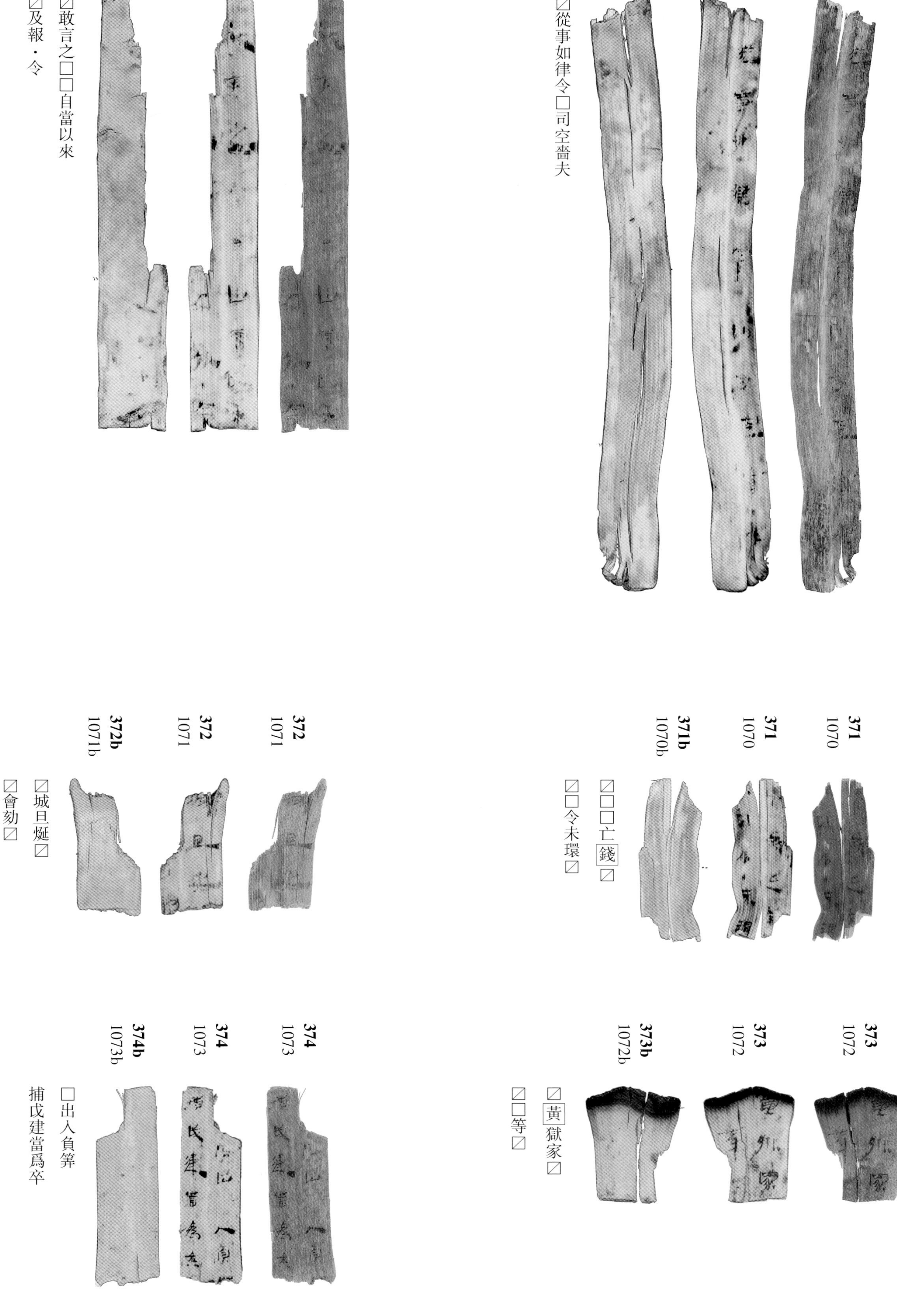

369 1067

369 1067

369b 1067b

☒從事如律令☐司空嗇夫

370 1068

370 1068

370b 1068b

☒敢言之☐☐自當以來

☒及報・令

371 1070

371 1070

371b 1070b

☒☐☐亡[錢]☒

☒☐令未環☒

372 1071

372 1071

372b 1071b

☒城旦烻☒

☒會劾☒

373 1072

373 1072

373b 1072b

☒[黃]獄家☒

☒☐等☒

374 1073

374 1073

374b 1073b

☐出入負筭

捕戍建當爲卒

375 1074

375 1074

375b 1074b

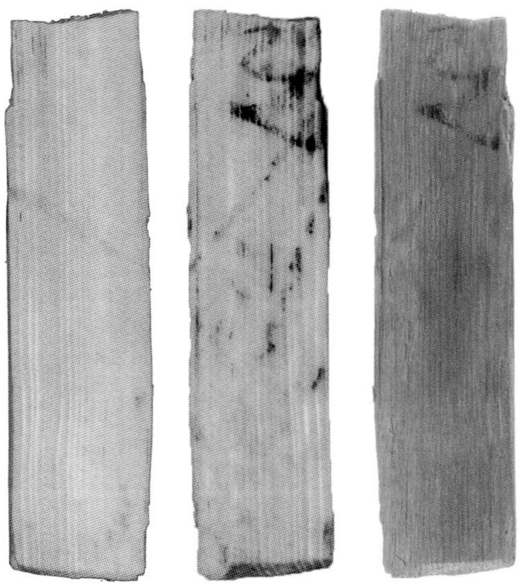

□

376 1075

376 1075

376b 1075b

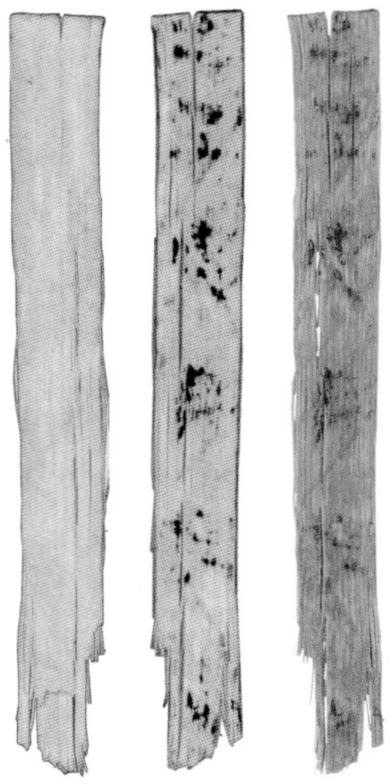

□子建□□□

377 1076

377 1076

377b 1076b

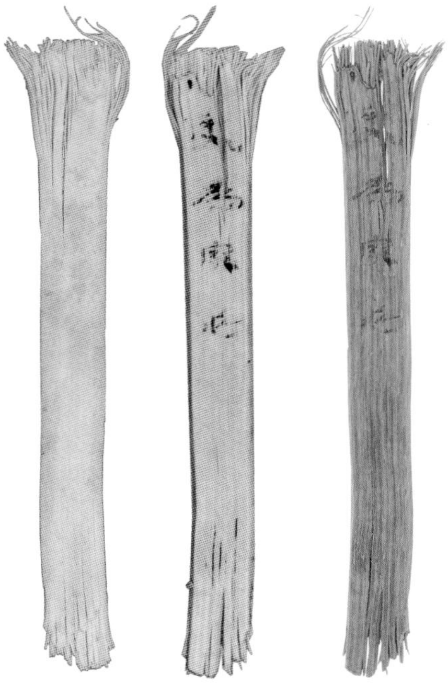

□使爲家作

378 1077

378 1077

378b 1077b

□□□一人期會失期□

□□□□□□□□□□

379 1078

379 1078

379b 1078b

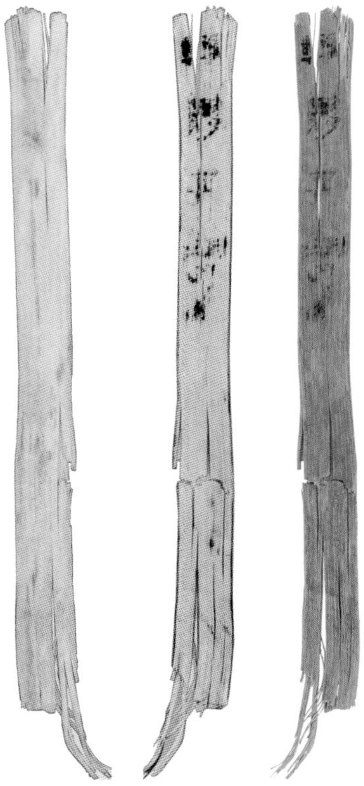

□男子閒□

380 1079

380 1079

380b 1079b

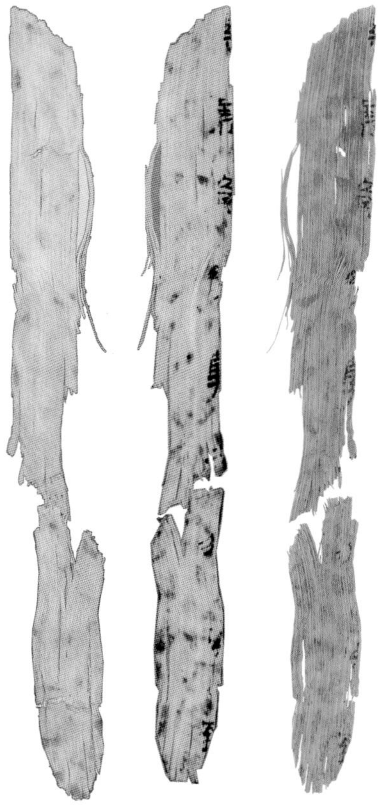

□錢急緩□□非□致

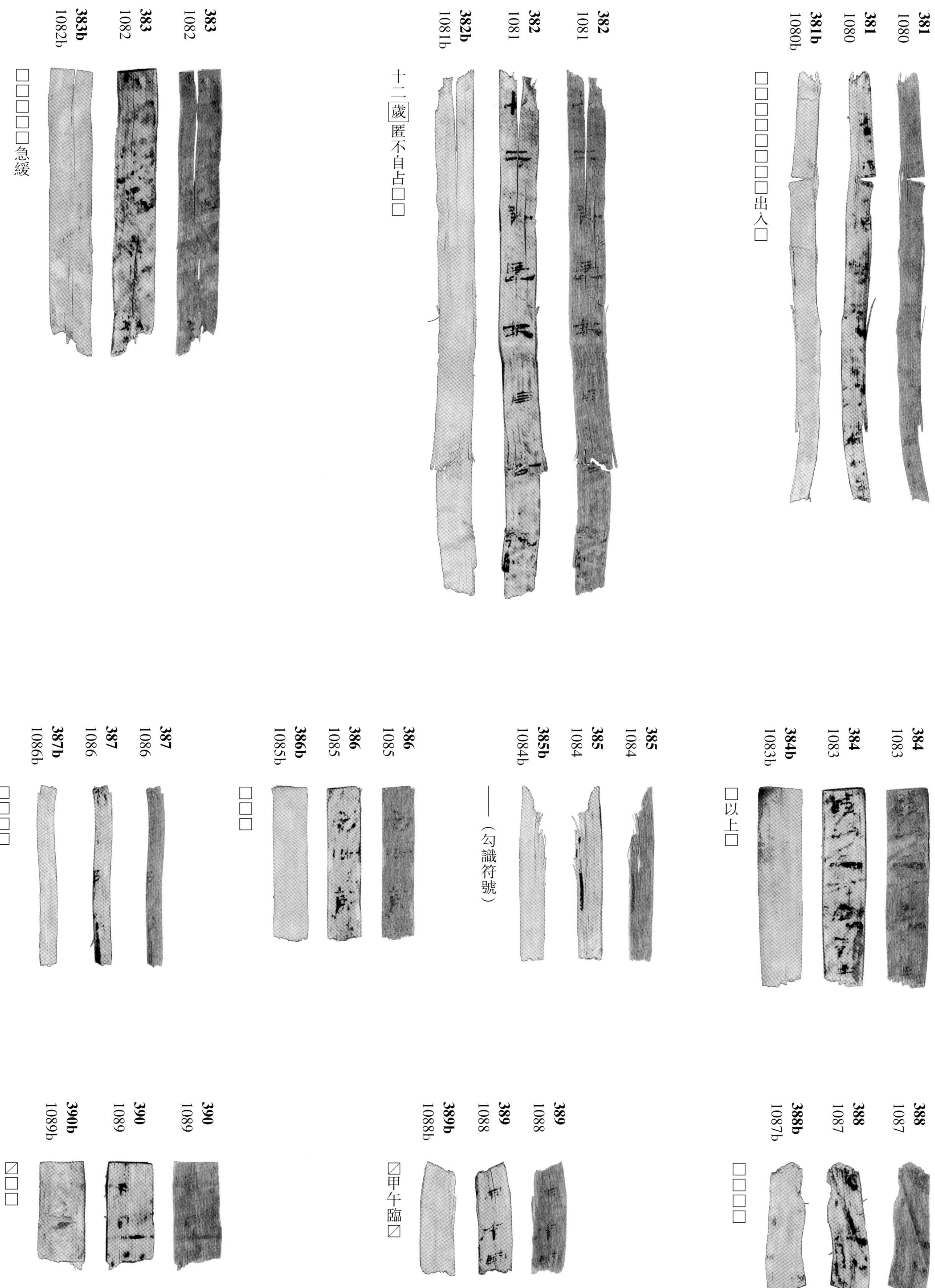

381 1080

381 1080

381b 1080b

□□□□□□□□出入□

382 1081

382 1081

382b 1081b

十二歲匽不自占□□

383 1082

383 1082

383b 1082b

□□□□□急緩

384 1083

384 1083

384b 1083b

□以上□

385 1084

385 1084

385b 1084b

——（勾識符號）

386 1085

386 1085

386b 1085b

□□□

387 1086

387 1086

387b 1086b

□□□□

388 1087

388 1087

388b 1087b

□□□□

389 1088

389 1088

389b 1088b

☐甲午臨☐

390 1089

390 1089

390b 1089b

☐□□

391 1090
391 1090
391b 1090b
□□
□□□

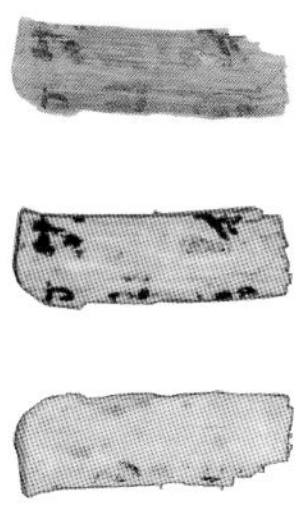

392 1091
392 1091
392b 1091b
□□□☒
□□□☒

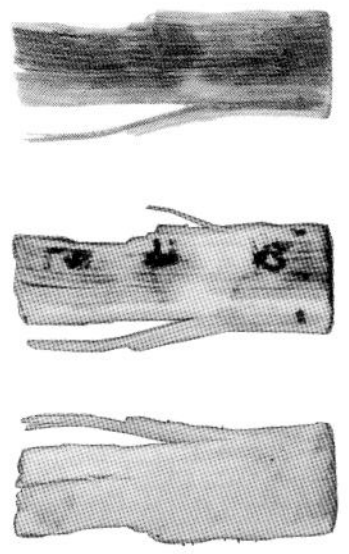

393 1092
393 1092
393b 1092b
男寂 

394 1095
394 1095
394b 1095b
☒□□□☒

395 1097
395 1097
395b 1097b
弗入獄 

396 1098
396 1098
396b 1098b 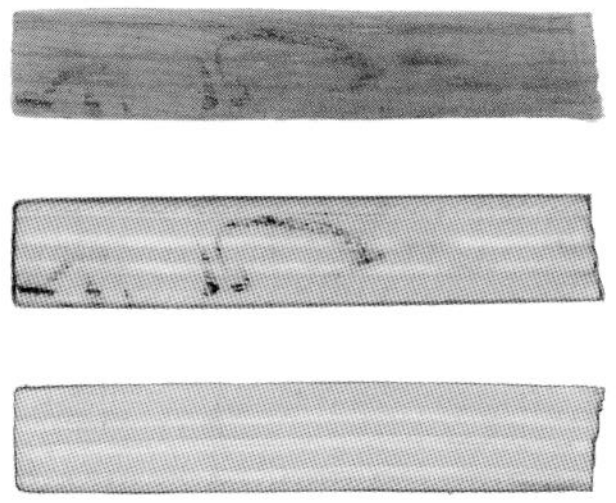
曰可☒

397 1099
397 1099
397b 1099b 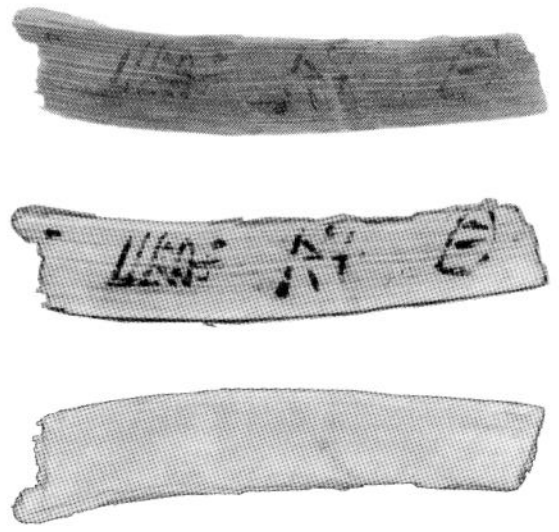
奚卒四

398 1100
398 1100
398b 1100b 
若有劫人界中者☒
□□☒

399 1101
399 1101
399b 1101b 
一丈黃蒡酒☒

400 1102
400 1102
400b 1102b 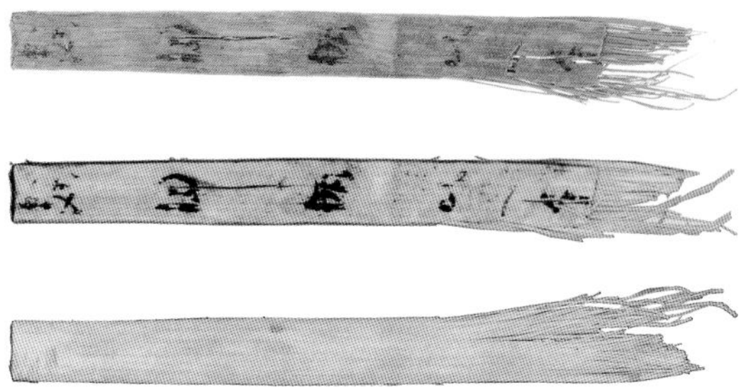
辤（辭）曰捕以令☒

401 1103
401 1103
401b 1103b 
☒甲午上☒

402 1104
402 1104
402b 1104b 
☒不得出□☒

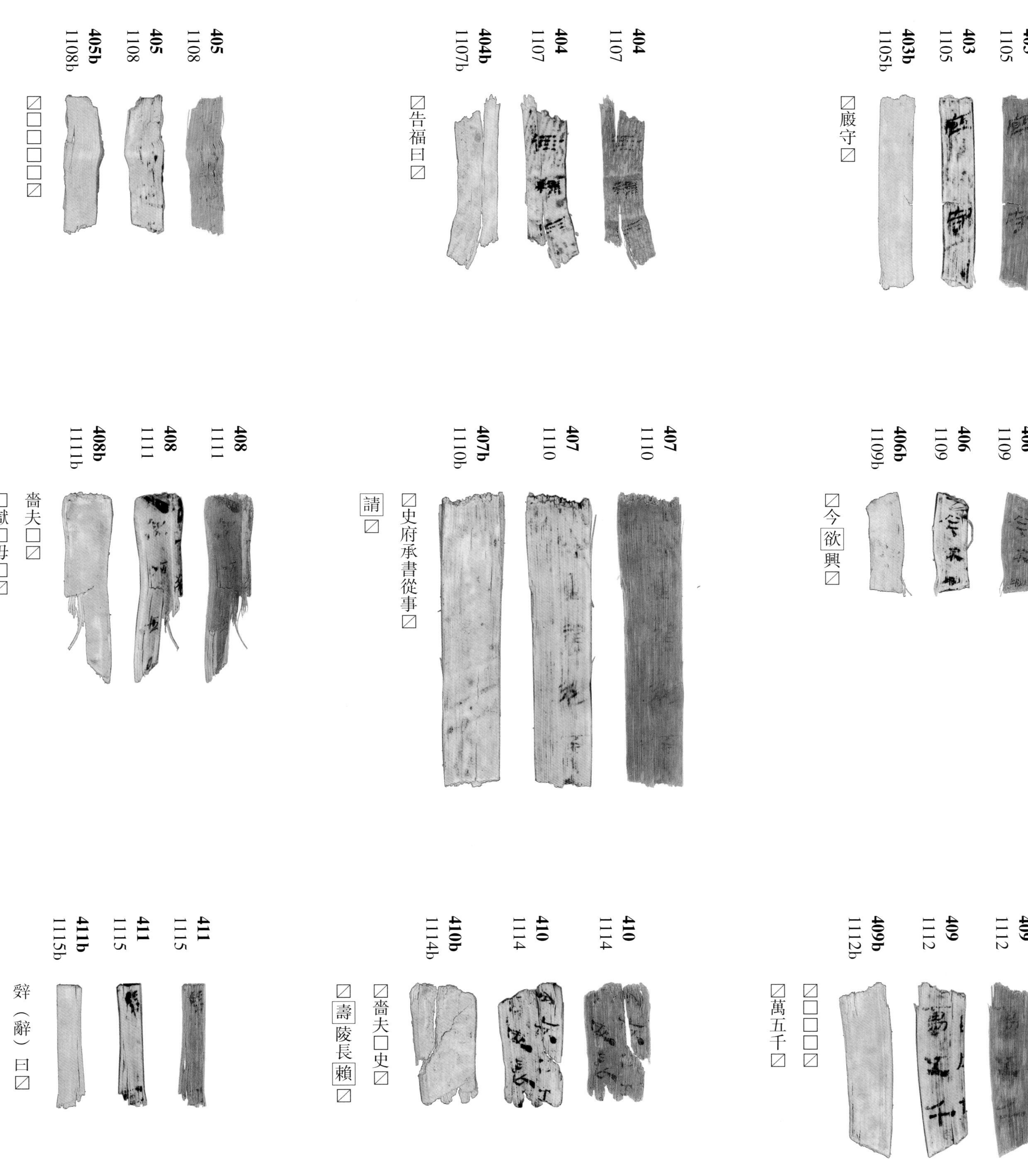

403 1105
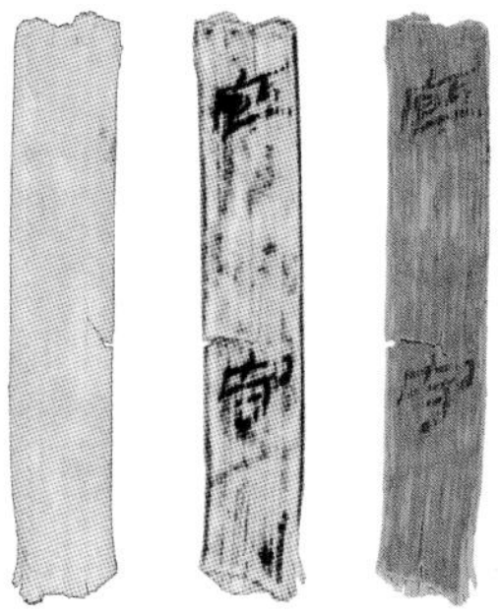
403 1105
403b 1105b
☐廄守☐

404 1107

404 1107
404b 1107b
☐告福曰☐

405 1108

405 1108
405b 1108b
☐□□□□□☐

406 1109
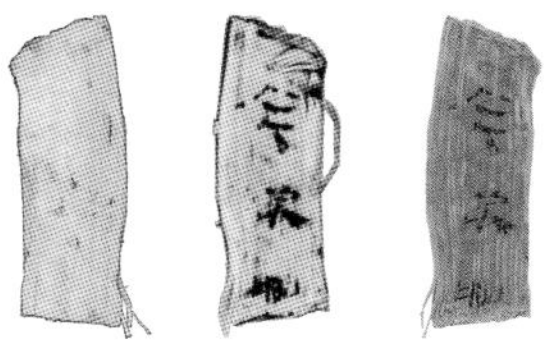
406 1109
406b 1109b
☐今欲興☐

407 1110
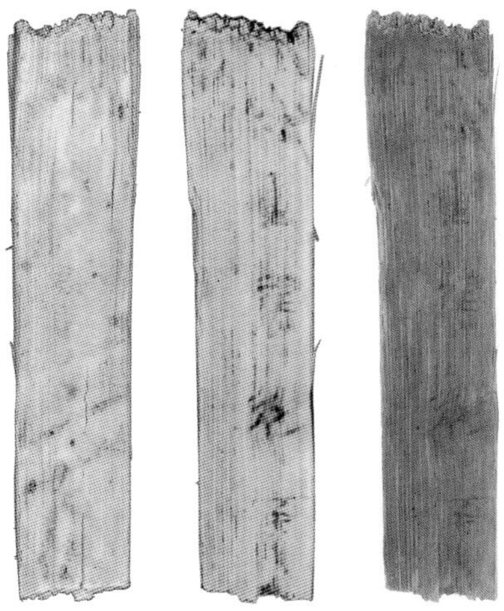
407 1110
407b 1110b
☐史府承書從事☐
請☐

408 1111
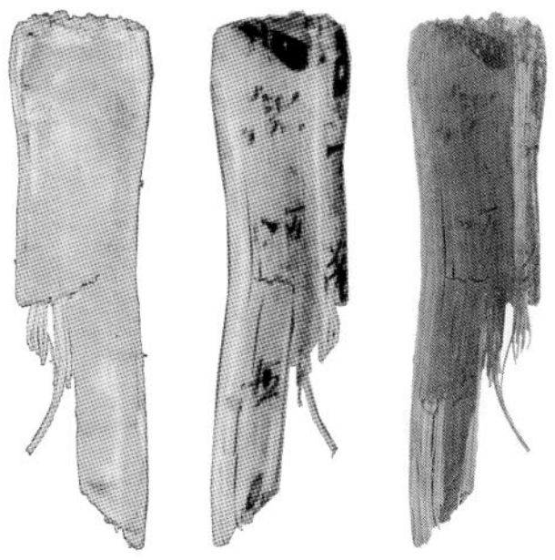
408 1111
408b 1111b
嗇夫□☐
□獄□毋□☐

409 1112
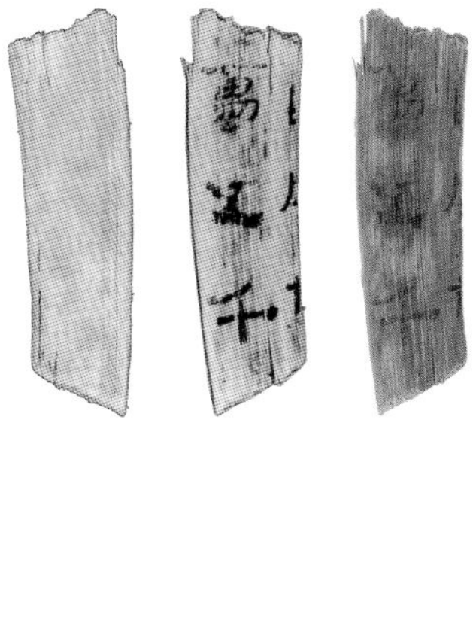
409 1112
409b 1112b
☐□□□☐
☐萬五千☐

410 1114

410 1114
410b 1114b
☐嗇夫□史☐
☐壽陵長賴☐

411 1115

411 1115
411b 1115b
辤（辭）曰☐

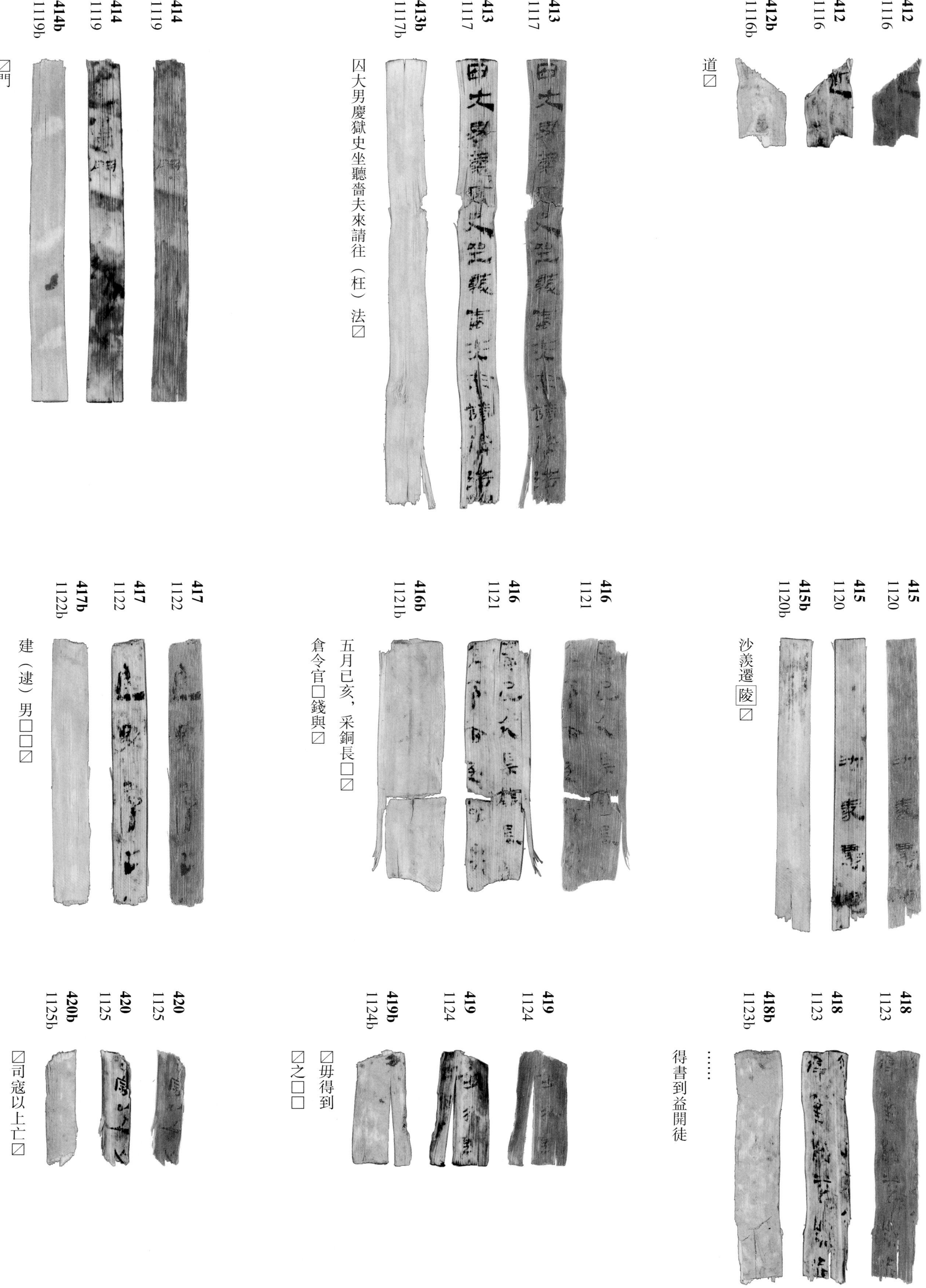

412 1116

412 1116

412b 1116b

道▨

413 1117

413 1117

413b 1117b

囚大男慶獄史坐聽嗇夫來請往（枉）法▨

414 1119

414 1119

414b 1119b

▨門

415 1120

415 1120

415b 1120b

沙羡遷[陵]▨

416 1121

416 1121

416b 1121b

五月己亥，采銅長□▨

倉令官□錢與▨

417 1122

417 1122

417b 1122b

建（逮）男□□▨

418 1123

418 1123

418b 1123b

……

得書到益開徒

419 1124

419 1124

419b 1124b

▨毋得到

▨之□□

420 1125

420 1125

420b 1125b

▨司寇以上亡▨

421 1126

421 1126

421b 1126b

▨☐令☐戊寅▨
▨☐書及所▨

422 1128

422 1128

422b 1128b

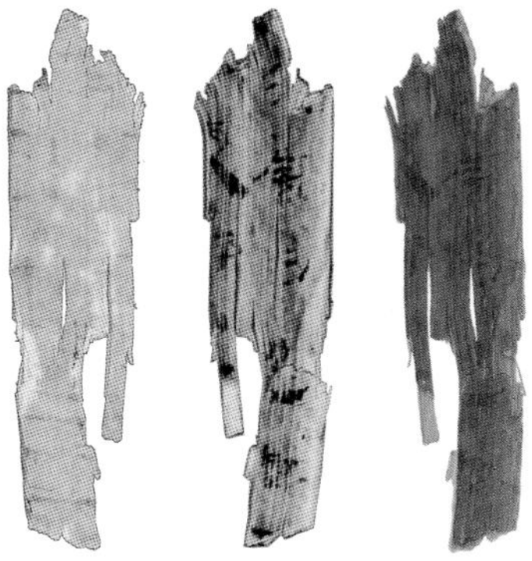

☐舍曰見錢☐
☐☐☐

423 1129

423 1129

423b 1129b

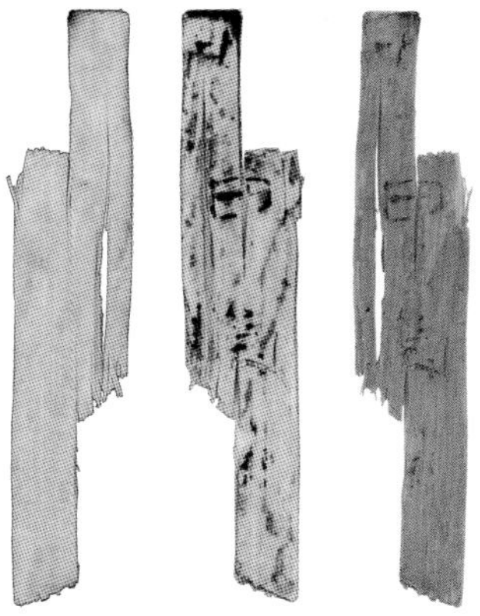

☐曰☐☐

424 1130

424 1130

424b 1130b

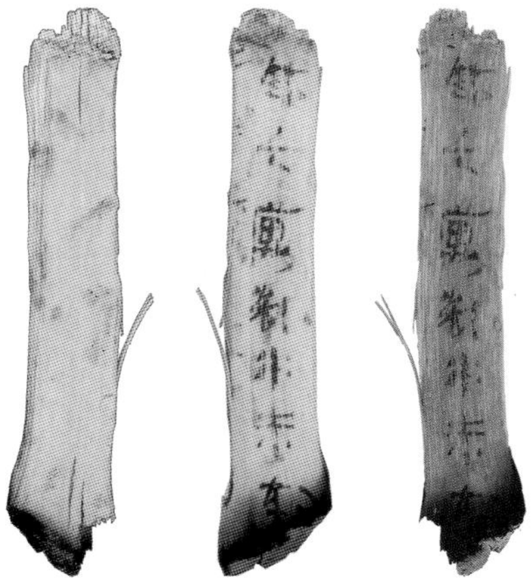

錢六萬都水未輸▨
……

425 1131+1702

425 1131+1702

425b 1131b+1702b

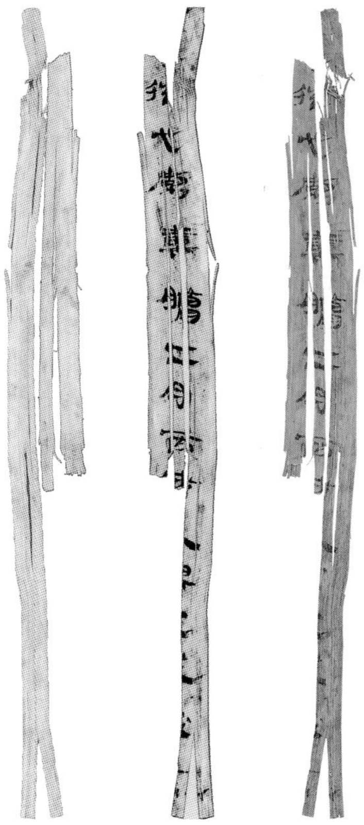

☐從心☐☐腈二月丙戌

426 1132

426 1132

426b 1132b

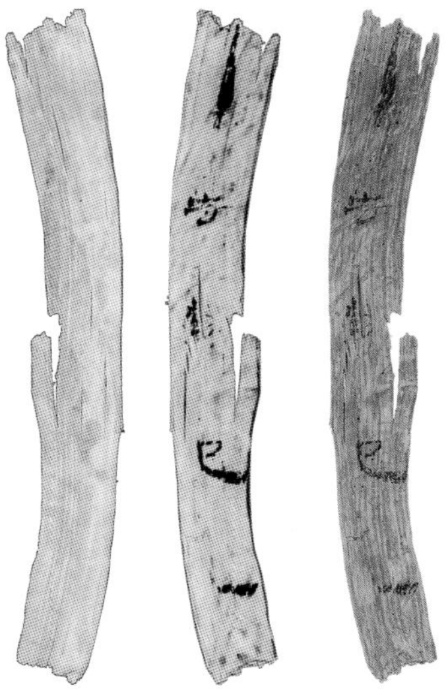

▨令告錢已入▨

427 1133

427 1133

427b 1133b

▨☐☐

428 1134

428 1134

428b 1134b

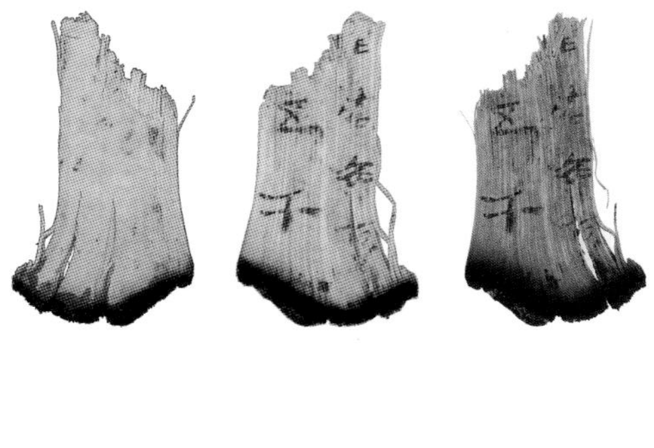

☐嗇夫可▨
五千以▨

429 1135

429 1135

429b 1135b

▨☐☐☐▨
▨☐☐☐▨

430 1136
430 1136
430b 1136b

□□以爲□□

……

431 1137
431 1137
431b 1137b

……

……

432 1138
432 1138
432b 1138b

……

告南山主南山長乘訊〼

433 1140
433 1140
433b 1140b

□壽陵□□□□□□□□

……

434 1141
434 1141
434b 1141b

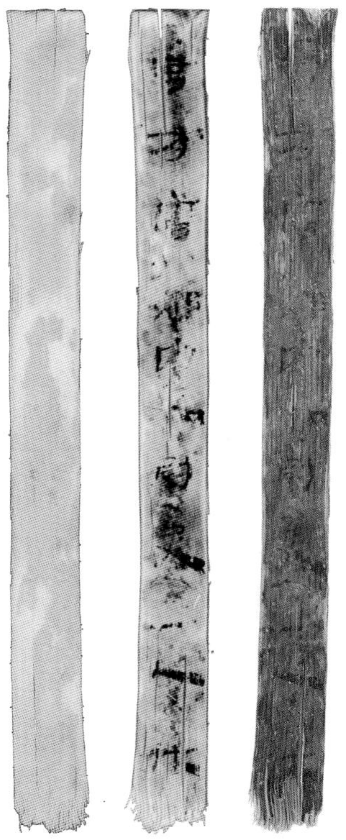

右方□□□入尉史一人佐〼

435 1142
435 1142
435b 1142b

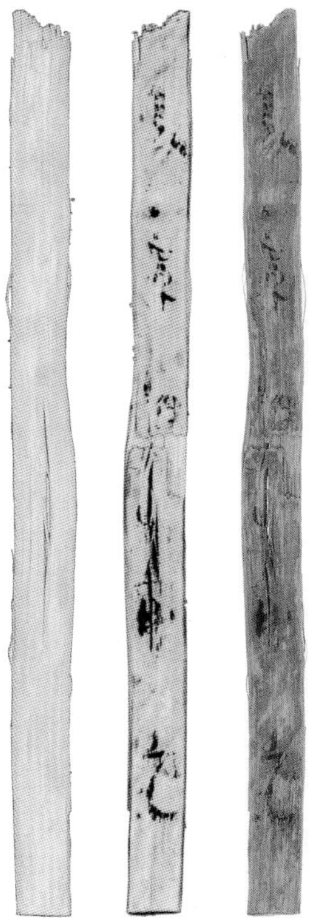

〼受庫□己取之

436
1143

436
1143

436b
1143b

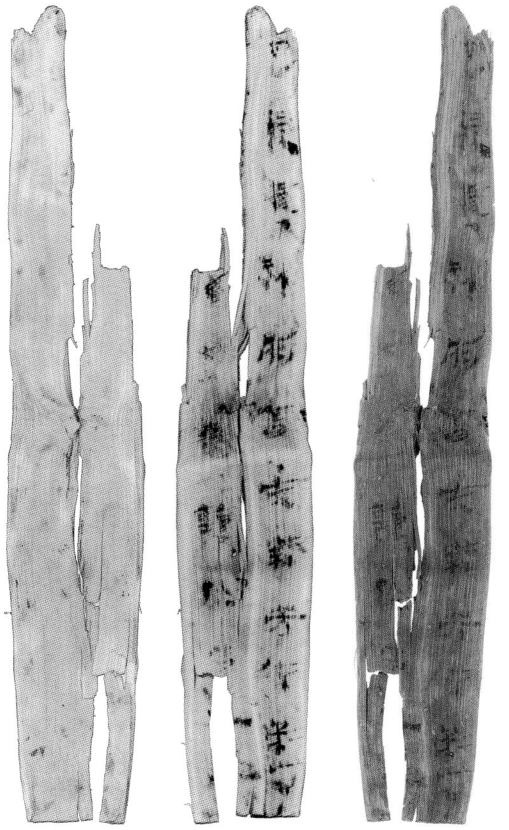

☑它爰書□府嗇夫無芳行丞事
☑□□爲聽□□□□

437
1146

437
1146

437b
1146b

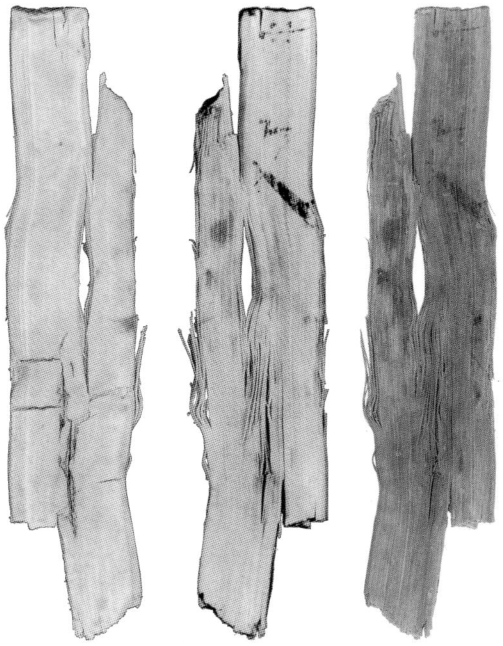

其故☑

438
1150

438
1150

438b
1150b

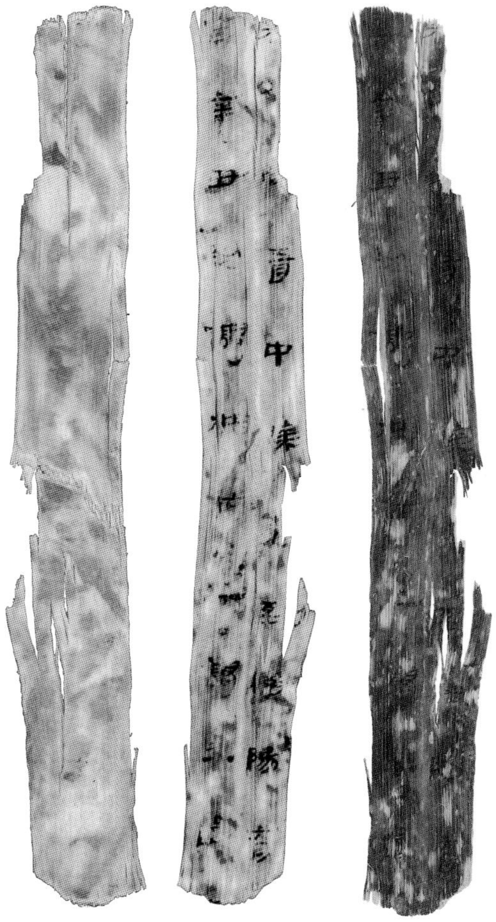

□□□五月中牒書到□陽六月
七月辛丑到謁相府上謁□□

439
1151

439
1151

439b
1151b

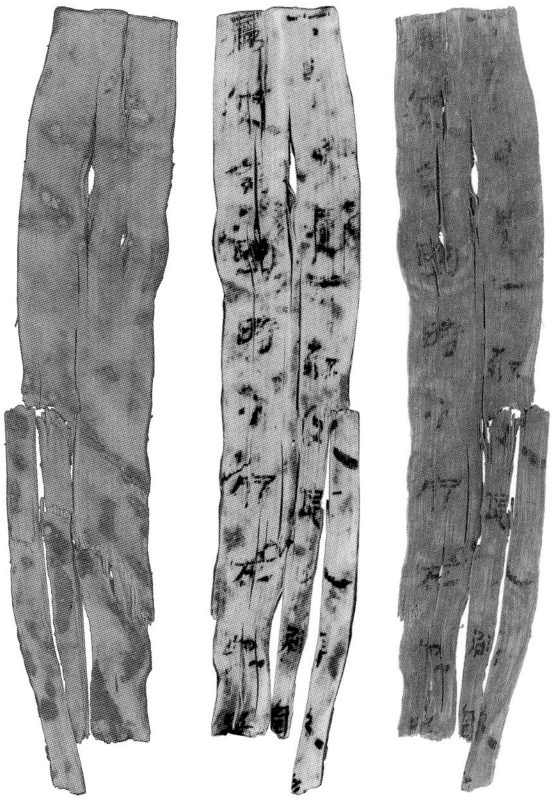

六年□月辛未，獄史意以辟報爰☑
屬使侯陽時□□在望□

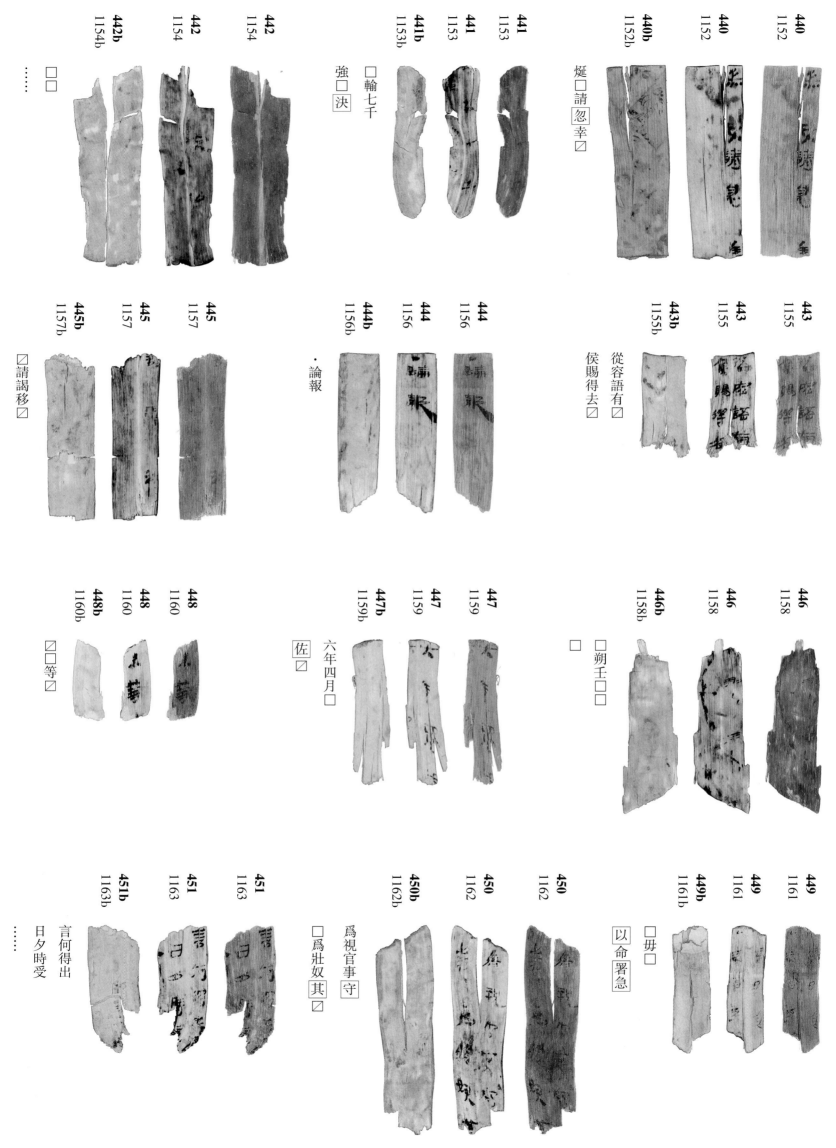

440 1152

440 1152

440b 1152b

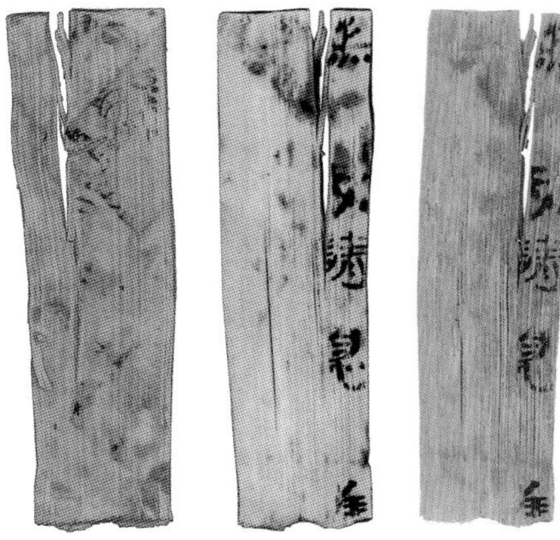

娗□請[忽]幸☒

441 1153

441 1153

441b 1153b

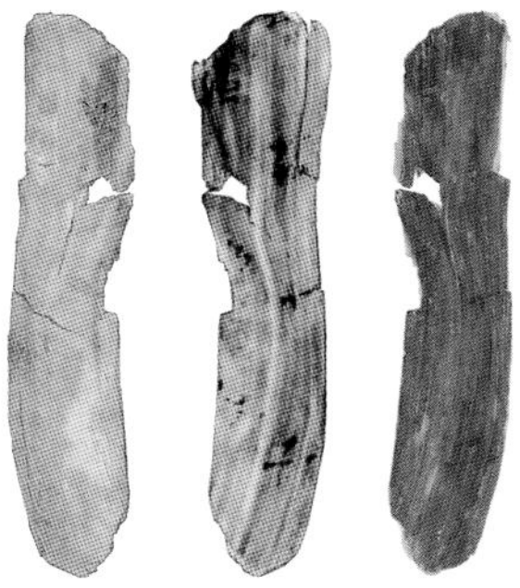

□輸七千
強□[決]

442 1154

442 1154

442b 1154b

□□
……

443 1155

443 1155

443b 1155b

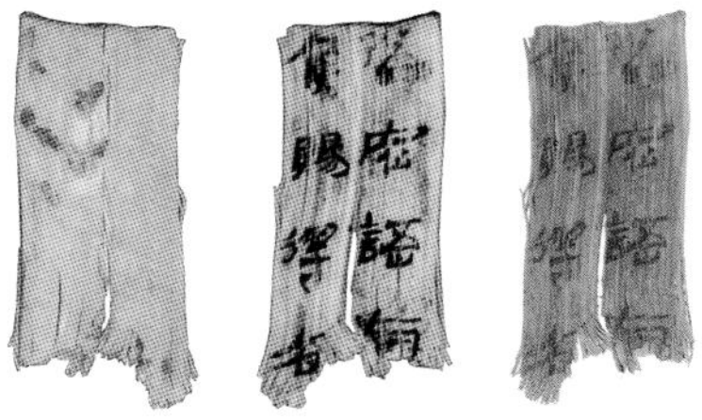

從容語有☒
侯賜得去☒

444 1156

444 1156

444b 1156b

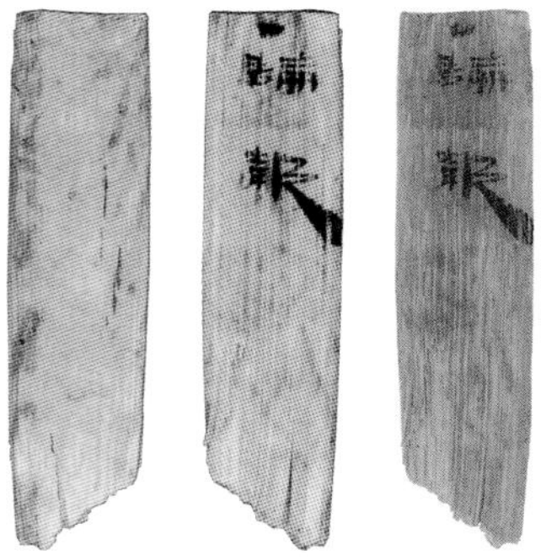

·論報

445 1157

445 1157

445b 1157b

☒請謁移☒

446 1158

446 1158

446b 1158b

□朔壬□□
□

447 1159

447 1159

447b 1159b

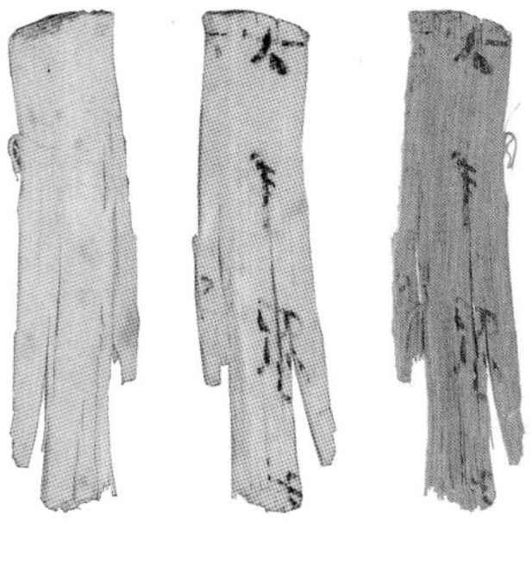

六年四月□
[佐]☒

448 1160

448 1160

448b 1160b

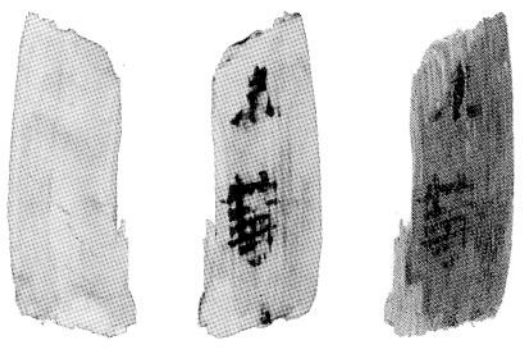

☒□等☒

449 1161

449 1161

449b 1161b

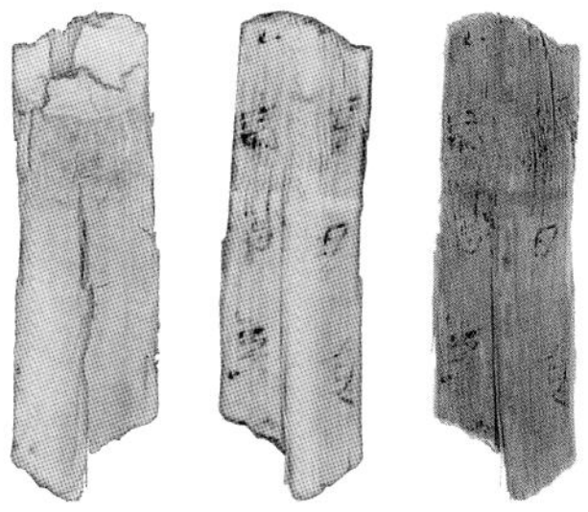

□毋□
[以]命[署][急]

450 1162

450 1162

450b 1162b

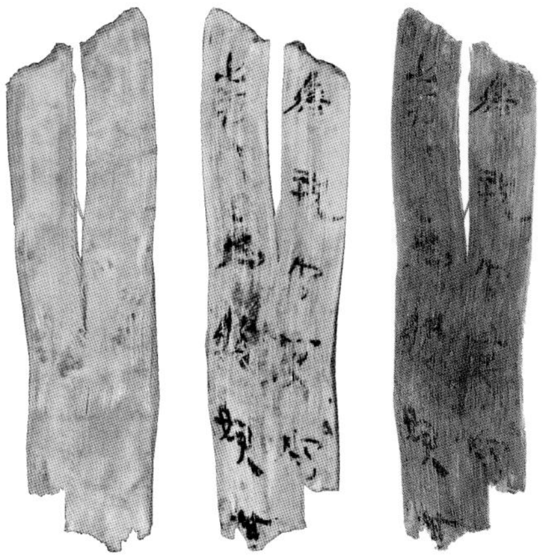

爲視官事[守]
□爲壯奴[其]☒

451 1163

451 1163

451b 1163b

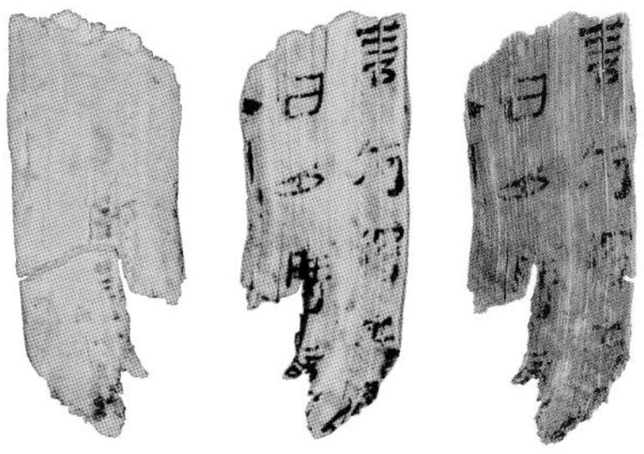

言何得出
日夕時受
……

452
1164

452
1164

452b
1164b 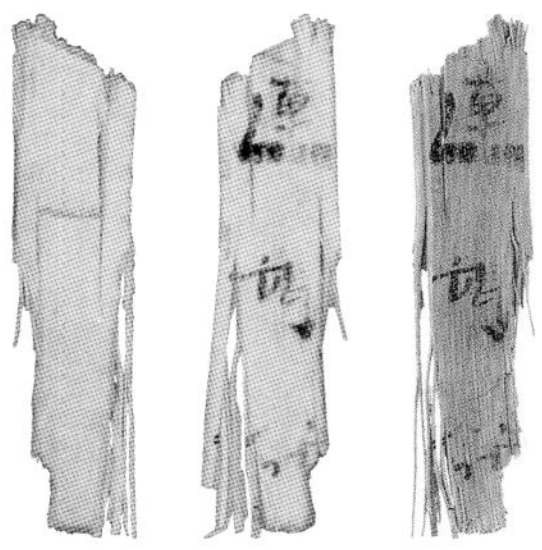
☑連謁報

453
1165

453
1165

453b
1165b 
☑子除書到官
☑亡命未得

454
1166

454
1166

454b
1166b 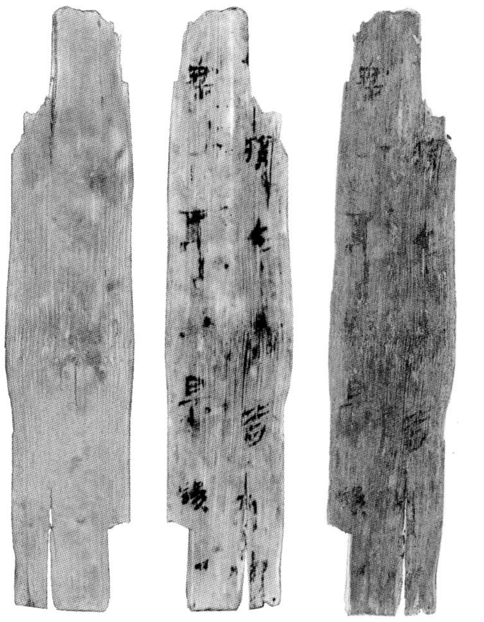
☑將卒□皆可索
☑案之不畀誤入

455
1167

455
1167

455b
1167b 
☑劾移獄以律令從事

456
1168

456
1168

456b
1168b 
……辟□□承書視事□□□

457
1169

457
1169

457b
1169b

·二月戊辰朔甲寅，史副……啬（？）夫□□□□

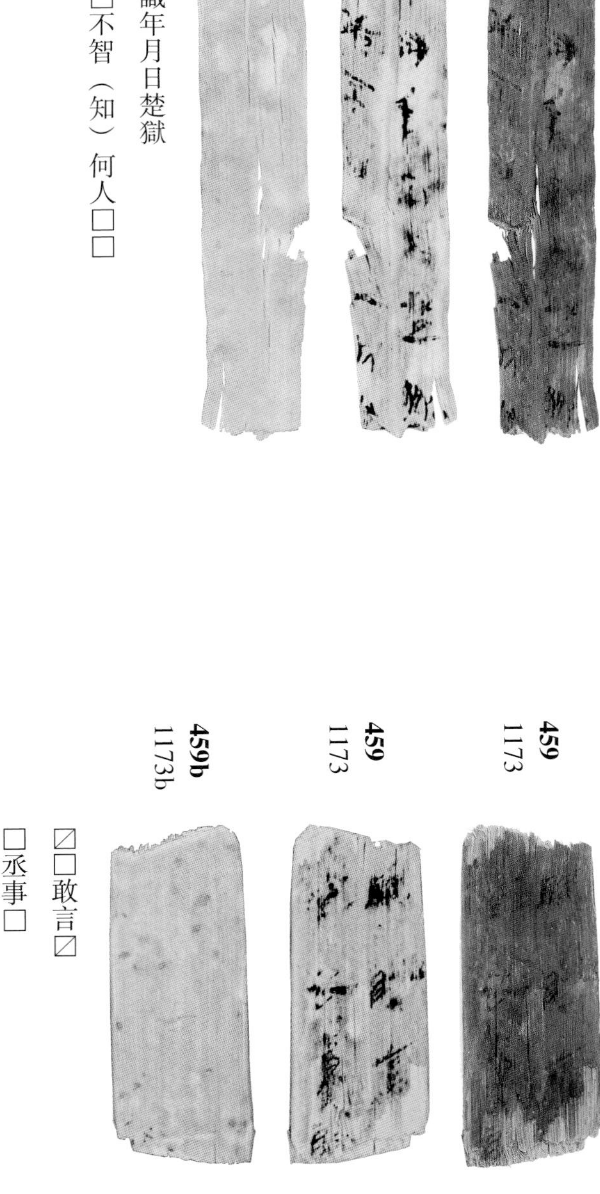

458
1170

458
1170

458b
1170b

不識年月日楚獄
□□不智（知）何人□□

459
1173

459
1173

459b
1173b

☐□敢言☐
□丞事□

460
1174

460
1174

460b
1174b

十月 言⧄
受受

461
1175

461
1175

461b
1175b

有得者今臨湘乃命粱[興]⧄
□夫卯子之侯陽鄉賣苣□□⧄

462
1177

462
1177

462b
1177b

⧄[以]萬二百□馬賈餘錢⧄
⧄[金]求金不[能]得□⧄

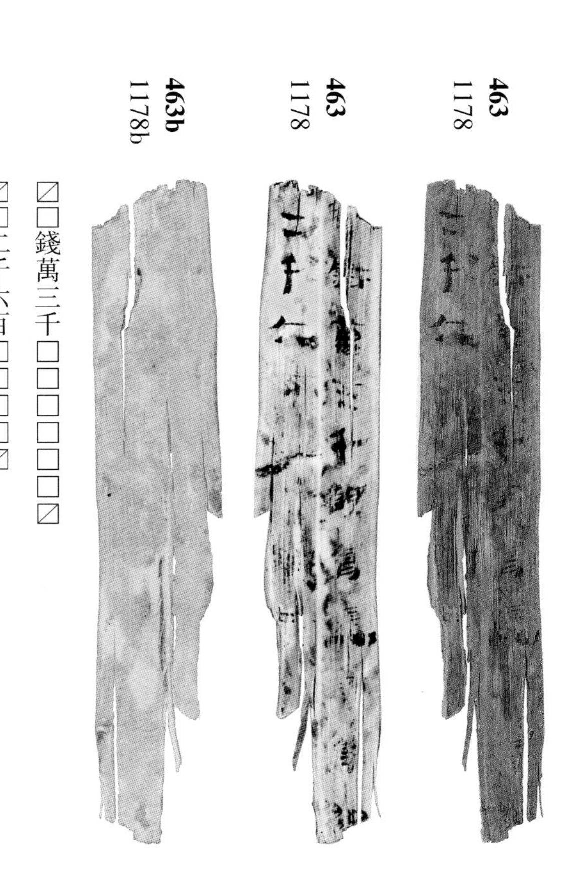

463
1178

463
1178

463b
1178b

⧄□錢萬三千□□□□□□⧄
⧄□二千六百□□□□⧄

464 1179

464 1179

464b 1179b

□笞百二百二百▨

□同居期□□▨

465 1180

465 1180

465b 1180b

▨□令□使獄

▨到□月

466 1181

466 1181

466b 1181b

▨□治七年尉▨

▨繆書誤事□□▨

467 1182

467 1182

467b 1182b

▨曰大夫連道

▨□□□□

468 1183

468 1183

468b 1183b

▨癸巳長沙□□□□▨

▨□以□劾□□□□□▨

469 1184

469 1184

469b 1184b

▨謂應獄□□□□公乘臨湘▨

▨□上以屬尉史農夫亡癸功勞[移]▨

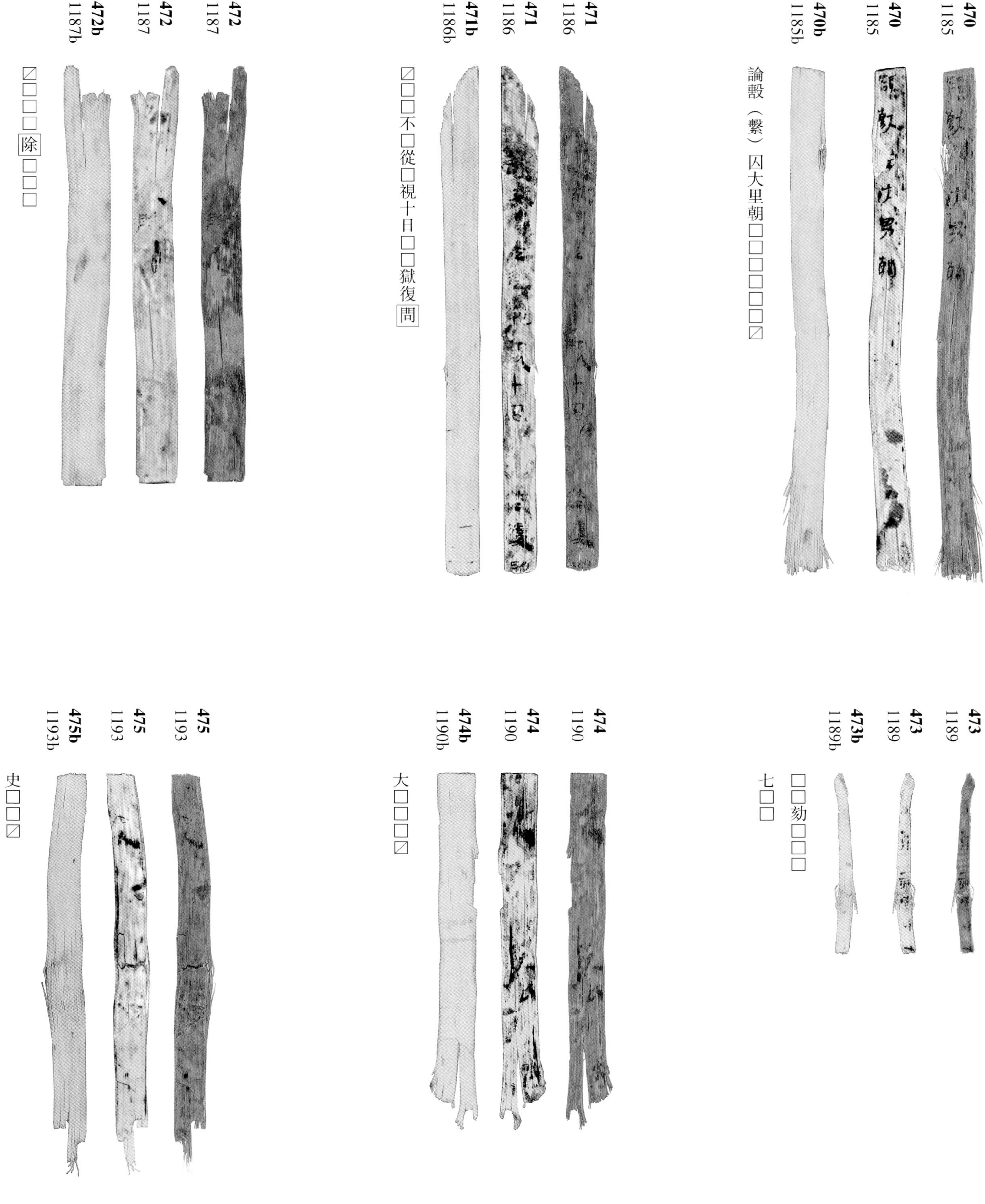

470 1185
470 1185
470b 1185b

論轂（繫）囚大里朝□□□□□□□☐

471 1186
471 1186
471b 1186b

☐□□不□從□視十日□□獄復問

472 1187
472 1187
472b 1187b

☐□□□除□□□

473 1189
473 1189
473b 1189b

□□劾□□□

七□□

474 1190
474 1190
474b 1190b

大□□□☐

475 1193
475 1193
475b 1193b

史□□☐

476 1195

476 1195

476b 1195b

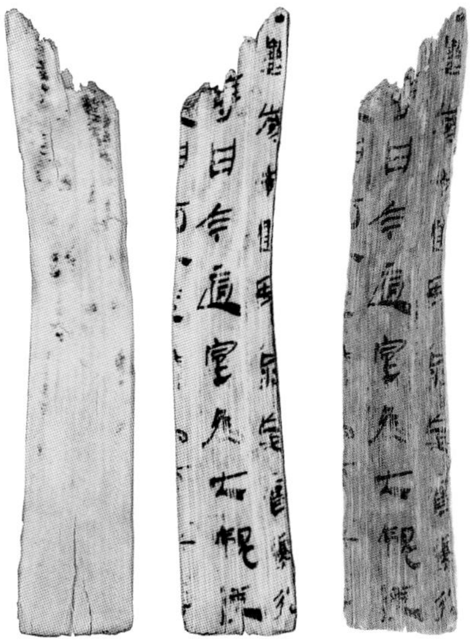

☒·數歲□□臨潁妄會舉從

☒等曰今適室爲大魄食

☒□曰何人盜錢□□□□

477 1196

477 1196

477b 1196b

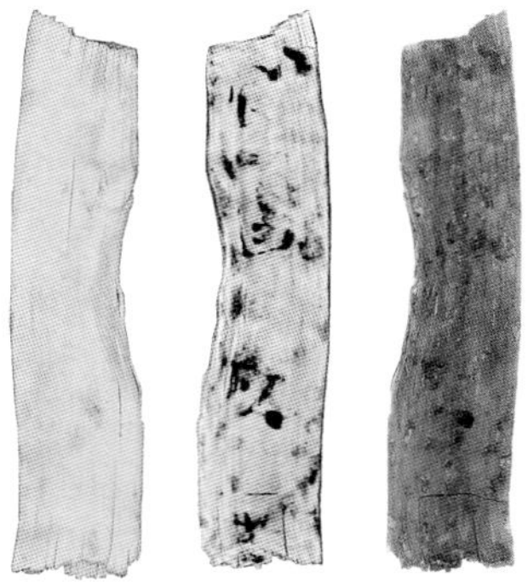

☒□曰故☒

478 1198

478 1198

478b 1198b

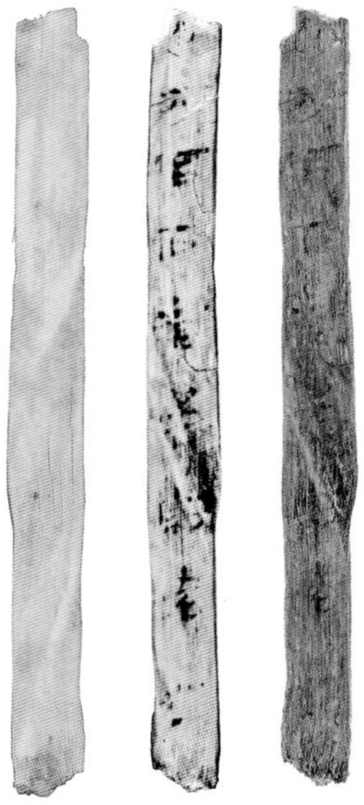

□六百石有丞尉者□

479 1199

479 1199

479b 1199b

☒□蜀□

480 1200

480 1200

480b 1200b

☒舉故□

☒書言行

481 1201

481 1201

481b 1201b

訊昌辤（辭）☒

訊昌辤（辭）☒

482 1203

482 1203

482b 1203b

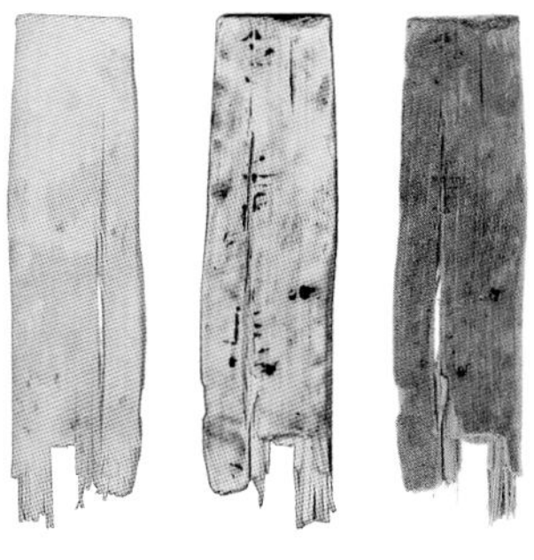

□□長□☒

483 1204

483 1204

483b 1204b

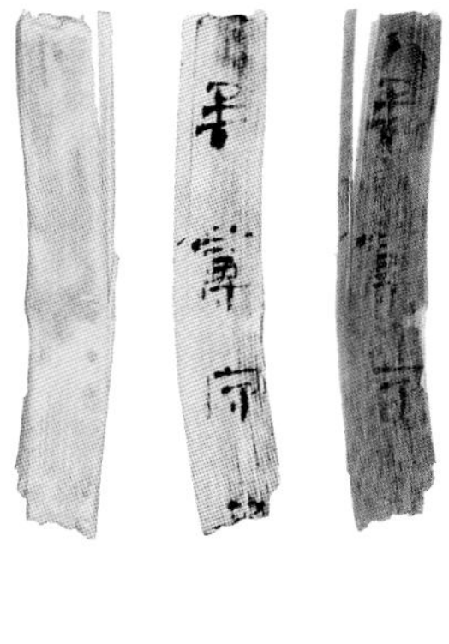

☒丞尊守丞☒

484 1205

484 1205

484b 1205b

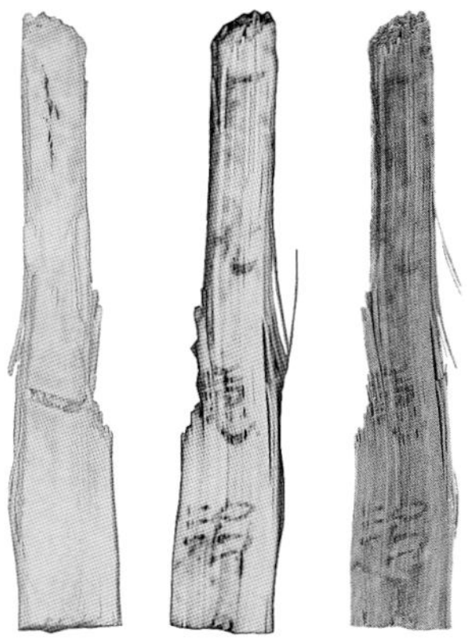

☒夫佐慶治

485 1206

485 1206

485b 1206b

劾曰：昭陵□☒

486 1207

486 1207

486b 1207b

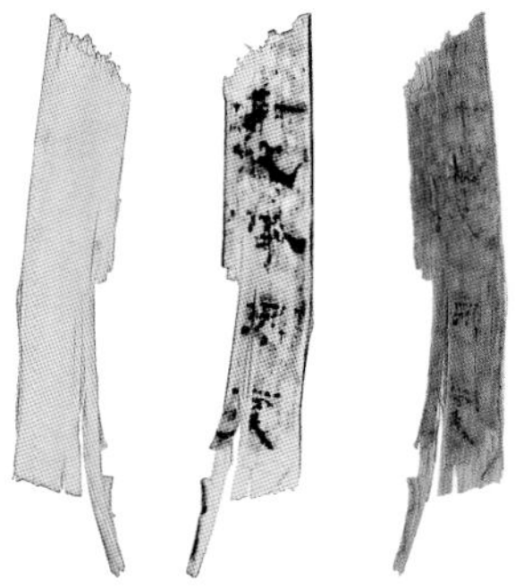

☒辤（辭）故不更☒

487 1208

487 1208

487b 1208b

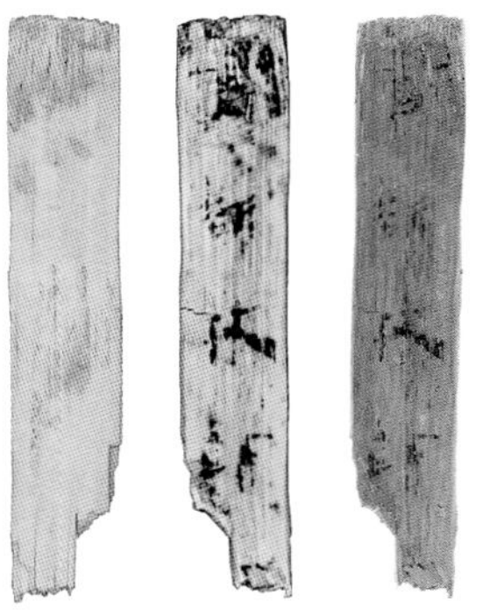

☒言欲反□☒

488 1209

488 1209

488b 1209b

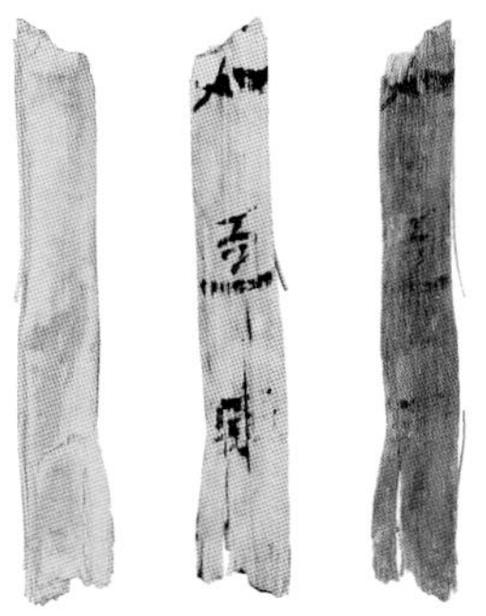

☒□□眾☒

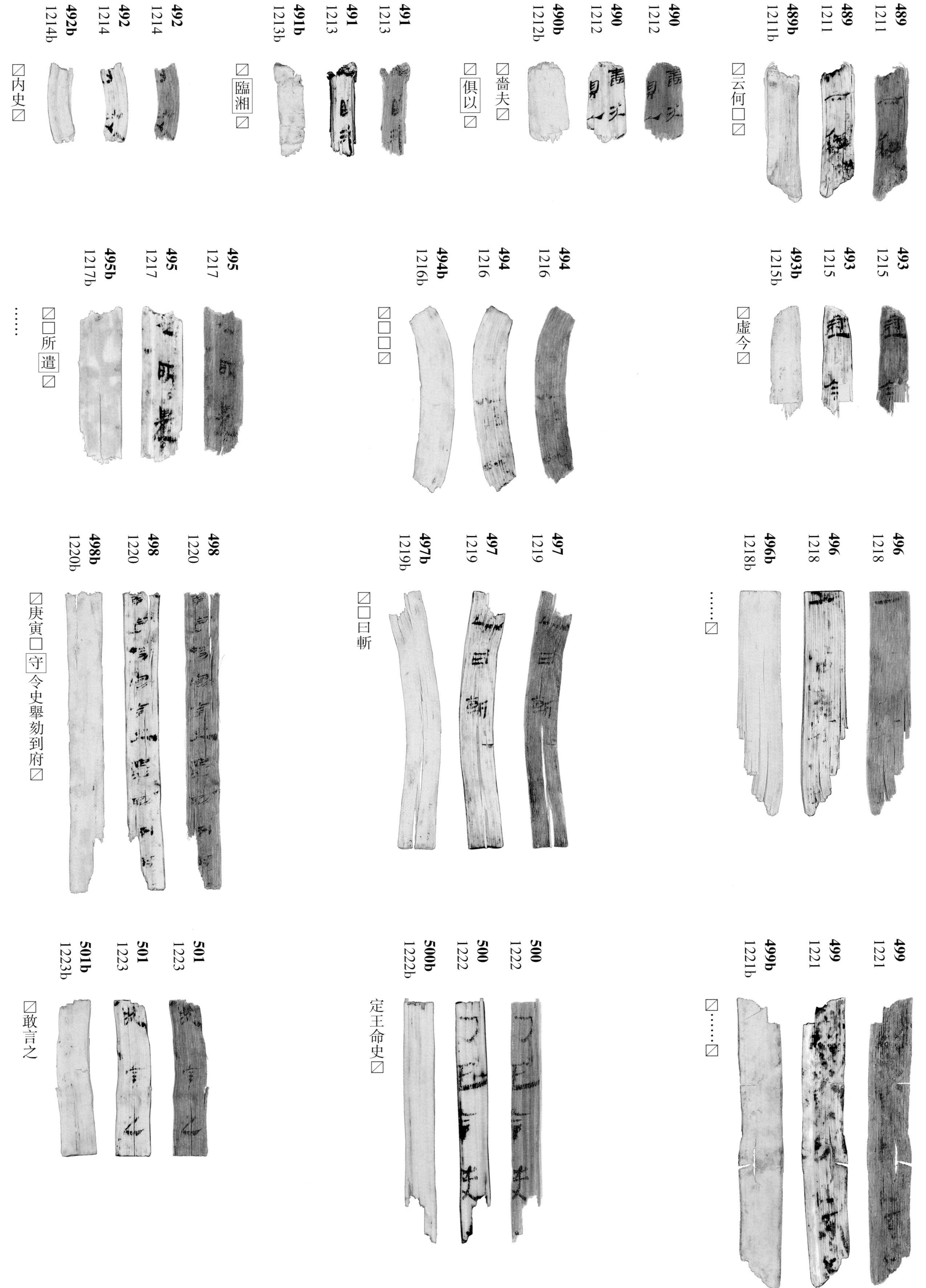

489 1211

489 1211

489b 1211b

☐云何□☐

490 1212

490 1212

490b 1212b

☐嗇夫☐

☐俱以☐

491 1213

491 1213

491b 1213b

☐臨湘☐

492 1214

492 1214

492b 1214b

☐内史☐

493 1215

493 1215

493b 1215b

☐虛今☐

494 1216

494 1216

494b 1216b

☐□□☐

495 1217

495 1217

495b 1217b

☐□所遣☐

……

496 1218

496 1218

496b 1218b

……☐

497 1219

497 1219

497b 1219b

☐□曰斬

498 1220

498 1220

498b 1220b

☐庚寅□守令史舉劾到府☐

499 1221

499 1221

499b 1221b

☐……☐

500 1222

500 1222

500b 1222b

定王命史☐

501 1223

501 1223

501b 1223b

☐敢言之

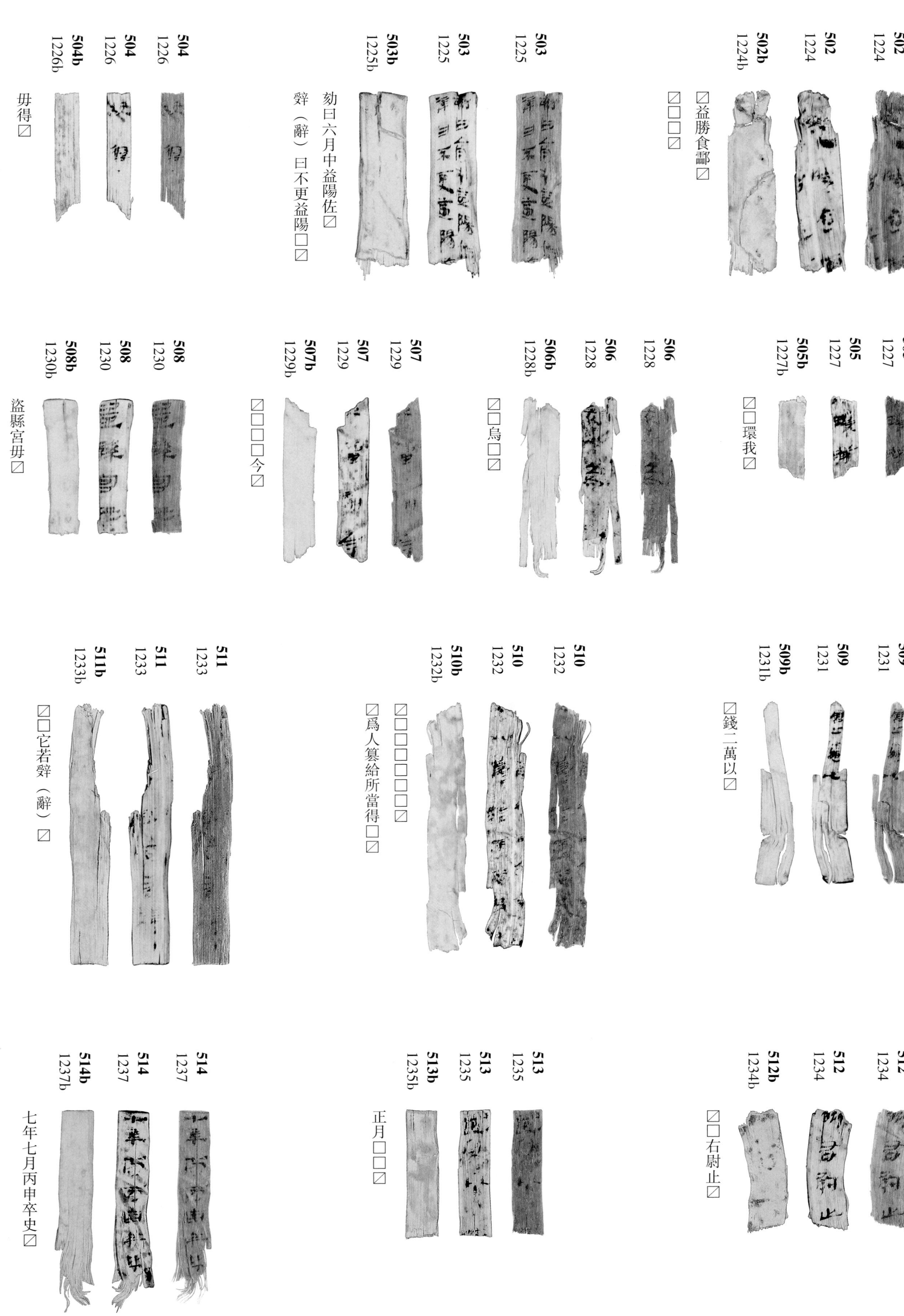
502 1224
502 1224
502b 1224b
☐益勝食䣄☐
☐□□☐
503 1225
503 1225
503b 1225b
劾曰六月中益陽佐☐
辤（辭）曰不更益陽□☐
504 1226
504 1226
504b 1226b
毋得☐
505 1227
505 1227
505b 1227b
☐□環我☐
506 1228
506 1228
506b 1228b
☐□烏□☐
507 1229
507 1229
507b 1229b
☐□□□今☐
508 1230
508 1230
508b 1230b
盜縣宮毋☐
509 1231
509 1231
509b 1231b
☐錢二萬以☐
510 1232
510 1232
510b 1232b
☐□□□□□□☐
☐爲人簒給所當得□☐
511 1233
511 1233
511b 1233b
☐□它若辤（辭）☐
512 1234
512 1234
512b 1234b
☐□右尉止☐
513 1235
513 1235
513b 1235b
正月□□☐
514 1237
514 1237
514b 1237b
七年七月丙申卒史☐

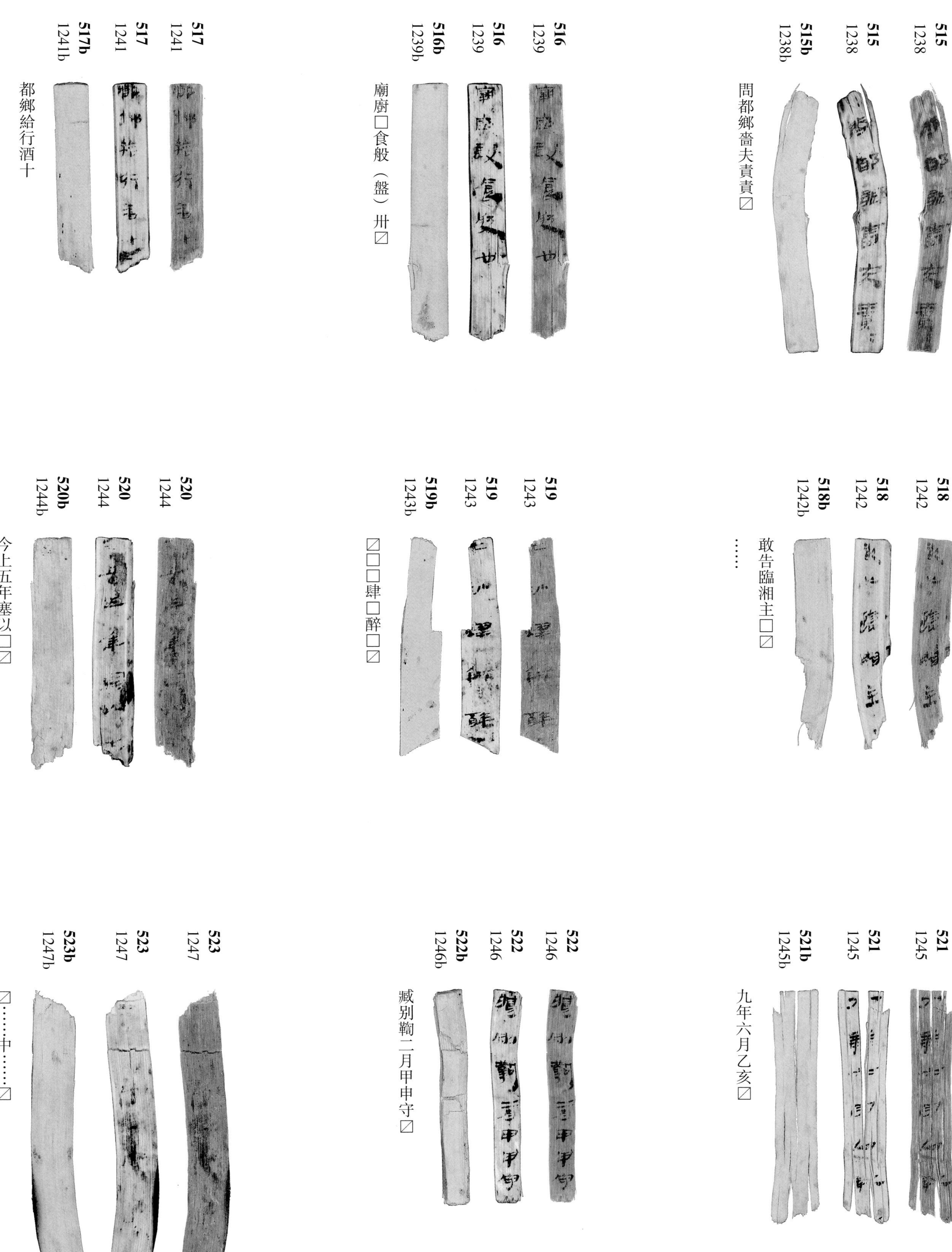

515 1238
515 1238
515b 1238b
問都鄉嗇夫責責☒

516 1239
516 1239
516b 1239b
廟廚□食般（盤）卅☒

517 1241
517 1241
517b 1241b
都鄉給行酒十

518 1242
518 1242
518b 1242b
敢告臨湘主□☒
……

519 1243
519 1243
519b 1243b
☒□□肆□醉□☒

520 1244
520 1244
520b 1244b
今上五年塞以□☒

521 1245
521 1245
521b 1245b
九年六月乙亥☒

522 1246
522 1246
522b 1246b
臧別鞫二月甲申守☒

523 1247
523 1247
523b 1247b
☒……中……☒

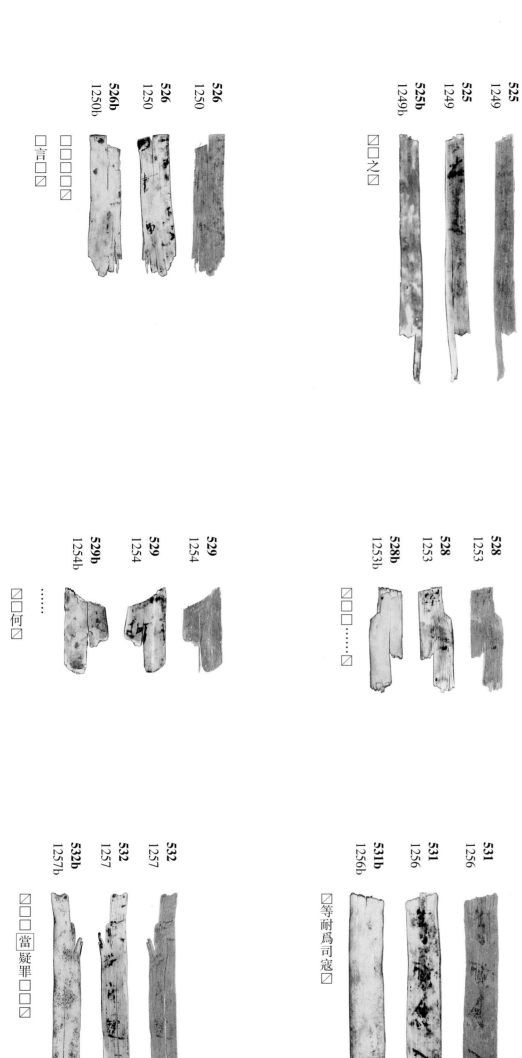

524 1248

524 1248

524b 1248b

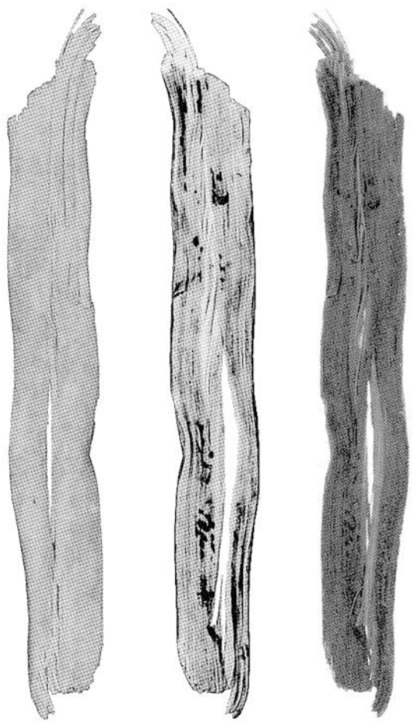

☐□□□□□☐

525 1249

525 1249

525b 1249b

☐□之☐

526 1250

526 1250

526b 1250b

□□□□☐

□言□☐

527 1251

527 1251

527b 1251b

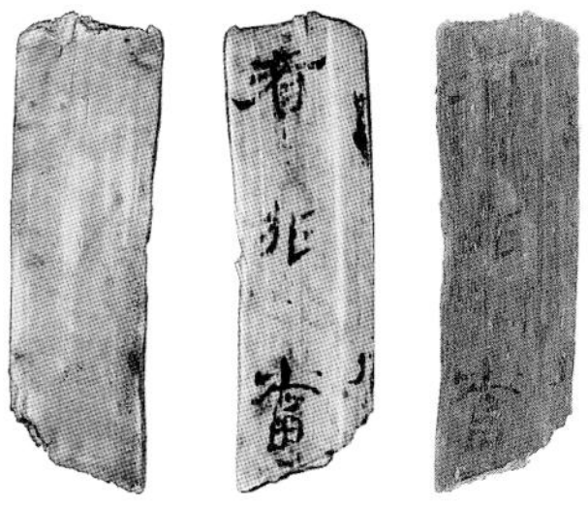

□□☐

者非當☐

528 1253

528 1253

528b 1253b

☐□□……☐

529 1254

529 1254

529b 1254b

……

☐□何☐

530 1255

530 1255

530b 1255b

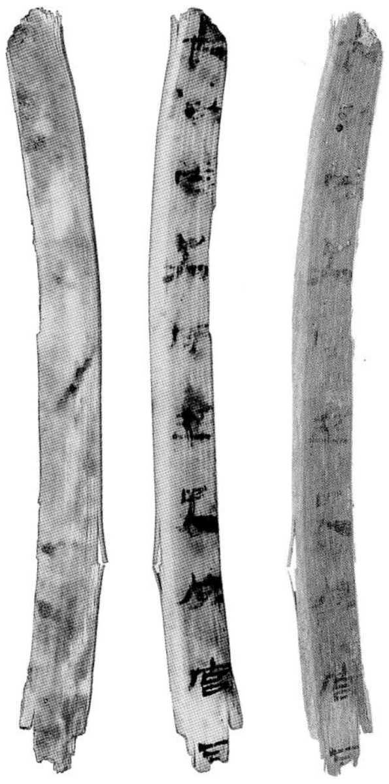

☐長沙内史守卒史成宮[司]☐

531 1256

531 1256

531b 1256b

☐等耐爲司寇☐

532 1257

532 1257

532b 1257b

☐□□[當]疑罪□□☐

533 1258
533 1258
533b 1258b

⧄十七人毋將得宦爲吏

534 1259
534 1259
534b 1259b

⧄□不應令□⧄

535 1260
535 1260
535b 1260b

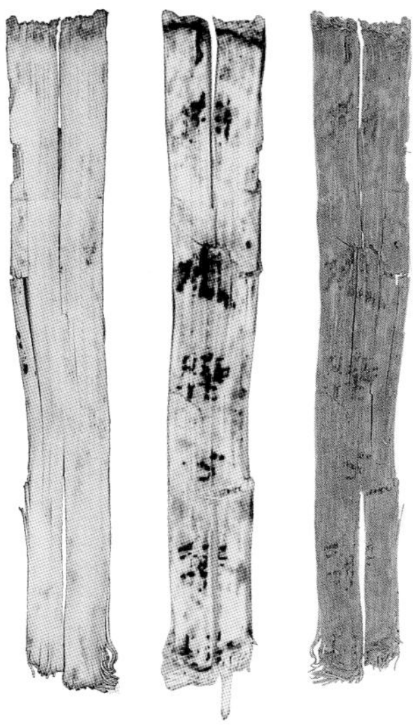

⧄□府□□公乘□⧄

536 1261
536 1261
536b 1261b

⧄之之之⧄

537 1262
537 1262
537b 1262b

⧄□□□……

538 1262-1
538 1262-1
538b 1262-1b

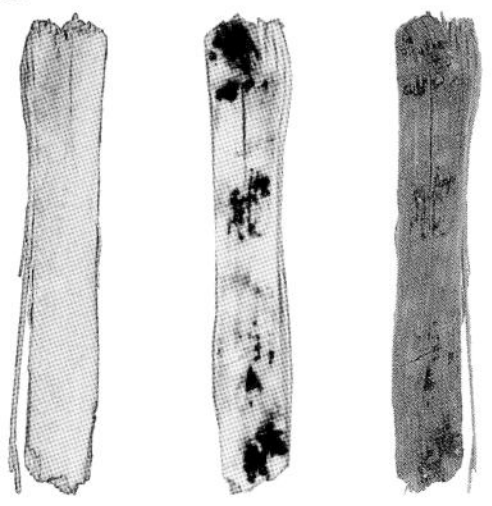

□□令□⧄

539 1264
539 1264
539b 1264b

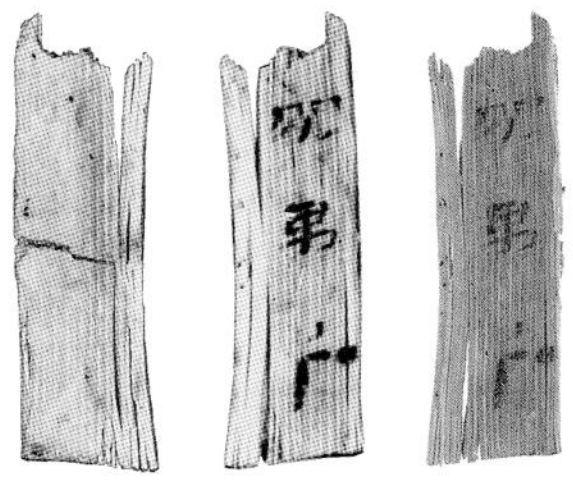

⧄宛男子

540 1266
540 1266
540b 1266b

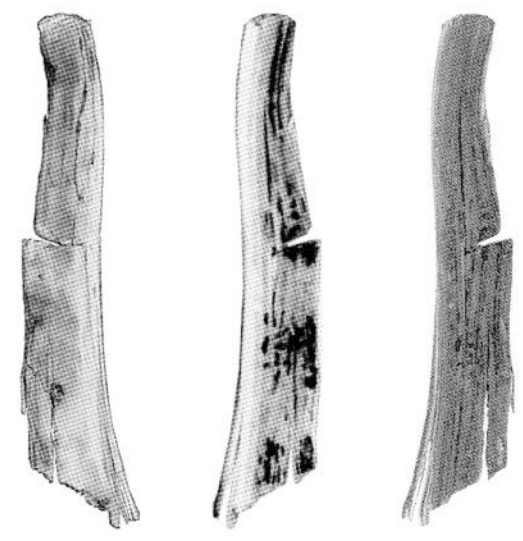

⧄船□皆□⧄

541 1267
541 1267
541b 1267b

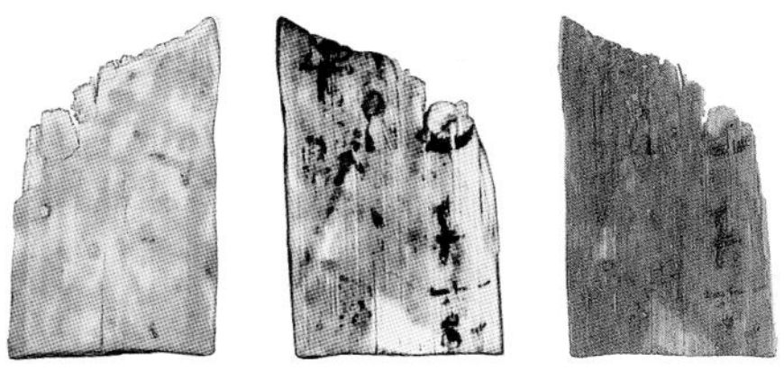

⧄五年爵
□□□

542
1268

542
1268

542b
1268b

去家過三百里不取傳穀牢都☐

☐☐☐一百☐受繒緊☐☐☐☐

543
1269

543
1269

543b
1269b

八年九月己巳朔癸未令忠☐☐☐移吏曹☐逮令史☐

☐……律令☐

544
1271

544
1271

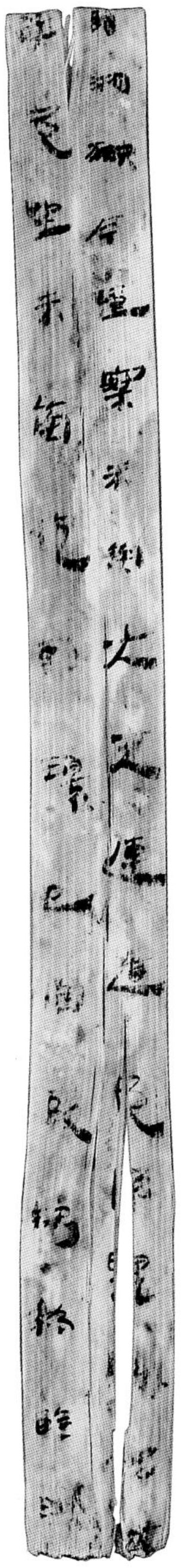

544b
1271b

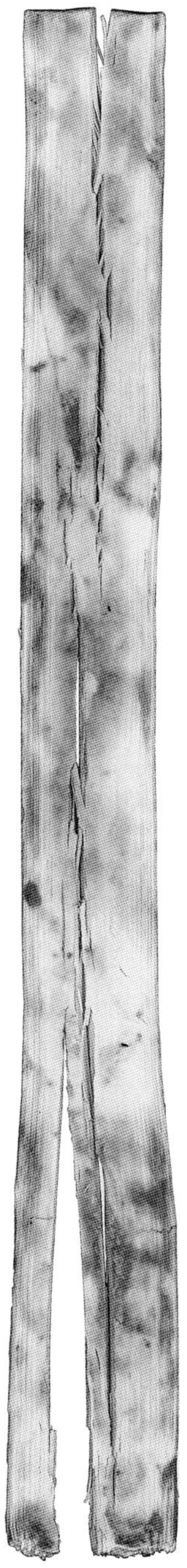

臨湘獄今謹案未留（？）大夫連道邑□里□□或☐
毋（無）它坐未留從□環已留毄（繫）謁移臨湘☐

545
1272

545
1272

545b
1272b

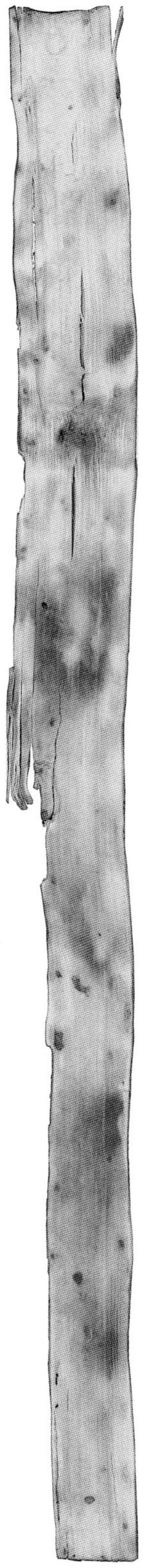

九年六月甲子朔庚午，御府丞客夫守臨湘丞告尉，謂倉、中鄉□
□□□□故五大夫臨湘徭里得毄（繫）牢，獄未斷，會五月乙未【赦】

546 1273
546 1273
546b 1273b

凡勞三歲□月☒
□凡勞三歲□月☒

547 1274
547 1274
547b 1274b

☒移斗食嗇夫公乘☒
☒不上□□自占☒

548 1276
548 1276
548b 1276b

八年九月……☒
年斗食嗇夫令史功舉☒

549 1277
549 1277
549b 1277b

□月癸巳朔戊戌，午守尉府中☒
□烝陽□如律令ノ史☒

550 1278
550 1278
550b 1278b

嬰……☒

551 1280

551 1280

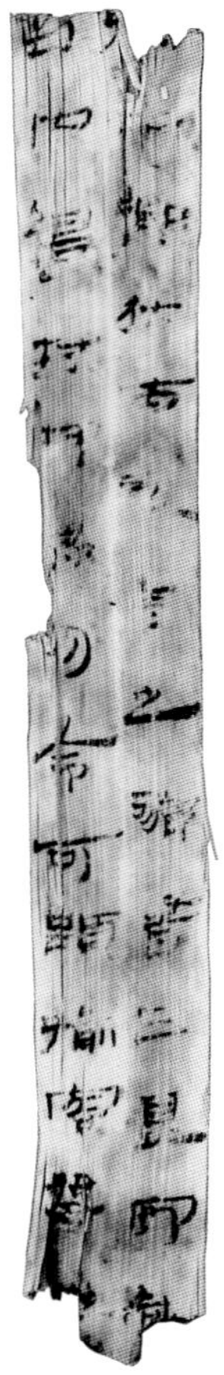

551b 1280b

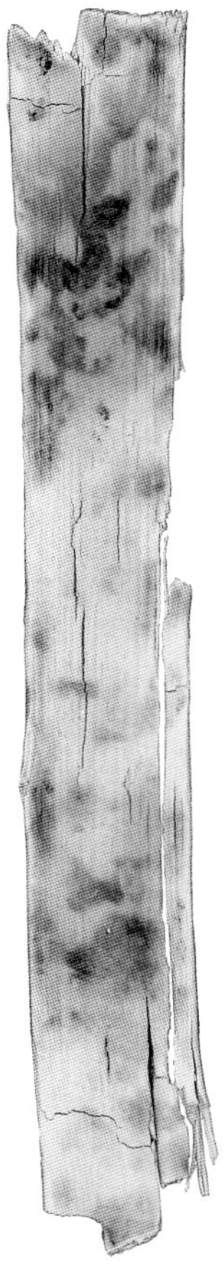

☒鄉中鄉佐丙敢言之獄書曰還安□☒

☒到，内纏封，緘散勿令可蹟揄容姦□

552 1281

552 1281

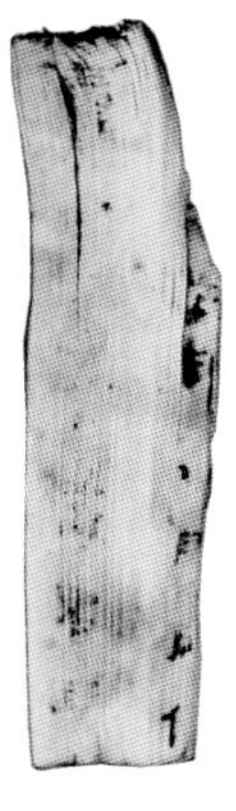

552b 1281b

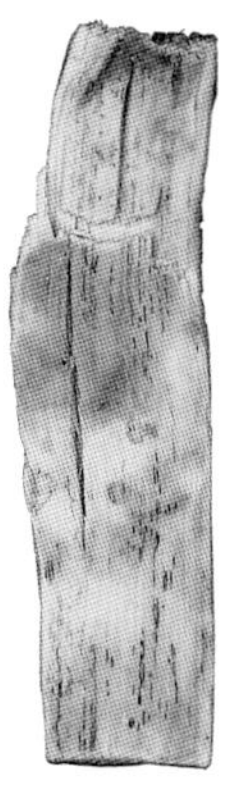

□□□□□☒

爵□□□□☒

553 1283

553 1283

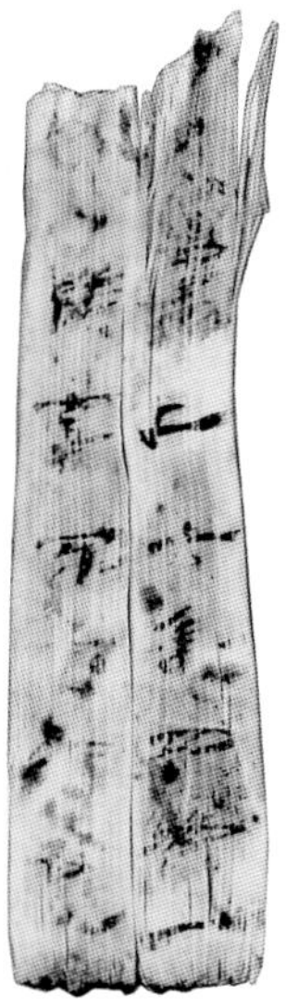

553b 1283b

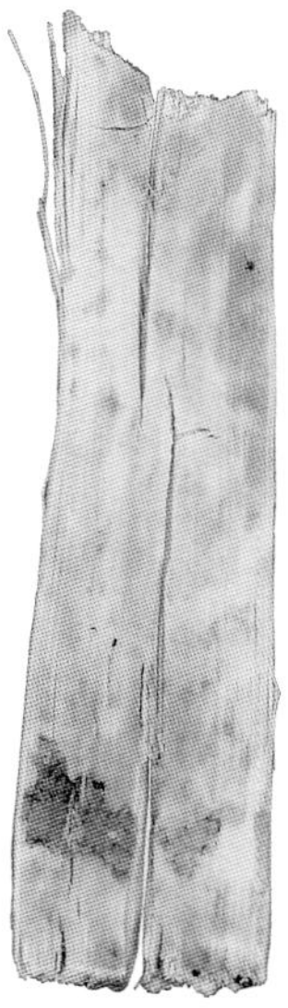

☒令史□上六年功勞一☒

☒書誤事不可行定☒

554 1284

554 1284

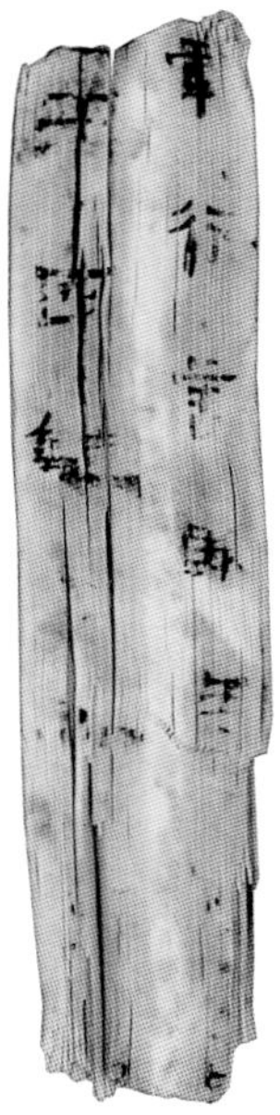

554b 1284b

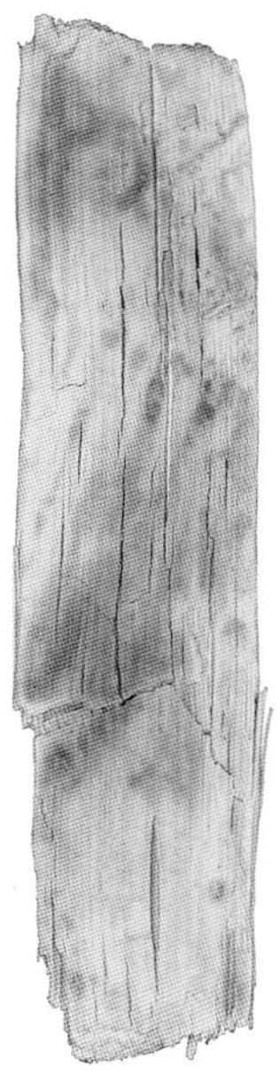

年行言賤承皆☒

三匹錢□□☒

555 1286

555 1286

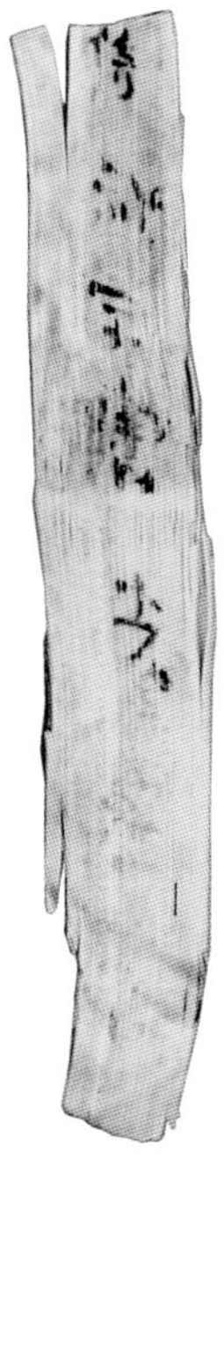

555b 1286b

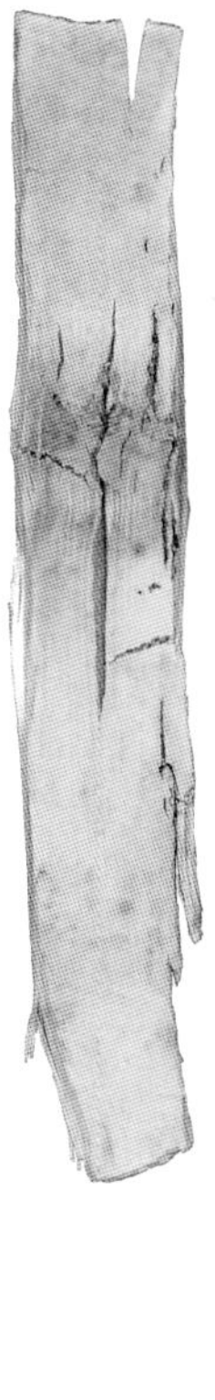

倚劾不審失☒

附録

附錄一　釋文

案例一　臨湘令史乘之回避逗留案

001／0337

九年四月乙丑朔辛卯，西山陵長行南山長事敢言之：劾曰：男子乘之自詣，辤（辭）：

故官大夫，居臨湘牛造里，爲令史，追劾人者不回辟（避）逗留，司寇、隸臣、鬼新

（薪）、完旦

002／0400

命髡鉗罪。中尉卒史則劾，宮司空鞫獄，論耐乘之爲司寇。以罪不當气（乞）鞫所

內史，令宮司空復治，以不審駕（加）論乘之爲隸臣，去亡，未命，得，論爲鬼新（薪）

輸采

003／0423

銅。欲气（乞）鞫南郡，未到，亡州陵，臨澋駕（加）論城旦髡鉗罪。皆不當，今來自

出，治後

請（情），置辤（辭）：故官大夫，臨湘牛造里，爲令史。元年六月辛丑夜人定時，令

壽召告乘

004／0776+0775

之曰：南山長使人言：橘州中有亡者，其人在宮司空獄，乘之往問之，未告，將人

來。乘之即往之宮司獄，見南山佐超方在，即問超：聞州中人有亡者，人安在？超曰：

新

005／0414

使之方來。須臾女子來，詔〈超〉曰：此女子是亡者。乘之即問女子曰：亡者非？已

告

未？女子對曰：亡者，未告。乘之即將到臨湘廷，屬南鄉嗇夫壬、備盜賊令史多。

006／0189+0249

壬、多問女子者理人，臨湘邸里，園舍在橘州中。未伏一日，不智（知）何四男子操矛鐱

（劍）盜理

人衣繒。多、壬受告，令壽即與乘之索理人園舍賊開所。乘之召理人時，未有告劾，

007／0401

乘之有（又）非主備盜賊吏，以令壽言召理人致廷，屬備盜令史多、南鄉嗇夫壬。乘

之不敢回辟（避）逗留。卒史則劾乘之，移宮司空獄史則治。乘之具以請（情）實置辤

（辭），不

008／0186

回辟（避）逗留。則、多、寰詣〈訊〉笞，乘之度弗能勝，自誣順劾服論。則與長寰、丞

祒鞫其獄，論耐乘

之爲司寇。自以罪不當气（乞）鞫所二千石復治覆獄。宮司空獄史醜人治，乘之辤（辭）

不

009／0405

逗留。醜人弗聽，晝夜訊治（笞）乘之，其恐，服論，乘之自誣應前獻辤（辭）。气（乞）

鞫不審，醜人與

長祒、丞俠鞫其獄，駕（加）論耐乘之爲隸臣。欲復气（乞）鞫，弗聽，即去亡，欲之漢

縣，治後請（情）。

010／0620

未到，得，獄史乙與丞俠鞫其獄，以亡駕（加）論耐乘之爲鬼新（薪）輸采銅。以罪不當

气（乞）鞫

漢郡，亭長言將夜詣臨湘止賣田宅，未行。意以亡劾乘之，移臨澋，丞蒼、獄史異

011／0409

鞫其獄，駕（加）論命乘之髡鉗爲城旦。乘之實不回辟（避）逗留，毋司寇、隸臣、鬼新

（薪）、命髡

鉗城旦會赦以令作二歲罪。令壽、令史多、嗇夫壬皆可問以驗乘之言。卒史則☑

012／0395

守長寰、丞俠、祒、獄史獻、則、尊、監斁、捲、醜人鞫其獄，其獄皆不審。·壽曰：

故爲臨湘令，迺

元年六月辛丑夜，南山長始使人告壽曰：前未伏一日，橘州中有亡者，今人在宮司

013／0185

空。壽即令亭長朝召令史乘之，令往問已告未，未，將人來，疾環（還）。乘之須臾環

（還）對：所召亡者

臨湘邸里大女理人在廷，未告，已以屬備盜賊令史多、南鄉嗇夫壬。時理人未告，壽遣乘

014／0408

之追。若乘之言，證之。壬曰：故爲南鄉嗇夫，迺元年六月辛丑夜，令壽召壬，告曰：

橘州中有亡者，人在宮司空，新使令史乘之往召之亡者來，薄（簿）問受告。壬曰：諾。

015／0190

須臾乘之來，以所召亡者臨湘邸里大女理人屬壬與備盜賊令史多。乘之即對

令壽，壬與多受告。若乘之言。·多曰：故監葆嗇夫，守令史備盜賊，迺元年

016／0352

六月辛丑夜，令壽召多，告曰：橘州中有亡者，人在

宮司空，新使令

017／0410

史乘之召亡者來，薄（簿）問受告。多曰：諾。須臾乘之來，以所召亡者臨湘邸里大男

〈女〉理人

以屬多。乘之即對令壽，多與南鄉嗇夫壬受告。若乘之。辟、報若辤（辭）。卒史則、令

018／0351

吏嬰、亭長意□卒史重、守長寰、丞祒、俠與獄史獻、則、尊、監甗、捲、粺、醜人以

鞫獄皆不

審，先在正月壬寅赦前不論。它若劾、辤（辭）。乘之司寇、隸臣、鬼新（薪）、命髡鉗城

旦作二歲罪

019／0338

不當，气（乞）鞫□□除……正月壬寅赦前未論，除乘之司寇、隸

臣、鬼新（薪）、命髡鉗城旦作二歲罪，復故爵，用若故官。臨湘邸里大女理人取

020／0398

衣繒，不逗留，毋司寇、隸臣、鬼新（薪）、命髡鉗城旦作二歲罪，自出，有後請（情）。

中尉

卒史則劾，宮司空守長寰、卒史重、丞祒受，與俠□，除錄臨湘以從事，若律

（缺簡）

021／0779

復故爵，用若故官秩，并上劾錄。敢言之。

022／0180

九年四月乙丑朔辛卯，西山陵長行南山長事、□成嗇夫敢告臨湘丞主：臨湘

命髡鉗城旦乘之，故官大夫，牛造里，爲令史，追不智（知）何四男子，獄史獻、尊、甗

023／0661

獻鞫，論耐乘之爲司寇。·今乘之辤（辭），後司寇有它解證，案不當論。寰與

丞俠，獄史則，獻鞫其獄誠不審，失司寇罪。毋（無）它，它若乘之，證之。

024／1145

九年四月乙丑朔乙亥，□成嗇夫☑

☑□乘之，故官大夫，牛……☑

025／0754

三年六月丁亥，獄史釘訊張乘之，狀辤（辭）曰：故官大夫，居臨湘牛造里，

爲令史。元年六月辛丑夜人定時，令壽召告乘之曰：南山長使人言：

026／0624

【橘】州中有亡者，其人在宮司空獄，乘之往問之，未告，將人來。乘之即往之宮司空

【獄】，見南山佐超方在，即問超：聞州中人有亡者，人安在（？）超曰：新使之方

來。

（缺簡）

027／1617＋0765＋1016＋0765-1

鄉嗇夫壬、備盜賊令史多。【多】、壬問女子者理人，臨湘邸里，園舍在橘州中。未伏一日

不智（知）何四男子操矛鐱（劍）盜理人衣繒，多、壬受告，令壽即與乘之

028／0730＋1616

索理人園舍賊開所。乘之召理【人時】，有（又）非主備盜賊

吏，以令壽言召理人致廷，屬【壬】、多，乘之不敢

029／1654＋0698

回辟（避）逗留，卒史則劾乘之，移宮【司空獄】史則治，乘之具以請（情）

實置辤（辭），不回辟（避）逗留，則、多、褱【治（笞）、乘】之度不能勝，自誣順

劾服

030／0269

論，則與長褱、丞䄪鞫其獄，論乘之爲司寇。自以罪不當▨

千石復治，覆獄宮司空獄史醜人治，乘之辤（辭）不逗留▨

031／0318

晝夜訊治（笞）乘之，其恐，服論，乘之自誣應（應）前獻辤（辭）。气（乞）鞫不審，

醜人與長䄪、丞俠鞫其獄，駕（加）論耐乘之爲隸臣。欲復气（乞）

032／0724

鞫，弗聽，即去亡，欲之漢縣，治後請（情），□▨

亡駕（加）論耐乘之爲鬼新（薪）輸采銅，以罪不▨

033／0560

臨湘止賣田宅，未行。意以亡劾乘之，移臨溈，丞蒼、獄史異鞫其獄，駕（加）

論命乘之髡鉗爲城旦。乘之實不回辟（避）逗留，女毋司寇、隸臣、鬼新（薪）、命

034／0280

髡鉗城旦會赦以令作二歲罪。令壽、令史多、嗇夫壬、尉史貴、亭長朝、

信皆可問驗。乘之言毋（無）它狀。

035／0559

三年七月乙丑，具獄史釘爰書：召壽訊，先以證律辯告，乃以劾乘之辤（辭）

訊，辤（辭）曰：大上造，臨湘，故爲臨湘令。迺元年六月辛丑夜人定有頃，南山長使

036／0536

人來言曰：迺前未伏一日，橘州中有亡者，其人在宮司空，不識其何界壽（疇）。

即令亭長朝召令史乘之，令往問在臨湘界、南山界，其人已告未，未告，將其

037／0866

▨□女。壽有（又）令亭長信召乘之。信環（還）言曰：史乘之再拜言：亡

▨廷門，多等方扎書受理人告，未傅二尺，史乘之舉實

【獄史釘訊問令史多的爰書】

038／0250

▨爰書：召多訊，先以證律辯告多，乃以劾乘之辤（辭）

▨里，迺元年爲臨湘監葆嗇夫，廷調多爲守令史備盜賊，

039／0222

治街亭。六月辛丑夜人定有頃，臨湘令壽使亭長朝召多，令多侍令史乘之廷

中。乘之將亡者來，女子名理人，屬多臨湘廷門外曰：趣受亡者女子告，方言君。

040／0404

多即與令史乘之扎書受告，未已，令壽來到廷門，乘之即舉案扎書，已議，

與多、乘之、它人等俱追詣賊開所橘州中。毋（無）它，它若乘之，證之。

041／0668

狀辤（辭）曰：扎書受理人言未畢，臨湘令壽、令史乘之責多所受理人告，

議已，令史乘之等俱追，將理人行詣理人所亡處橘州中索，不得，徒□將

042／0399

三年七月乙丑，具獄史釘爰書：召信訊，先以證律辯告信，乃以劾乘之辤（辭）訊，

辤（辭）曰：大夫，臨湘令壽門下亭長，迺元年六月辛丑夜人定有頃，臨湘令壽召信

043／0248

曰：召令史乘之宮司空。信即行出令舍門，望廷門有人方行，信曰：若令史

▨遣長信即到廷門，告信門外。乘之言：將教召橘州中亡者，已致在廷

（缺簡）

044／0630

召信，即入言令，即出行廷門，令史多等實亡者扎書，令壽已議，即與乘之、多

等俱追詣賊開所。毋（無）它，它若乘之，證之。

045／0691

·亭長信辤（辭）

046／0406

三年七月丁卯，具獄史釘爰書：訊則，以劾乘之辤（辭）辯告，乃訊，辤（辭）曰：臨

沅莊里，爲中

尉卒史，案督盜賊。迺元年六月辛丑夜昏有頃時，不智（知）何人四男子劫臨湘邸里

047／0397

大女理人，取錢衣橘州中園舍，去亡。理人在宮司空，告臨湘，令史乘之以臨湘壽教召理

人，將理人之臨湘廷，報令壽，受告，乃開吏徒追捕。則劾乘之以回辟（避）逗

（缺簡）

048／0676

·則辤（辭）

049／1337

三年七月乙丑，具獄史釘爰書：召理人訊，先以證律辯告理人，乃以

劾乘之辤（辭）訊，辤（辭）曰：大女，臨湘邸里。迺元年六月辛亥夜昏時，不智（知）

何

050／0679

▨夜橘州中園舍，南山長□理人辤（辭），夜昏有頃，使

▨□夜可人定，南山使理人之來言，在宮司空者，上取

051／0773-1

▨□□夜去亡，辛丑日，理人辤（辭）吏南▨

▨□夜夕時吏即將園人與理人薄（簿）問▨

052／0247

▨贛人詣賊廷，薄（簿）問之，理人實不辛丑夜昏有

▨臨湘令史乘之等宮司空，不因告其所請（情）實，毋

053／0633

三年七月乙酉，具獄獄史釘爰書：訊以劾乘之辤（辭），曰：公乘▨

令史治獄，迺元年六月癸卯，長沙中尉卒史則移臨湘令史▨

054／0796

三年二月辛未朔壬戌，宮司空丞僕謂司空，敢告西山、壽陵、長賴、昭陵、臨湘令

史公乘當陽里它人人，坐追劫人者回辟（避）逗留，毄（繫）守邃亡滿卅日不得，駕

（加）論命

055／1338

男子，坐，實不回辟（避）逗留，中尉卒史則劾，毄（繫）治宮司空獄未決，去亡，宮司

空駕（加）

論命它人耐爲隸臣。罪不當，今自出，治後請（情），置辤（辭），它人曰：故公乘，爲

臨湘令

056 / 1931

⧄□男，將之廷，開追者及時它人等有皆毋⧄

⧄等自取兵高，促令壽追。它人不回辟（避）逗留⧄

057 / 1263

⧄之[與]俱追⧄

⧄……⧄

058 / 1302

⧄……劫理人者男子，追，不得見□□

⧄□□□□[劫賊]，乘之及它人不智（知）何

059 / 1303

□不實及宮司獄史□□□□驅□□命□□□⧄

正月壬寅赦前以令□□治得□以人命□□□復故爵□⧄

060 / 0313

[三年六月]乙丑朔庚辰，[別治門]淺丞福敢告臨湘

丞：　昭　陵　獄史削具獄臨湘，即[召]徵訊辤（辭）

061 / 0133

三年六月乙丑，具獄昭陵獄史削爰書：　名〈召〉徵，先以證得〈律〉及以刻（劾）它人

辤（辭）訊，自〈曰〉：　士五（伍），臨湘

㳒年里，元年六月中爲郵人，居楄問。其辛夜，令史它人等開徵俱之宮司空問亡者女子

062 / 0935+0384

……人曰：　諾。乘之即[將]理人屬。乘之行問理人曰：　女子，何日亡？理

人曰：　已亡□……曰：　何界壽（疇）在？理人曰：　實不智（知）其何界，妾已辤（辭）

吏南山，以索州中

063 / 1608

夜昏有頃須臾□⧄

之曰：　見何界？理人⧄

064 / 0143

⧄溥（簿）問宮司空獄未已，即將理人，錢衣已取，不欲告，行，即到臨

湘廷中，有數吏炅燭火，乘之即言臨湘令史多，即問理人所亡物數及亡

065 / 0462+0463

⧄邸里大女理人取錢衣，辛丑夜，[乘]【之】將理人之臨湘，報令

⧄捕臨湘邸里……請（情）實辤（辭）引證，獄史則弗

066 / 0761

即開[吏徒]□[詣橘州中]賊開所□⧄

[乘]之與中尉卒史則爭言罪案失□乘[之]⧄

067 / 1656+1607

[劾]追劫人者逗留回辟（避），宮司空鞫論耐【乘】[之]爲司寇，气（乞）鞫不

審，去亡，未命，得，[駕]（加）論耐鬼新（薪）輸采銅。復……□亡，臨潙論

068 / 0777

⧄[湘]令史乘之等在獄問理人曰：　女子，亡者非？理

⧄□曰：　不[舉]案女子已告未？乘之曰：　臨湘令教召亡

069 / 0562

五年十月壬辰，獄史章詰訊乘之：　笱（苟）不回辟（避）逗留，气（乞）鞫不不審，

前服獄，解何？辤（辭）曰：　實不回辟（避）逗留，气（乞）鞫不審，前獄不勝吏治

（笞），以故

070 / 0621

賊，不回辟（避）逗留，气（乞）鞫不審，前獄〖不〗勝吏治（笞），以故自誣服論，乘

☑

回辟（避）逗留，气（乞）鞫不審，前獄〖不〗勝吏治（笞），以故自誣服論，乘之實不

回辟（避）逗留☑

071／0848

五年十月甲辰，獄史章訊乘之：案故獄，辤（辭）回辟（避）逗留，气（乞）鞫不審。

令〈今〉

云不回辟（避）逗留，气（乞）鞫不不非請（情），何解？辤（辭）曰：實與令壽俱追盜

理人

072／0403

七年十一月丁酉朔庚子，尉史□敢言之：故臨湘令史牛造官大夫乘之，前

有論事已，當復用若故官，自言補下官。今謹寫上故官功墨及案一編，謁

073／0407

☑庚辰朔己酉，尉史據爰書：臨湘故令史牛造里官大夫張乘之自

☑有論事已，當復用若故官秩，自占故官功墨。

074／0421

七年九月壬戌朔壬申，尉史據爰書：臨湘故令史牛造官大夫張乘之自言：前

有論事已，當復用若故官秩，自占故官功墨。

075／0416

八年四月辛丑朔丁酉，尉史方河人爰書：牛造里官大夫張乘之自言：故爲臨

湘令史，前有論事已，當復用若故官，案已上及須決，今毋決，謁補下官缺

吏，除若律令。

076／2097

☑辛丑朔癸亥，尉☑

☑……☑

077／1282

三年六月己巳朔壬午，尉史☑

乘之坐劾追捕劾人者☑

078／0666

八年四月辛丑朔戊辰，尉史方敢言之：謹上故令史

張乘之前有論事已當爲功畢者一編。敢言之。

079／1975

☑史據☑

☑气（乞）鞫☑

☑□臨☑

080／0534

九年二月丙寅朔己丑，臨湘獄史乘之

敢言之：謹上薄（簿）對一編書實。

敢言之。

081／0773

故臨湘斗食令史官大夫張乘之自占故官功☑

□斗食令史勞三歲八月。

082／1308

之謹上故爵☑

……☑

083／2129＋2130

今論事已

能書會計治官民頗智（知）律令文

年廿七歲長七尺五寸□

臨湘牛造里

084 / 2130-1

故六月獄盡九月未繼以故毋案

085 / 0212

治其計誤説服，爲校牒，在四月丙辰赦前，責，有它重

罪，坐留臨湘牛造里張乘之上書傳滿五日，亡命耐

086 / 0241

□治其計服，爲校牒，責，有它重罪，坐留

張乘之欲（？）上書傳滿五日，亡命耐爲鬼

087 / 1610

☐□公乘□陽平里，爲□☐

☐遣案乘之案，誤以壬□爲壬辰……☐

088 / 0944

……留，夜可人定時☐

……到馬廄門聽□☐

089 / 1270

☐……六月□之□□□

☐八月月之迺自出□□得論論耐乘之爲鬼

090 / 1618

☐邸里，案皆坐☐

☐斷，會五月☐

091 / 1840

☐復故☐

☐□司空☐

092 / 1886

☐□□□功墨誤不審……式……☐

093 / 1887

☐留回辟（避），嬰謁吏曰□□

☐……☐

094 / 1776

☐故爲臨湘令

☐□□□□□

095 / 0601

開牢中擊毆，乘之等即走走牢，與牢監卯

096 / 0604

□□□□捕衛（率）□將毄（繫）□臨湘獄，即已

097 / 0605

溥（簿）問獄史乘之：囚亡時獄史皆安在？弗捕

098 / 0606

午等六人到獄，獄史乘之受囚入牢内中□已，乘

099 / 0613

史□之乘之□□……

100 / 0626

九年二月乙未獄史乘之以☐

101 / 0640

賴丞尊守臨湘丞、獄史乘之

102 / 0717

匡乘之何人嬰復作發宮牢外，送乘之歸

103／0721

劾訊牢辤（辭）曰：官大夫，臨湘

104／0736

尉捕適父母兄弟悉揮詣獄乘之河人

105／0741

不得乘之南亭守□□□薄（簿）問適姊□

106／0742

入牢受囚適齊亡乘之與獄史河人忠皆從

107／0756

之與掾遂獄史河人相言曰蜀卷坐有須

108／0787

⧄乙未獄史乘之以劾訊牢，辤（辭）曰：官大夫，臨湘

109／0812

跡越城亡□中東北櫡禺道□越城亡乘之

110／1422

⧄□乘之⧄

111／1641

⧄□史乘之⧄

112／0268

四月庚辰夜，謁者臣寰承

命令宮西夕門佐臣賀曰：夜引入臨湘獄史乘之。臣乘

之。臣再拜受令。

113／0278

【命】令殿西宮【府】門郎中□□臣青北伏地拜曰：夜引入臨

湘獄史乘之。臣再拜受令。

114／0281

二月壬午夜，謁者臣寰承

命令宮西夕門佐臣賀曰：夜引入臨湘獄史乘之。臣

乘之。臣再拜受令。

115／0321＋0947

……【承】

命令殿西宮府門郎中□□臣青北伏地拜曰：夜引入臨湘獄史乘

之。臣再拜受令。

116／0376

十月戊寅，給事謁者章承⧄

命令郎中獄史臣……⧄

117／0515

入獄史乘之。

118／0548

史臣□再拜受

令。

119／0911

嫗以問禺：安得此錢禺⧄

日問（聞）縣吏來求⧄

120／1393

⧄亭卒不告□之⧄

案例二　非縱火時擅縱火案

121／0138

七年正月戊寅朔戊子庫嗇夫繇行丞事告尉，謂南鄉：不智（知）何

人非從（縱）火時擅從（縱）火，烻燔梅材、茭草，書到，益開吏、卒徒□

122／0139

死、有物故、亡滿卅日不得、出，具報毋留，若律

令。·即徒後行。

123／0194

七年三月丁丑朔癸未尉史充國敢言之：獄書曰：不智（知）何人非從（縱）火時擅從

（縱）火，烻燔梅材、茭草，書到，益開吏、徒求捕。亡滿卅日不得，報。今

124／0192

謹求捕不智（知）何人非從（縱）火時擅從（縱）火者，亡滿卅日不

得，謁報。敢言之。

125／0176

七年三月丁丑朔癸未臨湘令寅謂南鄉，告尉、

別治長賴、醴陵，敢告壽陵、西山主：不智（知）何人非縱

126／0181

火時擅縱火，烻燔梅材、茭草。不智（知）何人亡滿卅日不得、

出，駕（加）論命不智（知）何人耐爲隸臣。得、出，有後請（情）□□

127／0451＋2312＋0876

☒何人非縱火時擅縱火，烻燔梅材、茭草。不智（知）何人亡滿卅日不得、出☒

128／1148

☒□□□能智（知）□☒

☒□誠非從火時擅從火，烻☒

129／1517

☒非從火時☒

☒人七十食以令☒

130／1275

☒朔乙未□□☒

☒陵西山主不智（知）☒

案例三　固等劫奪葉侯使者錢衣器案

131／0283

九年四月乙丑朔丙寅，烝陽丞中守府治臨湘丞，敢告臨湘□□

臨湘命笞二百、棄市不智（知）何人者，劫奪桊（葉）侯□□屬年

（缺簡）

132／0522

之佐固衣器，今捕得定邑烻年里士五（伍）□午，曰：迺十二月

中，與定邑男子唐固與劫奪桊（葉）侯使者。今固有它

（缺簡）

133／0516

劾，得，及固、固母皆毄（繫）臨湘，今使獄史後〈後〉具獄臨湘，書到，主可

令毋（無）害獄史聽與俟〈後〉，褋以午辤（辭）訊固、固母，聽展其辤（辭）。

（缺簡）

134／0279

劫奪桊（葉）侯使者錢衣器，固得及固母皆毄（繫）臨湘，今使獄史後具

獄，褋與訊，以畀後。今已訊，以畀後。固母毄（繫）定邑，已褋。定邑以

135／0306

□月丙辰……守臨湘令，鄙丞登守丞敢告定邑

主，案：固母坐首匿固，得，毄（繫）定邑官解（廨），以律令從事。

136／0316

食官復作大男固，坐擅去作署一日以上，駕（加）論耐爲隸臣。

137／0818

☐□另起臨爲（潙）守獄史後告□尉（？）謂廷

起臨爲（潙）丞，書到，定名爵里、它

138／0718

何得錢婎年自固劫得錢已

139／1545

□匿，婎年□丙曰：諾，即匿婎年長□□

140／0967

九年正月丙申朔□☐

鄙丞登守□☐

141／0913

☐即與建坐飲從☐

☐子固宛男子屯☐

142／0702

☐愛也疑建操錢來□☐

☐□俱劫奪宛男子屯☐

案例四　男子贏等木毆高成婎年獄

143／0323

男子贏等木歐（毆）高成婎年獄

144／0375

☐□臨湘令越、丞思謂司空臨☐

☐男子贏等所共以木歐（毆）頭□☐

145／0158

☐曰大夫，臨湘高成里，爲定廟覺（學）子，八月丁未奉祠☐

☐等廿人沽酒，飲可有頃，皆醉，婎年與贏弟臨湘☐

146／0195

☐傳基望，基望兄贏次基望以木杖道旁盉歐（毆）婎年，婎年解去，走

☐贏、基望弗得，即之相府門下亭長安所告

147／1572

☐……亭長□爰☐

☐□□□婎年☐

☐亭長□敢言之寫移□☐

案例五　諸公、爵案

148／0058

□復故吏（事）者當以其爵□命之，其自八月，諸侯以下主諸公之公……

149／0059

中大夫四人車四乘從后，次宗室貴人車以驂乘

150 / 0060

子翟人故爲士五（伍）翟人毋（無）君公☑……

151 / 0061

諸大夫爵長子傳以□材□□□當事其一子如公子如公子者死若欲以它子□

152 / 0062

□代□之……之……

153 / 0063

翟爵部田諸公以上至諸侯疾死事，其後各襲其爵，□同爵

154 / 0064

□部田諸公、諸大夫若無後益爵其子男□□□□□□☑

155 / 0065

部界諸公子亡自出及得，奪爵一級，毋罪□□□□□□□

156 / 0066

□之公子翟人以爲士五（伍），□公子及翟人□息□亡及□罪而□

157 / 0067

□長爵爲□□毋爵□事□襲□□其故爵一級，諸……

158 / 0068

□不得益爵參食□

159 / 0069

・蜀廣漢氏夷□□越侯□得其共第内從就之☑

160 / 0069-1

☑出□□□□□其君公子若□

161 / 0070

☑□□□

162 / 0071

□諸□胄諸嫡公子後爲上廷買田□公侯☑復之諸公以下之子不□

163 / 0072

□□諸公之公子戎翟人以爲士五（伍）☑

164 / 0072-1

者子爵令復屬其所☑

165 / 0073

☑得爲其父後者復故之諸公子主□□之

166 / 0074

・諸侯公子以爲公士，翟爵以下

167 / 0074-1

……

168 / 0075

☑翟爵部田諸公以上□☑

169 / 0075-1

☑□□首當論者案翟爵☑

170／1761

公者（諸）侯□□□□□□□☒

案例六　慶盜縣官材案

171／0286

・辟慶所盜材尉辟報

172／2135

☒未斲，劾曰：　尉史慶私使所監臨求盜通、堅、莊、未爲家作，問辤（辭）慶□☒

☒……☒

173／0253

☒□枚慶所主守非有計餘毋（無）有何官材，何解？辤（辭）☒

☒之，據曰：　都鄉繇治城北門外橋餘材寄尉官毋計餘慶☒

174／0284

堅曰：　諾。通告堅曰：　已食，過越城東門相俱往堅〈監〉臨，其日四分日往一分堅來□

☒

庭竹堅往來慶□它，可有頃街亭求盜壯（莊）來，佐庭竹。慶臥起☒

175／1447

☒其日可四分日往一分未來□☒

☒盜壯來佐庭竹治筥☒

176／0385

☒□亡市中，慶謂通曰：　我旦日☒

☒□□歸家，日四分往一分，未來☒

177／0294

□一，平賈（價）百卅五，慶有（又）盜□□□一枚直（值）錢廿五，臧（贓）并直

（值）……等

慶有它重罪，坐盜所盧（?）守縣官材，竹（?）一枚，亥五（?）□駕（加）論奪

爵☒

178／0459

☒慶所盜縣官杖〈材〉☒

179／1147

慶所盜梅材一枚□丈☒

180／0941

筥時慶敢□□□☒

我未即□□□□☒

181／0952

☒□□□堅曰：　已食，慶

☒佐慶，慶起與言曰□□

182／1069

也貪利之，其甲戌旦，南亭求盜未☒

慶上亭長陽命藉，慶之尉，寫陽命☒

183／1192

敢言之，慶家見南亭求盜☒

分成筥凡十二枚，慶曰筥之☒

184／1279

六年辛亥朔□□行□男□☒

慶坐私使所屬求盜通、監、□☒

185 / 1324

〼□□笪慶已食臥可有[頃]〼

〼行。它若慶辤（辭）證之〼

186 / 1553

〼置材庭中壯等俱去。它若慶辤（辭）證之〼

187 / 1035

〼歸食，已食往〼

〼求盜壯（莊）有〼

188 / 1585

〼[求]盜未食，已食遣往受令佰史〼

189 / 0628

[六]年三月己亥獄史吳以〼

市見城東門求[盜]〼

190 / 1240

嗇夫□盜所主守縣官□□〼

191 / 0962+0898

〼□□□在當□復臥其〼

〼者不準言不智（知）何人盜〼

192 / 2103

〼獄史□□□□〼

〼城東門蓬門南亭街亭〼

193 / 0712

等出城東門北追到中里閭環告丞令開

194 / 0244

九年[五]月……告□□史……

竹一枚□辤（辭）曰都鄉佐□及……

195 / 0457

書到，以律毄，謹[備]司勿令能[遂]〼

[月]通到毄（繫）所給所當得[材]〼

196 / 1265

〼□獄〼

〼□慶所〼

未歸類簡

197 / 0851-1

（有墨跡）

198 / 0853

□□□

199 / 0854

九年□月□□，獄史過□[擴]□□□

200 / 0855

〼[史]吳駕（加）論命不智（知）何人耐爲隸臣，得，出，有後請（情）當處□□

201 / 0856

四年四月癸丑，獄史〼

尉都鄉實亡之〼

202／0859

輪七年同里□□六石□……□□百卌六石三鈞十斤

毋（無）芻茭以錢六千六百七十五□錢九千五百卅九予廟廚嗇夫核約爲

203／0860

名故爵里它坐，移真命籍，毋去往來内纏封印，勿令可姦

須有驗報，毋留，若律令。

204／0861

☑先以證律辯告，乃訊辭曰：公乘攸根里，爲羅丞，臨湘移辟書，臨湘

☑不審，案問報辟書二月中到，即與令史不識、尉史方時雜案不識

205／0862

·右方八牒問□□□□□□□□

206／0863（空白簡）

207／0864

☑□來且□七月□□毋忽敢言之

208／0865

三日即四日當問當食五日□野☑

209／0867

☑此婏曰我故羅人嫁爲臨湘沙□里□□☑

☑木常居死婏曰張木母恚婏即問□☑

210／0868

九年五月乙未朔己酉，衛（率）府佐燕敢言之以☑

衛（率）士伏狗書到，定縣名爵里、它坐，令人領□☑

211／0869

四月辛卯，臨湘令城、都水丞擴行丞事敢言之☑

·寫關敢言之☑

212／0870

☑西麻青婁購纏刃袤二尺八寸廣一寸半☑

213／0871

……

214／0872

□□謁（？）移臨湘，敢言之。☑

215／0873

……後□髡鉗城旦□□□□☑

律令從事，敢告主。☑

216／0875

☑□不見非以以問☑

217／0878

☑臨湘□□□☑

218／0880

☑病☑

219／0883

☑不到獄留平決忌曰☑

☑錢都水未輸五十二□☑

220 / 0884

☑今日□☑

☑故事□□☑

221 / 0886

☑囚御府長㞳志謂獄史

☑留獄如律令☑

222 / 0889

□□☑

複衣☑

223 / 0890

☑……☑

☑□寬赦罰金一斤☑

☑爭／六月甲戌南□☑

224 / 0891

☑司空佐建即主

☑與□它證□囚

225 / 0892

☑□爲狗案之惡病滿三月免☑

226 / 0895

☑令丞告故

☑湘令尉追捕

227 / 0896

☑乙未夜

☑人從跡

228 / 0897

☑蜀謂□曰可以行□☑

☑□開在門開授☑

229 / 0899

☑佐□敢

☑夫三

230 / 0900

☑曰……少内

231 / 0900–1

☑……☑

232 / 0901

☑……☑

233 / 0902

☑拜請効☑

☑實不爲詐（詐）☑

234 / 0904

☑入爰書☑

235 / 0906

☑鄉嗇夫拾佐

☑□它若劾

236 / 0908

六年三月辛丑，獄史吳☑

寸瓢大二圍四寸□☑

237 / 0909+0910

棄登市，并上診□用刑☒

238 / 0914

☒六月輸四年以來盡八年

☒元年三年五年七年租輸

239 / 0915

☒……☒

240 / 0916

☒還辟未報

☒更爲求盜

241 / 0918

☒年雜診尉史☒

☒雜診 ☒

242 / 0919

☒……☒

☒□□□□□☒

243 / 0921

☒三宿即去之室後☒

244 / 0922

☒上書大王☒

245 / 0923

☒之將曰□☒

246 / 0923-1

☒□□□□☒

247 / 0924

☒□□□☒

☒長□來☒

248 / 0924-1

☒子□

☒賴丞□

249 / 0925

□男子倚來□☒

250 / 0926

決□事發□毋辨☒

……☒

251 / 0927

□□卒史□□☒

252 / 0928

☒下共償之邑人曰☒

253 / 0929

☒□□□□□☒

254 / 0930

☒□□□行□事□☒

255 / 0931

☒ □ ☒

256 / 0932

□□□□▨

事長沙王已▨

257 / 0933

死罪囚小▨

258 / 0934

□三□▨

259 / 0936

□□□▨

260 / 0937

▨髡鉗□□▨

261 / 0938

▨□長沙▨

262 / 0939

□□□

▨會□會▨

263 / 0940

▨□衣□□▨

264 / 0942

寫移敢告主▨

265 / 0943

詔令除爵千夫以上▨

□斀補尉史光延補▨

266 / 0946

▨鈥左▨

267 / 0948

▨止徒□

268 / 0949

……張▨

……血▨

269 / 0950

▨劾爰書與守囚▨

▨□以材屬尉史▨□▨

270 / 0951+0958

……

271 / 0953

▨□夫起□▨

▨□囚都▨

272 / 0954

▨辤（辭）曰▨

273 / 0955

九年八月辛未▨

當陽里耶聞▨

274 / 0956

▨決守丞吳獄▨

275 / 0957

▨□毋小船▨

▨□盜乘▨

276／0959

☑□獄家令相追管□比臨有

☑□□後爲未盡七日見獄

277／0960

騰騰尉攸、烝陽上命籍屬曹□☑

年六月

278／0961

☑癸巳都鄉□☑

☑爲文氏敢□☑

279／0963

☑以二尺簡副第☑

☑者證☑

280／0965

☑□邑奉☑

☑□□爲益陽□迺☑

281／0966

☑□□以□生□通☑

☑……其曰☑

282／0969

☑□卩☑

283／0970

☑四月率尉金夫☑

☑馬食血粟☑

284／0971

會五月☑

今謹案宦☑

285／0972

☑尹君☑

☑敢□☑

286／0973

☑亡溝〈滿〉卅

287／0974

不實即行到臨湘令舍居可三ㄴ

288／0977

☑者寫爰書一櫝謁報敢言之☑

☑□以……☑

289／0978

☑……往□□□☑

☑智（知）奪□□□不□它若☑

290／0979

名爵吏（事）里定毋（無）☑

識□，以律令從☑

291／0981

☑卒史□吳☑

☑書□□□☑

292／0982

何人□何以☑

何在何卷☑

293 / 0983

☑□人

☑□名

294 / 0986

☑寰再拜請多□

☑以充給二丈□

295 / 0987

丞勝守臨□☑

□肆倚言☑

296 / 0989

案□□得□□臨湘到壬子☑

一牒……得☑

……之☑

297 / 0990

三月……☑

298 / 0991

☑□敢言之：府移臨湘陽里

☑□□□□□□□□中□

299 / 0992

☑劾慶

☑□徒未往求遺書

300 / 0993

☑丞告尉謂庫□告

☑……人居

301 / 0994

☑以得爲故得處□□☑

☑□坐謹將司勿令詐（詐）匿☑

302 / 0995

☑者詐（詐）以流食□☑

☑得謁定二千石丞☑

303 / 0996

☑……它如辤（辭）并上

☑……它□會如

304 / 0997

☑□□丞意行丞事敢告☑

☑□使獄史□亭長□□☑

305 / 0998

☑取錢□□□□

☑□二□□□□□錢二千

306 / 0999

☑囚大女臨湘廖陽鄉陽里☑

☑鈦左右止城旦嬰鬼新（薪）☑

307 / 0999-1

☑□☑

☑□☑

308 / 1000

☑斗食廟廚嗇夫始行丞事

☑案死此尉史主治七年獄

309 / 1002

⧄訊獄辤（辭）告乃訊辤（辭）曰公乘攸⧄

⧄□變（蠻）夷反虜等三月中軍罷攸⧄

310 / 1003

⧄□□即……⧄

⧄……視……⧄

311 / 1004

九年六月甲子朔己巳，⧄

夫河人□□端盡⧄

312 / 1005

□尉

313 / 1006

八年六月庚子朔丙午，□⧄

府移相府書曰丞、尉以⧄

314 / 1007

勝爲□□子舍臨湘□縣□□⧄

贖婢溫奴纏□誰欲實者勝⧄

315 / 1008

湘水二月壬子到謹移即發⧄

中其乙亥昌聞不智（知）何人□□⧄

316 / 1009

三歲以上在三年五月壬□死前

劾弗錄盡别言敢言之即從傳行上

317 / 1010

⧄嗇夫、令史功舉者六十七牒⧄

⧄朔辛卯，卒史宜用筭書佐行鐵官嗇夫⧄

⧄……⧄

318 / 1011

⧄□主毄（繫）囚□□□上真書令

⧄□毋□書謁言相府敢言

319 / 1012

⧄□□府移劾曰牒書七十斗食

⧄□言府史其一曰臨湘磨鄉

320 / 1014

□弗聽後留書□⧄

署任不應壬寅占書⧄

321 / 1015

⧄獄作□庚寅佐奪□□⧄

⧄出□□□卒史當當⧄

322 / 1017＋1013

所溥問審□頓言，定名爵□坐，有復問毋有，罪耐以上當

請者，非當，何以請，年盡今年幾何歲，移結年籍，遣識□

323 / 1018

⧄□□□胡人□□胡人即⧄

⧄□□爲起爲卒史到□關⧄

324 / 1019

識日下寒廷呂池十二月不識日胡人□⧄

⧄……□□予胡人言受胡人⧄

325 / 1020

六年□月□□獄史襄以劾訊⧄

……⧄

326 / 1021

□粱池男子□□□□□□⧄

到□都□與□□壽陵男子司□長⧄

327 / 1022

⧄年七月與吳人爭言闘□□□以杖擊□

⧄之粱杖即止明旦吳人告書曰

328 / 1023

⧄□□□□□□⧄

⧄敢言之，已捕得倚，令獄史劾⧄

329 / 1024

⧄□爲鄙長□守丞□□⧄

⧄事丿卒史當書佐膊⧄

330 / 1025

六年臨湘口二萬三百廿⧄

毋盜殺人毄（繫）者□□……⧄

史□令史軍□□□……⧄

331 / 1026

⧄屬行第寄居等

332 / 1027

⧄……⧄

⧄……實⧄

333 / 1028

⧄若□⧄

334 / 1029

⧄致其錄書庫責人移校

⧄事，若律令，敢告主。

335 / 1030

⧄□□□□□□□□□□□□□□□⧄

⧄亡者外人告□□□□⧄

336 / 1031

論棄奴市，令同居會計償靡臧（贓）□⧄

萬六千七百八十已令紨奴⧄

337 / 1032

□□□□□⧄

□……⧄

338 / 1033

申命令移於酒□⧄

坐鞫獄以不平端⧄

人律辯告□乃⧄

339 / 1034

⧄□蜀曰誰　有□⧄

340 / 1037

⧄告劾俱以二尺簡副弟⧄

⧄副弟錄編告劾左方有⧄

⧄□毋盜及故棄獄書□⧄

341 / 1038

蜀曰馬贏可相盜馬▨

342 / 1039

▨□之央▨

343 / 1040

……

344 / 1041

……

345 / 1042

▨□□□中□□▨

346 / 1043

▨□張皆盜賦正月壬戌遣亭長僕求▨

347 / 1044

五年左内史無女子所共與死罪▨

348 / 1045

攸辟故攸令史□□真獄守盡▨

349 / 1046

▨□書□▨

350 / 1047

▨嗇夫慶□□▨

351 / 1048

長沙廄馬府佐▨

352 / 1049

長沙廄馬佐亡▨

353 / 1050

▨□□有罪亡及以▨

354 / 1052

▨臨湘□□▨

355 / 1053

▨越丞□敢告□▨

▨……▨

356 / 1054

……▨

……▨

357 / 1055

九年正月辛亥獄史……▨

……

358 / 1056

……夫……

……

359 / 1057

……定安里□▨

360 / 1058

▨□□者毋□死徙

361 / 1059

⍁□尊血罔□□□⍁

⍁……⍁

362 / 1060

⍁多爲歲□⍁

363 / 1061

……□

364 / 1062

⍁□未□⍁

365 / 1063

⍁□□

366 / 1064

⍁□□⍁

⍁□□⍁

367 / 1065

嗇夫適佐□亡出錢六萬予甯⍁

368 / 1066

侯第□臣即遣饗吝寰受縮從到門曰可門⍁

……□□縑一匹爲絣褌⍁

369 / 1067

⍁從事如律令□司空嗇夫

370 / 1068

⍁敢言之□□自當以來

⍁及報・令

371 / 1070

⍁□□亡錢⍁

⍁□令未環⍁

372 / 1071

⍁城旦娖⍁

⍁會劾⍁

373 / 1072

⍁黄獄家⍁

⍁□等⍁

374 / 1073

□出入負筭

捕戍建當爲卒

375 / 1074

□

376 / 1075

□子建□□□

377 / 1076

□使爲家作

378 / 1077

□□□一人期會失期□

□□□□□□□□□□

379 / 1078

□男子閒□

380 / 1079

□錢急緩□□非□致

381 / 1080

□□□□□□□□出入□

382 / 1081

十二歲匿不自占□□

383 / 1082

□□□□□急緩

384 / 1083

□以上□

385 / 1084

——

386 / 1085

□□□

387 / 1086

□□□□

388 / 1087

□□□□

389 / 1088

⧄甲午臨⧄

390 / 1089

⧄□□

391 / 1090

□□

□□□

392 / 1091

□□□⧄

□□□⧄

393 / 1092

男寂

394 / 1095

⧄□□□⧄

395 / 1097

弗入獄

396 / 1098

曰可⧄

397 / 1099

奚卒四

398 / 1100

若有劫人界中者⧄

□□⧄

399 / 1101

一丈黄蒡酒⧄

400 / 1102

辤（辭）曰捕以令⧄

401／1103

▨甲午上▨

402／1104

▨不得出□▨

403／1105

▨廄守▨

404／1107

▨告福曰▨

405／1108

▨□□□□▨

406／1109

▨今欲興▨

407／1110

▨史府承書從事▨

請▨

408／1111

嗇夫□▨

□獄□毋□▨

409／1112

▨□□□▨

▨萬五千▨

410／1114

▨嗇夫□史▨

▨壽陵長賴▨

411／1115

辤（辭）曰▨

412／1116

道▨

413／1117

囚大男慶獄史坐聽嗇夫來請往（枉）法▨

414／1119

▨門

415／1120

沙羨還陵▨

416／1121

五月已亥，采銅長□▨

倉令官□錢與▨

417／1122

建（逮）男□□▨

418／1123

……

得書到益開徒

419／1124

▨毋得到

▨之□□

420／1125

▨司寇以上亡▨

421 / 1126

⧄□令□戊寅⧄

⧄□書及所⧄

422 / 1128

□舍曰見錢□

□□□

423 / 1129

□曰□□

424 / 1130

錢六萬都水未輸⧄

……

425 / 1131＋1702

□從心□□腨二月丙戌

426 / 1132

⧄令告錢已入⧄

427 / 1133

⧄□□

428 / 1134

□嗇夫可⧄

五千以⧄

429 / 1135

⧄□□□⧄

⧄□□□⧄

430 / 1136

□□以爲□□

……

431 / 1137

……

……

432 / 1138

……

告南山主南山長乘訊⧄

433 / 1140

□壽陵□□□□□□□□□

……

434 / 1141

右方□□□入尉史一人佐⧄

435 / 1142

⧄受庫□已取之

436 / 1143

⧄它爰書□府嗇夫無芳行丞事

⧄□□爲聽□□□□

437 / 1146

其故⧄

438 / 1150

□□□五月中牒書到□陽六月

七月辛丑到謁相府上謁□□

439／1151

六年□月辛未，獄史意以辟報爰☒

屬使偯陽時□□在望□

440／1152

娗□請忽幸☒

441／1153

□輸七千

強□決

442／1154

□□

……

443／1155

從容語有☒

偯賜得去☒

444／1156

・論報

445／1157

☒請謁移☒

446／1158

□朔壬□□

□

447／1159

六年四月□

佐☒

448／1160

☒□等☒

449／1161

□毋□

以命署急

450／1162

爲視官事守

□爲壯奴其☒

451／1163

言何得出

日夕時受

……

452／1164

☒連謁報

453／1165

☒子除書到官

☒亡命未得

454／1166

☒將卒□皆可索

☒案之不畀誤入

455／1167

☒劾移獄以律令從事

456／1168

……辟□□承書視事□□□

457 / 1169

·二月戊辰朔甲寅，史副……啬（？）夫□□□□

458 / 1170

不識年月日楚獄

□□不智（知）何人□□

459 / 1173

⍁□敢言⍁

□丞事□

460 / 1174

十月言⍁

受受

461 / 1175

有得者今臨湘乃命梁興⍁

□夫卯子之侯陽鄉賣苣□□⍁

462 / 1177

⍁以萬二百□馬賈（價）餘錢⍁

⍁金求金不能得□⍁

463 / 1178

⍁□錢萬三千□□□□□□□⍁

⍁□二千六百□□□□□⍁

464 / 1179

□笞百二百二百⍁

□同居期□□⍁

465 / 1180

⍁□令□使獄

⍁到□月

466 / 1181

⍁□治七年尉⍁

⍁繆書誤事□□⍁

467 / 1182

⍁曰大夫連道

⍁□□□□

468 / 1183

⍁癸巳長沙□□□□□□⍁

⍁□以□劾□□□□□□⍁

469 / 1184

⍁謂應獄□□□□公乘臨湘⍁

⍁□上以屬尉史農夫亡癸功勞移⍁

470 / 1185

論毄（繫）囚大里朝□□□□□□□⍁

471 / 1186

⍁□□不□從□視十日□□獄復問

472 / 1187

⍁□□□除□□□

473 / 1189

□□劾

七□□

474 / 1190

大□□□☐

475 / 1193

史□□☐

476 / 1195

☐・數歲□□臨潁妄會舉[從]

☐等曰今適室爲大餽食

☐□曰何人盜錢□□□□

477 / 1196

☐□曰故☐

478 / 1198

□六百石[有]丞尉[者]□

479 / 1199

☐□[蜀]□

480 / 1200

☐舉故□

☐書言行

481 / 1201

訊昌辤（辭）☐

訊昌辤（辭）☐

482 / 1203

□□[長]□☐

483 / 1204

☐丞尊守[丞]☐

484 / 1205

☐夫佐慶治

485 / 1206

[劾]曰：[昭]陵□☐

486 / 1207

☐辤（辭）故不更☐

487 / 1208

☐言欲反□☐

488 / 1209

☐□□眾☐

489 / 1211

☐云何□☐

490 / 1212

☐嗇夫☐

☐[俱以]☐

491 / 1213

☐[臨湘]☐

492 / 1214

☐內史☐

493 / 1215
⍁虛今⍁

494 / 1216
⍁□□⍁

495 / 1217
⍁□所遣⍁
……

496 / 1218
……⍁

497 / 1219
⍁□曰斬

498 / 1220
⍁庚寅□守令史畢劾到府⍁

499 / 1221
⍁……⍁

500 / 1222
定王命史⍁

501 / 1223
⍁敢言之

502 / 1224
⍁益勝食鄙⍁
⍁□□⍁

503 / 1225
劾曰六月中益陽佐⍁
辤（辭）曰不更益陽□⍁

504 / 1226
毋得⍁

505 / 1227
⍁□環我⍁

506 / 1228
⍁□烏□⍁

507 / 1229
⍁□□□今⍁

508 / 1230
盜縣宮毋⍁

509 / 1231
⍁錢二萬以⍁

510 / 1232
⍁□□□□□□⍁
⍁爲人簒給所當得□⍁

511 / 1233
⍁□它若辤（辭）⍁

512 / 1234
⍁□右尉止⍁

513 ／1235

正月□□☒

514 ／1237

七年七月丙申卒史☒

515 ／1238

問都鄉嗇夫責責☒

516 ／1239

廟廚□食般（盤）卅☒

517 ／1241

都鄉給行酒十

……

518 ／1242

敢告臨湘主□☒

……

519 ／1243

☒□□肆□醉□☒

520 ／1244

今上五年塞以□☒

521 ／1245

九年六月乙亥☒

522 ／1246

臧別鞫二月甲申守☒

523 ／1247

☒……中……☒

524 ／1248

☒□□□□□☒

525 ／1249

☒□之☒

526 ／1250

□□□□☒

□言□☒

527 ／1251

□□☒

者非當☒

528 ／1253

☒□□……☒

529 ／1254

……

☒□何☒

530 ／1255

☒長沙內史守卒史成宮司☒

531 ／1256

☒等耐爲司寇☒

532 ／1257

☒□□當疑罪□□☒

533 / 1258

☐十七人毋將得宧爲吏

534 / 1259

☐□不應令□☐

535 / 1260

☐□府□□公乘□☐

536 / 1261

☐之之之☐

537 / 1262

☐□□□……

538 / 1262–1

□□令□☐

539 / 1264

☐宛男子

540 / 1266

☐船□皆□☐

541 / 1267

☐五年爵

□□□

542 / 1268

去家過三百里不取傳毄（繫）牢都☐

□□□一百□受繒繫□□□□☐

543 / 1269

八年九月己巳朔癸未令忠□□□移吏曹□逮令史☐

☐……律令☐

544 / 1271

臨湘獄今謹案未留（？）大夫連道邑□里□□或☐

毋（無）它坐未留從□環已留毄（繫）謁移臨湘☐

545 / 1272

九年六月甲子朔庚午，御府丞客夫守臨湘丞告尉，謂倉、中鄉□

□□□□故五大夫臨湘繇里得毄（繫）牢，獄未斷，會五月乙未【赦】

546 / 1273

凡勞三歲□月☐

□凡勞三歲□月☐

547 / 1274

☐移斗食嗇夫公乘☐

☐不上□□自占☐

548 / 1276

八年九月……☐

年斗食嗇夫令史功舉☐

549 / 1277

□月癸巳朔戊戌，午守尉府中☐

□烝陽□如律令ノ史☐

550 / 1278

嬰……☐

551／1280

〼鄉中鄉佐丙敢言之獄書曰還安□〼

〼到，内纏封，緘散勿令可瀆揄容姦□

552／1281

□□□□□〼

爵□□□□〼

553／1283

〼令史□上六年功勞一〼

〼書誤事不可行定〼

554／1284

年行言賤丞皆〼

三匹錢□□〼

555／1286

倚劾不審失〼

附錄二　簡牘編號、材質及尺寸對照表

卷内號	原始簡號	材質	尺寸	備注
001	0337	竹	長 21.3 釐米，寬 1.5 釐米，厚 0.13 釐米	
002	0400	竹	長 21.3 釐米，寬 1.6 釐米，厚 0.14 釐米	
003	0423	竹	長 21.7 釐米，寬 1.5 釐米，厚 0.17 釐米	
004	0776	竹	長 15.6 釐米，寬 1.6 釐米，厚 0.17 釐米	0776+0775
	0775	竹	長 6.5 釐米，寬 1.4 釐米，厚 0.17 釐米	
005	0414	竹	長 21.6 釐米，寬 1.6 釐米，厚 0.16 釐米	
006	0189	竹	長 18.8 釐米，寬 1.5 釐米，厚 0.11 釐米	0189+0249
	0249	竹	長 2.6 釐米，寬 1.0 釐米，厚 0.17 釐米	
007	0401	竹	長 21.7 釐米，寬 1.6 釐米，厚 0.15 釐米	
008	0186	竹	長 20.9 釐米，寬 1.5 釐米，厚 0.14 釐米	
009	0405	竹	長 21.3 釐米，寬 1.6 釐米，厚 0.13 釐米	
010	0620	竹	長 22.3 釐米，寬 1.5 釐米，厚 0.12 釐米	
011	0409	竹	長 21.7 釐米，寬 1.5 釐米，厚 0.17 釐米	
012	0395	竹	長 21.5 釐米，寬 1.5 釐米，厚 0.2 釐米	
013	0185	竹	長 21.8 釐米，寬 1.4 釐米，厚 0.2 釐米	
014	0408	竹	長 22 釐米，寬 1.4 釐米，厚 0.22 釐米	
015	0190	竹	長 20.7 釐米，寬 1.4 釐米，厚 0.07 釐米	
016	0352	竹	長 21.7 釐米，寬 1.5 釐米，厚 0.14 釐米	
017	0410	竹	長 21.7 釐米，寬 1.6 釐米，厚 0.13 釐米	
018	0351	竹	長 21.7 釐米，寬 1.5 釐米，厚 0.17 釐米	
019	0338	竹	長 22.1 釐米，寬 1.5 釐米，厚 0.12 釐米	
020	0398	竹	長 21.4 釐米，寬 1.5 釐米，厚 0.1 釐米	
021	0779	竹	長 22.3 釐米，寬 1.4 釐米，厚 0.17 釐米	
022	0180	竹	長 22 釐米，寬 1.6 釐米，厚 0.12 釐米	
023	0661	竹	長 22.4 釐米，寬 1.6 釐米，厚 0.28 釐米	
024	1145	竹	長 9.8 釐米，寬 1.3 釐米，厚 0.21 釐米	
025	0754	竹	長 21.8 釐米，寬 1.5 釐米，厚 0.17 釐米	
026	0624	竹	長 20.7 釐米，寬 1.4 釐米，厚 0.24 釐米	
027	1617	竹	長 5.1 釐米，寬 1.2 釐米，厚 0.16 釐米	1617+0765+1016+0765-1
	0765	竹	長 5.7 釐米，寬 1.4 釐米，厚 0.19 釐米	
	1016	竹	長 8.6 釐米，寬 1.3 釐米，厚 0.17 釐米	
	0765-1	竹	長 1.8 釐米，寬 1.4 釐米，厚 0.19 釐米	
028	0730	竹	長 10 釐米，寬 1.3 釐米，厚 0.12 釐米	0730+1616
	1616	竹	長 5 釐米，寬 1.4 釐米，厚 0.17 釐米	
029	1654	竹	長 9.6 釐米，寬 1.3 釐米，厚 0.16 釐米	1654+0698
	0698	竹	長 8.5 釐米，寬 1.2 釐米，厚 0.12 釐米	
030	0269	竹	長 17.7 釐米，寬 1.3 釐米，厚 0.12 釐米	
031	0318	竹	長 21 釐米，寬 1.3 釐米，厚 0.18 釐米	
032	0724	竹	長 11.1 釐米，寬 1.3 釐米，厚 0.13 釐米	
033	0560	竹	長 21.9 釐米，寬 1.5 釐米，厚 0.22 釐米	
034	0280	竹	長 21.7 釐米，寬 1.5 釐米，厚 0.13 釐米	
035	0559	竹	長 21.7 釐米，寬 1.5 釐米，厚 0.25 釐米	
036	0536	竹	長 22 釐米，寬 1.5 釐米，厚 0.25 釐米	
037	0866	竹	長 17.5 釐米，寬 1.6 釐米，厚 0.3 釐米	
038	0250	竹	長 15.2 釐米，寬 1.6 釐米，厚 0.09 釐米	
039	0222	竹	長 21.3 釐米，寬 1.5 釐米，厚 0.09 釐米	
040	0404	竹	長 21.7 釐米，寬 1.5 釐米，厚 0.17 釐米	
041	0668	竹	長 22 釐米，寬 1.5 釐米，厚 0.22 釐米	

卷内號	原始簡號	材質	尺寸	備注
042	0399	竹	長 21.4 釐米，寬 1.6 釐米，厚 0.14 釐米	
043	0248	竹	長 19.9 釐米，寬 1.3 釐米，厚 0.07 釐米	
044	0630	竹	長 22.4 釐米，寬 1.4 釐米，厚 0.2 釐米	
045	0691	竹	長 22.2 釐米，寬 1 釐米，厚 0.12 釐米	
046	0406	竹	長 22.1 釐米，寬 1.6 釐米，厚 0.18 釐米	
047	0397	竹	長 22.1 釐米，寬 1.6 釐米，厚 0.15 釐米	
048	0676	竹	長 22.4 釐米，寬 0.7 釐米，厚 0.16 釐米	
049	1337	竹	長 21.1 釐米，寬 1.5 釐米，厚 0.34 釐米	
050	0679	竹	長 16.1 釐米，寬 1.5 釐米，厚 0.2 釐米	
051	0773-1	竹	長 10.9 釐米，寬 1.3 釐米，厚 0.15 釐米	
052	0247	竹	長 14 釐米，寬 1.4 釐米，厚 0.15 釐米	
053	0633	竹	長 16.4 釐米，寬 1.4 釐米，厚 0.23 釐米	
054	0796	竹	長 21.6 釐米，寬 1.5 釐米，厚 0.25 釐米	
055	1338	竹	長 21.3 釐米，寬 1.5 釐米，厚 0.26 釐米	
056	1931	竹	長 11.3 釐米，寬 1.2 釐米，厚 0.16 釐米	
057	1263	竹	長 3.6 釐米，寬 0.8 釐米，厚 0.14 釐米	
058	1302	竹	長 11 釐米，寬 1.5 釐米，厚 0.28 釐米	
059	1303	竹	長 15.8 釐米，寬 1.4 釐米，厚 0.23 釐米	
060	0313	竹	長 21.3 釐米，寬 1.8 釐米，厚 0.18 釐米	
061	0133	竹	長 21.2 釐米，寬 1.5 釐米，厚 0.22 釐米	
062	0935	竹	長 3.3 釐米，寬 0.8 釐米，厚 0.15 釐米	0935+0384
	0384	竹	長 18.1 釐米，寬 1.4 釐米，厚 0.13 釐米	
063	1608	竹	長 5.2 釐米，寬 1.5 釐米，厚 0.16 釐米	
064	0143	竹	長 21.4 釐米，寬 1.3 釐米，厚 0.11 釐米	
065	0462	竹	長 8.1 釐米，寬 1.1 釐米，厚 0.14 釐米	0462+0463
	0463	竹	長 6.7 釐米，寬 1.5 釐米，厚 0.22 釐米	
066	0761	竹	長 12 釐米，寬 1.5 釐米，厚 0.23 釐米	
067	1656	竹	長 13.4 釐米，寬 1.5 釐米，厚 0.31 釐米	1656+1607
	1607	竹	長 6.4 釐米，寬 1.5 釐米，厚 0.21 釐米	
068	0777	竹	長 16.6 釐米，寬 1.4 釐米，厚 0.17 釐米	
069	0562	竹	長 21.9 釐米，寬 1.5 釐米，厚 0.33 釐米	
070	0621	竹	長 19.3 釐米，寬 1.4 釐米，厚 0.23 釐米	
071	0848	竹	長 22.2 釐米，寬 1.6 釐米，厚 0.3 釐米	
072	0403	竹	長 20.4 釐米，寬 1.4 釐米，厚 0.14 釐米	
073	0407	竹	長 20.4 釐米，寬 1.5 釐米，厚 0.16 釐米	
074	0421	竹	長 22.2 釐米，寬 1.4 釐米，厚 0.13 釐米	
075	0416	竹	長 22.4 釐米，寬 1.9 釐米，厚 0.23 釐米	
076	2097	竹	長 4.3 釐米，寬 0.8 釐米，厚 0.14 釐米	
077	1282	竹	長 6.1 釐米，寬 1.5 釐米，厚 0.16 釐米	
078	0666	竹	長 22.2 釐米，寬 1.5 釐米，厚 0.17 釐米	
079	1975	木	長 3.3 釐米，寬 3.1 釐米，厚 0.28 釐米	
080	0534	竹	長 22.3 釐米，寬 2 釐米，厚 0.35 釐米	
081	0773	竹	長 11.4 釐米，寬 1.4 釐米，厚 0.15 釐米	
082	1308	竹	長 5 釐米，寬 1.7 釐米，厚 0.22 釐米	
083	2129	竹	長 17.3 釐米，寬 0.9 釐米，厚 0.17 釐米	2129+2130
	2130	竹	長 24.4 釐米，寬 1.8 釐米，厚 0.34 釐米	
084	2130-1	竹	長 13 釐米，寬 1.4 釐米，厚 0.3 釐米	
085	0212	竹	長 20.9 釐米，寬 1.6 釐米，厚 0.11 釐米	

卷内號	原始簡號	材質	尺寸	備注
086	0241	竹	長16.6釐米，寬1.3釐米，厚0.09釐米	
087	1610	竹	長13.2釐米，寬1.5釐米，厚0.22釐米	
088	0944	竹	長7.2釐米，寬1.3釐米，厚0.16釐米	
089	1270	竹	長15.8釐米，寬1.3釐米，厚0.28釐米	
090	1618	竹	長3.6釐米，寬1.5釐米，厚0.18釐米	
091	1840	木	長9.2釐米，寬1.8釐米，厚0.16釐米	
092	1886	竹	長20.7釐米，寬0.5釐米，厚0.11釐米	
093	1887	竹	長10.2釐米，寬0.7釐米，厚0.12釐米	
094	1776	竹	長5.8釐米，寬1.4釐米，厚0.23釐米	
095	0601	竹	長20.6釐米，寬0.5釐米，厚0.12釐米	
096	0604	竹	長21.7釐米，寬1.0釐米，厚0.13釐米	
097	0605	竹	長21釐米，寬0.5釐米，厚0.1釐米	
098	0606	竹	長21.2釐米，寬0.5釐米，厚0.1釐米	
099	0613	竹	長21.9釐米，寬1釐米，厚0.21釐米	
100	0626	竹	長21.2釐米，寬1釐米，厚0.21釐米	
101	0640	竹	長21.6釐米，寬0.9釐米，厚0.13釐米	
102	0717	竹	長21釐米，寬0.5釐米，厚0.07釐米	
103	0721	竹	長21.1釐米，寬0.9釐米，厚0.14釐米	
104	0736	竹	長21釐米，寬0.6釐米，厚0.07釐米	
105	0741	竹	長21釐米，寬0.6釐米，厚0.07釐米	
106	0742	竹	長20.8釐米，寬0.5釐米，厚0.06釐米	
107	0756	竹	長21.2釐米，寬0.5釐米，厚0.06釐米	
108	0787	竹	長17.9釐米，寬0.9釐米，厚0.16釐米	
109	0812	竹	長21.1釐米，寬0.5釐米，厚0.07釐米	
110	1422	竹	長6.3釐米，寬0.8釐米，厚018釐米	
111	1641	竹	長3.7釐米，寬0.6釐米，厚0.11釐米	
112	0268	竹	長21.4釐米，寬1.9釐米，厚0.12釐米	
113	0278	竹	長21.9釐米，寬1.8釐米，厚0.1釐米	
114	0281	竹	長21.3釐米，寬2.1釐米，厚0.25釐米	
115	0321	竹	長21.1釐米，寬2.2釐米，厚0.11釐米	0321+0947
	0947	竹	長5.2釐米，寬1.7釐米，厚0.16釐米	
116	0376	竹	長12.3釐米，寬1.4釐米，厚0.13釐米	
117	0515	竹	長20.5釐米，寬1.5釐米，厚0.09釐米	
118	0548	竹	長21.8釐米，寬1.6釐米，厚0.28釐米	
119	0911	竹	長4.2釐米，寬1.3釐米，厚0.22釐米	
120	1393	竹	長10.8釐米，寬0.9釐米，厚0.19釐米	
121	0138	竹	長21.3釐米，寬1.4釐米，厚0.3釐米	
122	0139	竹	長21.5釐米，寬1.6釐米，厚0.27釐米	
123	0194	竹	長21.2釐米，寬1.6釐米，厚0.17釐米	
124	0192	竹	長21釐米，寬1.7釐米，厚0.18釐米	
125	0176	竹	長21.6釐米，寬1.5釐米，厚0.14釐米	
126	0181	竹	長21.5釐米，寬1.4釐米，厚0.09釐米	
127	0451	竹	長4釐米，寬1.5釐米，厚0.16釐米	0451+2312+0867 其中2312爲新增飽水簡
	2312	竹	長7釐米，寬1.9釐米，厚0.3釐米	
	0867	竹	長4.9釐米，寬1.5釐米，厚0.36釐米	
128	1148	竹	長6.5釐米，寬0.9釐米，厚0.15釐米	
129	1517	竹	長3.2釐米，寬1.4釐米，厚0.24釐米	
130	1275	竹	長4.4釐米，寬1釐米，厚0.19釐米	

卷内號	原始簡號	材質	尺寸	備注
131	0283	竹	長 21 釐米，寬 1.3 釐米，厚 0.16 釐米	
132	0522	竹	長 21.7 釐米，寬 1.4 釐米，厚 0.22 釐米	
133	0516	竹	長 21.8 釐米，寬 1.5 釐米，厚 0.31 釐米	
134	0279	竹	長 20.5 釐米，寬 1.4 釐米，厚 0.1 釐米	
135	0306	竹	長 21.1 釐米，寬 1.6 釐米，厚 0.11 釐米	
136	0316	竹	長 20.3 釐米，寬 0.8 釐米，厚 0.12 釐米	
137	0818	竹	長 15.5 釐米，寬 1.6 釐米，厚 0.26 釐米	
138	0718	竹	長 21.1 釐米，寬 0.8 釐米，厚 0.13 釐米	
139	1545	竹	長 21.3 釐米，寬 1 釐米，厚 0.21 釐米	
140	0967	竹	長 6.3 釐米，寬 1.4 釐米，厚 0.22 釐米	
141	0913	竹	長 8.7 釐米，寬 1.5 釐米，厚 0.22 釐米	
142	0702	竹	長 9.8 釐米，寬 1.4 釐米，厚 0.22 釐米	
143	0323	竹	長 16.7 釐米，寬 0.9 釐米，厚 0.12 釐米	
144	0375	竹	長 11.1 釐米，寬 1.5 釐米，厚 0.14 釐米	
145	0158	竹	長 17.8 釐米，寬 1.6 釐米，厚 0.2 釐米	
146	0195	竹	長 23.5 釐米，寬 1.5 釐米，厚 0.28 釐米	
147	1572	竹	長 8.7 釐米，寬 2.8 釐米，厚 0.19 釐米	
148	0058	竹	長 55.4 釐米，寬 0.7 釐米，厚 0.13 釐米	
149	0059	竹	長 39 釐米，寬 0.8 釐米，厚 0.13 釐米	
150	0060	竹	長 54.9 釐米，寬 0.7 釐米，厚 0.13 釐米	
151	0061	竹	長 55.3 釐米，寬 0.8 釐米，厚 0.12 釐米	
152	0062	竹	長 54.8 釐米，寬 0.8 釐米，厚 0.13 釐米	
153	0063	竹	長 55.6 釐米，寬 0.7 釐米，厚 0.12 釐米	
154	0064	竹	長 50.1 釐米，寬 0.8 釐米，厚 0.15 釐米	
155	0065	竹	長 54.9 釐米，寬 0.8 釐米，厚 0.14 釐米	
156	0066	竹	長 54.7 釐米，寬 0.8 釐米，厚 0.13 釐米	
157	0067	竹	長 55.5 釐米，寬 0.8 釐米，厚 0.14 釐米	
158	0068	竹	長 56 釐米，寬 0.8 釐米，厚 0.13 釐米	
159	0069	竹	長 28.1 釐米，寬 0.8 釐米，厚 0.16 釐米	
160	0069-1	竹	長 22.2 釐米，寬 0.8 釐米，厚 0.15 釐米	
161	0070	竹	長 37.4 釐米，寬 0.7 釐米，厚 0.13 釐米	
162	0071	竹	長 55.8 釐米，寬 0.8 釐米，厚 0.13 釐米	
163	0072	竹	長 26.6 釐米，寬 0.7 釐米，厚 0.14 釐米	
164	0072-1	竹	長 18 釐米，寬 0.7 釐米，厚 0.14 釐米	
165	0073	竹	長 32.4 釐米，寬 0.8 釐米，厚 0.15 釐米	
166	0074	竹	長 28.5 釐米，寬 0.8 釐米，厚 0.17 釐米	
167	0074-1	竹	長 22.3 釐米，寬 0.9 釐米，厚 0.15 釐米	
168	0075	竹	長 17.4 釐米，寬 0.7 釐米，厚 0.12 釐米	
169	0075-1	竹	長 18 釐米，寬 0.7 釐米，厚 0.12 釐米	
170	1761	竹	長 20.9 釐米，寬 0.8 釐米，厚 0.12 釐米	
171	0286	竹	長 21.1 釐米，寬 0.8 釐米，厚 0.1 釐米	
172	2135	竹	長 27.5 釐米，寬 1 釐米，厚 0.15 釐米	
173	0253	竹	長 17 釐米，寬 1.5 釐米，厚 0.3 釐米	
174	0284	竹	長 23 釐米，寬 1.7 釐米，厚 0.09 釐米	
175	1447	竹	長 7.8 釐米，寬 1.3 釐米，厚 0.29 釐米	
176	0385	竹	長 10.3 釐米，寬 1.4 釐米，厚 0.2 釐米	
177	0294	竹	長 21.1 釐米，寬 1.5 釐米，厚 0.14 釐米	
178	0459	竹	長 5.9 釐米，寬 0.9 釐米，厚 0.23 釐米	

卷内號	原始簡號	材質	尺寸	備注
179	1147	竹	長 9.2 釐米，寬 0.6 釐米，厚 0.22 釐米	
180	0941	竹	長 10 釐米，寬 1.5 釐米，厚 0.29 釐米	
181	0952	竹	長 7.2 釐米，寬 1.5 釐米，厚 0.26 釐米	
182	1069	竹	長 10.5 釐米，寬 1.4 釐米，厚 0.27 釐米	
183	1192	竹	長 8 釐米，寬 1.5 釐米，厚 0.23 釐米	
184	1279	竹	長 10.2 釐米，寬 1.5 釐米，厚 0.21 釐米	
185	1324	竹	長 8 釐米，寬 1.5 釐米，厚 0.25 釐米	
186	1553	竹	長 12.8 釐米，寬 1.6 釐米，厚 0.23 釐米	
187	1035	竹	長 6.3 釐米，寬 1.5 釐米，厚 0.27 釐米	
188	1585	竹	長 9.6 釐米，寬 1.1 釐米，厚 0.28 釐米	
189	0628	竹	長 5.7 釐米，寬 1.4 釐米，厚 0.23 釐米	
190	1240	竹	長 9.4 釐米，寬 0.7 釐米，厚 0.13 釐米	
191	0962	竹	長 7.1 釐米，寬 1.5 釐米，厚 0.22 釐米	0962+0898
	0898	竹	長 4.5 釐米，寬 1.4 釐米，厚 0.25 釐米	
192	2103	竹	長 7.2 釐米，寬 0.9 釐米，厚 0.19 釐米	
193	0712	竹	長 20.9 釐米，寬 0.5 釐米，厚 0.07 釐米	
194	0244	竹	長 20 釐米，寬 1.6 釐米，厚 0.09 釐米	
195	0457	竹	長 9.8 釐米，寬 1.6 釐米，厚 0.22 釐米	
196	1265	竹	長 2.7 釐米，寬 1.2 釐米，厚 0.07 釐米	
197	0851-1	竹	長 6.4 釐米，寬 1.2 釐米，厚 0.22 釐米	
198	0853	竹	長 21.9 釐米，寬 1 釐米，厚 0.12 釐米	
199	0854	竹	長 21.3 釐米，寬 1.1 釐米，厚 0.14 釐米	
200	0855	竹	長 21.7 釐米，寬 1.7 釐米，厚 0.22 釐米	
201	0856	竹	長 15.7 釐米，寬 1.3 釐米，厚 0.18 釐米	
202	0859	竹	長 20.6 釐米，寬 1.6 釐米，厚 0.19 釐米	
203	0860	竹	長 22.3 釐米，寬 1.5 釐米，厚 0.34 釐米	
204	0861	竹	長 21.3 釐米，寬 1.3 釐米，厚 0.27 釐米	
205	0862	竹	長 21.7 釐米，寬 0.8 釐米，厚 0.14 釐米	
206	0863	竹	長 21.8 釐米，寬 1 釐米，厚 0.17 釐米	
207	0864	竹	長 18.3 釐米，寬 0.7 釐米，厚 0.08 釐米	
208	0865	竹	長 17.9 釐米，寬 0.8 釐米，厚 0.15 釐米	
209	0867	竹	長 15.7 釐米，寬 1.4 釐米，厚 0.24 釐米	
210	0868	竹	長 15.6 釐米，寬 1.6 釐米，厚 0.29 釐米	
211	0869	竹	長 14.9 釐米，寬 1.6 釐米，厚 0.34 釐米	
212	0870	竹	長 14.5 釐米，寬 1.5 釐米，厚 0.17 釐米	
213	0871	竹	長 14.9 釐米，寬 1.4 釐米，厚 0.14 釐米	
214	0872	竹	長 14.2 釐米，寬 1.4 釐米，厚 0.15 釐米	
215	0873	竹	長 12.2 釐米，寬 1.2 釐米，厚 0.19 釐米	
216	0875	竹	長 6.4 釐米，寬 1.7 釐米，厚 0.22 釐米	
217	0878	竹	長 9.9 釐米，寬 1.0 釐米，厚 0.15 釐米	
218	0880	竹	長 8.1 釐米，寬 1.4 釐米，厚 0.15 釐米	
219	0883	竹	長 7.4 釐米，寬 1.7 釐米，厚 0.25 釐米	
220	0884	竹	長 5.7 釐米，寬 1.6 釐米，厚 0.29 釐米	
221	0886	竹	長 10.9 釐米，寬 1.9 釐米，厚 0.26 釐米	
222	0889	竹	長 1.8 釐米，寬 1 釐米，厚 0.15 釐米	
223	0890	竹	長 7.9 釐米，寬 1.9 釐米，厚 0.23 釐米	
224	0891	竹	長 8.5 釐米，寬 1.5 釐米，厚 0.13 釐米	

卷内號	原始簡號	材質	尺寸	備注
225	0892	竹	長 8.6 釐米，寬 1.3 釐米，厚 0.34 釐米	
226	0895	竹	長 7.2 釐米，寬 1.3 釐米，厚 0.35 釐米	
227	0896	竹	長 5.8 釐米，寬 1.4 釐米，厚 0.34 釐米	
228	0897	竹	長 5.4 釐米，寬 1.3 釐米，厚 0.16 釐米	
229	0899	竹	長 4.5 釐米，寬 1.8 釐米，厚 0.34 釐米	
230	0900	竹	長 4.5 釐米，寬 1.7 釐米，厚 0.09 釐米	
231	0900-1	竹	長 2.5 釐米，寬 0.9 釐米，厚 0.09 釐米	
232	0901	竹	長 4.4 釐米，寬 0.9 釐米，厚 0.24 釐米	
233	0902	竹	長 4.0 釐米，寬 1.2 釐米，厚 0.25 釐米	
234	0904	竹	長 5.6 釐米，寬 0.9 釐米，厚 0.21 釐米	
235	0906	竹	長 6.8 釐米，寬 1.3 釐米，厚 0.27 釐米	
236	0908	竹	長 6.4 釐米，寬 1.5 釐米，厚 0.24 釐米	
237	0909	竹	長 6.7 釐米，寬 1.6 釐米，厚 0.33 釐米	0909+0910
	0910	竹	長 2.7 釐米，寬 1.3 釐米，厚 0.26 釐米	
238	0914	竹	長 7 釐米，寬 1.5 釐米，厚 0.27 釐米	
239	0915	竹	長 5.8 釐米，寬 1.2 釐米，厚 0.1 釐米	
240	0916	竹	長 6 釐米，寬 1.6 釐米，厚 0.29 釐米	
241	0918	竹	長 5.3 釐米，寬 1.6 釐米，厚 0.22 釐米	
242	0919	竹	長 4.4 釐米，寬 1 釐米，厚 0.11 釐米	
243	0921	竹	長 4.6 釐米，寬 0.4 釐米，厚 0.17 釐米	
244	0922	竹	長 4.9 釐米，寬 1 釐米，厚 0.14 釐米	
245	0923	竹	長 4 釐米，寬 0.5 釐米，厚 0.15 釐米	
246	0923-1	竹	長 5.2 釐米，寬 0.4 釐米，厚 0.5 釐米	
247	0924	竹	長 2.5 釐米，寬 1.1 釐米，厚 0.14 釐米	
248	0924-1	竹	長 3.3 釐米，寬 1 釐米，厚 0.14 釐米	
249	0925	竹	長 5.1 釐米，寬 0.5 釐米，厚 0.13 釐米	
250	0926	竹	長 5.8 釐米，寬 0.9 釐米，厚 0.19 釐米	
251	0927	竹	長 7 釐米，寬 0.7 釐米，厚 0.08 釐米	
252	0928	竹	長 6.2 釐米，寬 0.7 釐米，厚 0.12 釐米	
253	0929	竹	長 6.2 釐米，寬 0.8 釐米，厚 0.12 釐米	
254	0930	竹	長 6 釐米，寬 0.6 釐米，厚 0.13 釐米	
255	0931	竹	長 4.9 釐米，寬 0.6 釐米，厚 0.1 釐米	
256	0932	竹	長 4.6 釐米，寬 1 釐米，厚 0.17 釐米	
257	0933	竹	長 2.4 釐米，寬 0.6 釐米，厚 0.13 釐米	
258	0934	竹	長 4.2 釐米，寬 0.7 釐米，厚 0.15 釐米	
259	0936	竹	長 3.4 釐米，寬 0.5 釐米，厚 0.13 釐米	
260	0937	竹	長 3.6 釐米，寬 0.5 釐米，厚 0.09 釐米	
261	0938	竹	長 4.2 釐米，寬 1 釐米，厚 0.18 釐米	
262	0939	竹	長 5 釐米，寬 0.6 釐米，厚 0.09 釐米	
263	0940	竹	長 5.5 釐米，寬 0.9 釐米，厚 0.13 釐米	
264	0942	竹	長 8.7 釐米，寬 1.4 釐米，厚 0.24 釐米	
265	0943	竹	長 6.8 釐米，寬 1.1 釐米，厚 0.19 釐米	
266	0946	竹	長 5.8 釐米，寬 1 釐米，厚 0.16 釐米	
267	0948	竹	長 5.3 釐米，寬 1 釐米，厚 0.12 釐米	
268	0949	竹	長 5.7 釐米，寬 1.5 釐米，厚 0.17 釐米	
269	0950	竹	長 5.8 釐米，寬 1.7 釐米，厚 0.24 釐米	

卷内號	原始簡號	材質	尺寸	備注
270	0951	竹	長 7.2 釐米，寬 0.7 釐米，厚 0.17 釐米	0951+0958
	0958	竹	長 6.1 釐米，寬 0.5 釐米，厚 0.13 釐米	
271	0953	竹	長 2.3 釐米，寬 1.4 釐米，厚 0.1 釐米	
272	0954	竹	長 4.2 釐米，寬 1.6 釐米，厚 0.3 釐米	
273	0955	竹	長 4.7 釐米，寬 1.5 釐米，厚 0.21 釐米	
274	0956	竹	長 4.2 釐米，寬 1.3 釐米，厚 0.15 釐米	
275	0957	竹	長 4.9 釐米，寬 1.2 釐米，厚 0.22 釐米	
276	0959	竹	長 9.5 釐米，寬 1.9 釐米，厚 0.25 釐米	
277	0960	竹	長 6.8 釐米，寬 1.4 釐米，厚 0.26 釐米	
278	0961	竹	長 7.1 釐米，寬 1.5 釐米，厚 0.33 釐米	
279	0963	竹	長 6.1 釐米，寬 1.5 釐米，厚 0.5 釐米	
280	0965	竹	長 4.9 釐米，寬 1.2 釐米，厚 0.22 釐米	
281	0966	竹	長 5 釐米，寬 1.4 釐米，厚 0.47 釐米	
282	0969	木	長 4.8 釐米，寬 1.6 釐米，厚 0.18 釐米	
283	0970	竹	長 4.7 釐米，寬 1.5 釐米，厚 0.28 釐米	
284	0971	竹	長 3.5 釐米，寬 1.4 釐米，厚 0.17 釐米	
285	0972	竹	長 3.1 釐米，寬 1.5 釐米，厚 0.19 釐米	
286	0973	竹	長 2.7 釐米，寬 1.4 釐米，厚 0.24 釐米	
287	0974	竹	長 8.5 釐米，寬 1.4 釐米，厚 0.31 釐米	
288	0977	竹	長 9.4 釐米，寬 1.4 釐米，厚 0.19 釐米	
289	0978	竹	長 12.3 釐米，寬 1.5 釐米，厚 0.19 釐米	
290	0979	竹	長 5.4 釐米，寬 1.4 釐米，厚 0.26 釐米	
291	0981	竹	長 6.4 釐米，寬 1.6 釐米，厚 0.21 釐米	
292	0982	竹	長 5.5 釐米，寬 1.5 釐米，厚 0.27 釐米	
293	0983	竹	長 1.9 釐米，寬 1.4 釐米，厚 0.26 釐米	
294	0986	竹	長 5.5 釐米，寬 1.3 釐米，厚 0.21 釐米	
295	0987	竹	長 5.2 釐米，寬 1.4 釐米，厚 0.28 釐米	
296	0989	竹	長 11.3 釐米，寬 2.3 釐米，厚 0.34 釐米	
297	0990	竹	長 11.2 釐米，寬 1.4 釐米，厚 0.19 釐米	
298	0991	竹	長 10.0 釐米，寬 1.4 釐米，厚 0.22 釐米	
299	0992	竹	長 9.7 釐米，寬 1.3 釐米，厚 0.24 釐米	
300	0993	竹	長 8.8 釐米，寬 1.5 釐米，厚 0.21 釐米	
301	0994	竹	長 8.7 釐米，寬 1.5 釐米，厚 0.23 釐米	
302	0995	竹	長 8.7 釐米，寬 1.6 釐米，厚 0.21 釐米	
303	0996	竹	長 8.4 釐米，寬 1.4 釐米，厚 0.22 釐米	
304	0997	竹	長 8.3 釐米，寬 1.4 釐米，厚 0.25 釐米	
305	0998	竹	長 9.5 釐米，寬 1.6 釐米，厚 0.21 釐米	
306	0999	竹	長 11.5 釐米，寬 1.5 釐米，厚 0.25 釐米	
307	0999-1	竹	長 1.5 釐米，寬 1.2 釐米，厚 0.15 釐米	
308	1000	竹	長 12.1 釐米，寬 1.6 釐米，厚 0.24 釐米	
309	1002	竹	長 9 釐米，寬 1.6 釐米，厚 0.32 釐米	
310	1003	竹	長 9.8 釐米，寬 1.4 釐米，厚 0.19 釐米	
311	1004	竹	長 6.9 釐米，寬 1.7 釐米，厚 0.26 釐米	
312	1005	竹	長 9.7 釐米，寬 2.2 釐米，厚 0.35 釐米	
313	1006	竹	長 8.7 釐米，寬 1.3 釐米，厚 0.24 釐米	
314	1007	竹	長 10.7 釐米，寬 1.4 釐米，厚 0.24 釐米	
315	1008	竹	長 11.5 釐米，寬 1.4 釐米，厚 0.23 釐米	
316	1009	竹	長 14 釐米，寬 1.4 釐米，厚 0.26 釐米	

卷内號	原始簡號	材質	尺寸	備注
317	1010	竹	長 13.1 釐米，寬 2 釐米，厚 0.47 釐米	
318	1011	竹	長 12.1 釐米，寬 1.3 釐米，厚 0.19 釐米	
319	1012	竹	長 12.1 釐米，寬 1.6 釐米，厚 0.17 釐米	
320	1014	竹	長 7.3 釐米，寬 1.3 釐米，厚 0.18 釐米	
321	1015	竹	長 7.9 釐米，寬 1.5 釐米，厚 0.29 釐米	
322	1017	竹	長 9.9 釐米，寬 1.6 釐米，厚 0.16 釐米	1017+1013
	1013	竹	長 10.9 釐米，寬 1.2 釐米，厚 0.13 釐米	
323	1018	竹	長 10.5 釐米，寬 1.6 釐米，厚 0.2 釐米	
324	1019	竹	長 12.2 釐米，寬 1.6 釐米，厚 0.15 釐米	
325	1020	竹	長 11.9 釐米，寬 1.4 釐米，厚 0.17 釐米	
326	1021	竹	長 12.8 釐米，寬 1.7 釐米，厚 0.17 釐米	
327	1022	竹	長 14 釐米，寬 1.5 釐米，厚 0.21 釐米	
328	1023	竹	長 17.5 釐米，寬 1.2 釐米，厚 0.14 釐米	
329	1024	竹	長 8.7 釐米，寬 1.2 釐米，厚 0.28 釐米	
330	1025	竹	長 6.9 釐米，寬 1.8 釐米，厚 0.21 釐米	
331	1026	竹	長 7.2 釐米，寬 1.4 釐米，厚 0.16 釐米	
332	1027	竹	長 5.7 釐米，寬 1.5 釐米，厚 0.25 釐米	
333	1028	竹	長 2.2 釐米，寬 1.2 釐米，厚 0.14 釐米	
334	1029	竹	長 11.8 釐米，寬 1.3 釐米，厚 0.17 釐米	
335	1030	竹	長 10.9 釐米，寬 1.4 釐米，厚 0.11 釐米	
336	1031	竹	長 10.3 釐米，寬 1.5 釐米，厚 0.28 釐米	
337	1032	竹	長 10 釐米，寬 1.4 釐米，厚 0.15 釐米	
338	1033	竹	長 6.9 釐米，寬 1.9 釐米，厚 0.21 釐米	
339	1034	竹	長 4.9 釐米，寬 0.8 釐米，厚 0.22 釐米	
340	1037	竹	長 8.8 釐米，寬 2 釐米，厚 0.24 釐米	
341	1038	竹	長 9.3 釐米，寬 0.9 釐米，厚 0.19 釐米	
342	1039	竹	長 5.7 釐米，寬 0.8 釐米，厚 0.12 釐米	
343	1040	竹	長 8.7 釐米，寬 0.9 釐米，厚 0.21 釐米	
344	1041	竹	長 8.5 釐米，寬 0.7 釐米，厚 0.19 釐米	
345	1042	竹	長 9.2 釐米，寬 0.8 釐米，厚 0.17 釐米	
346	1043	竹	長 11.3 釐米，寬 0.7 釐米，厚 0.15 釐米	
347	1044	竹	長 13.2 釐米，寬 0.8 釐米，厚 0.09 釐米	
348	1045	竹	長 14.3 釐米，寬 1 釐米，厚 0.22 釐米	
349	1046	竹	長 6.3 釐米，寬 0.7 釐米，厚 0.21 釐米	
350	1047	竹	長 6.1 釐米，寬 1 釐米，厚 0.11 釐米	
351	1048	竹	長 6.5 釐米，寬 0.7 釐米，厚 0.12 釐米	
352	1049	竹	長 5.7 釐米，寬 0.7 釐米，厚 0.12 釐米	
353	1050	竹	長 5 釐米，寬 0.6 釐米，厚 0.17 釐米	
354	1052	竹	長 4.6 釐米，寬 1 釐米，厚 0.15 釐米	
355	1053	竹	長 8.1 釐米，寬 1.2 釐米，厚 0.2 釐米	
356	1054	竹	長 12.4 釐米，寬 1.2 釐米，厚 0.18 釐米	
357	1055	竹	長 11.2 釐米，寬 1.3 釐米，厚 0.17 釐米	
358	1056	竹	長 14.6 釐米，寬 1.2 釐米，厚 0.13 釐米	
359	1057	竹	長 16.8 釐米，寬 0.9 釐米，厚 0.15 釐米	
360	1058	竹	長 20.6 釐米，寬 1 釐米，厚 0.24 釐米	
361	1059	竹	長 6.1 釐米，寬 1 釐米，厚 0.22 釐米	
362	1060	竹	長 5.5 釐米，寬 0.7 釐米，厚 0.13 釐米	
363	1061	竹	長 5.2 釐米，寬 0.7 釐米，厚 0.13 釐米	

卷内號	原始簡號	材質	尺寸	備注
364	1062	竹	長 5.9 釐米，寬 1 釐米，厚 0.13 釐米	
365	1063	竹	長 4.8 釐米，寬 1.2 釐米，厚 0.11 釐米	
366	1064	竹	長 1.4 釐米，寬 1.2 釐米，厚 0.18 釐米	
367	1065	竹	長 15.5 釐米，寬 1.7 釐米，厚 0.29 釐米	
368	1066	竹	長 13.5 釐米，寬 1.3 釐米，厚 0.18 釐米	
369	1067	竹	長 13.2 釐米，寬 1.3 釐米，厚 0.26 釐米	
370	1068	竹	長 9.5 釐米，寬 1.4 釐米，厚 0.22 釐米	
371	1070	竹	長 3.6 釐米，寬 1.2 釐米，厚 0.24 釐米	
372	1071	竹	長 3.1 釐米，寬 1.4 釐米，厚 0.25 釐米	
373	1072	竹	長 2.6 釐米，寬 1.9 釐米，厚 0.23 釐米	
374	1073	竹	長 4.3 釐米，寬 1.3 釐米，厚 0.18 釐米	
375	1074	木	長 7 釐米，寬 1.6 釐米，厚 0.28 釐米	
376	1075	竹	長 7.8 釐米，寬 0.8 釐米，厚 0.14 釐米	
377	1076	竹	長 8.2 釐米，寬 0.7 釐米，厚 0.2 釐米	
378	1077	竹	長 8.8 釐米，寬 0.7 釐米，厚 0.23 釐米	
379	1078	竹	長 10.2 釐米，寬 0.7 釐米，厚 0.13 釐米	
380	1079	竹	長 10.7 釐米，寬 0.9 釐米，厚 0.11 釐米	
381	1080	竹	長 10.2 釐米，寬 0.5 釐米，厚 0.15 釐米	
382	1081	竹	長 12.4 釐米，寬 0.8 釐米，厚 0.11 釐米	
383	1082	竹	長 6.8 釐米，寬 0.9 釐米，厚 0.17 釐米	
384	1083	竹	長 4.8 釐米，寬 0.9 釐米，厚 0.19 釐米	
385	1084	竹	長 4.1 釐米，寬 0.5 釐米，厚 0.11 釐米	
386	1085	竹	長 3.7 釐米，寬 0.7 釐米，厚 0.14 釐米	
387	1086	竹	長 4.1 釐米，寬 0.3 釐米，厚 0.12 釐米	
388	1087	竹	長 3.1 釐米，寬 0.8 釐米，厚 0.16 釐米	
389	1088	竹	長 2.7 釐米，寬 0.7 釐米，厚 0.14 釐米	
390	1089	竹	長 2.5 釐米，寬 1 釐米，厚 0.25 釐米	
391	1090	竹	長 1.9 釐米，寬 0.5 釐米，厚 0.13 釐米	
392	1091	竹	長 2.2 釐米，寬 0.7 釐米，厚 0.16 釐米	
393	1092	竹	長 2.8 釐米，寬 0.5 釐米，厚 0.14 釐米	
394	1095	竹	長 4.3 釐米，寬 0.9 釐米，厚 0.1 釐米	
395	1097	竹	長 2.6 釐米，寬 0.9 釐米，厚 0.22 釐米	
396	1098	木	長 3.9 釐米，寬 0.6 釐米，厚 0.22 釐米	
397	1099	竹	長 3.6 釐米，寬 0.6 釐米，厚 0.17 釐米	
398	1100	竹	長 4.1 釐米，寬 1 釐米，厚 0.18 釐米	
399	1101	竹	長 5.3 釐米，寬 0.6 釐米，厚 0.14 釐米	
400	1102	竹	長 7 釐米，寬 0.6 釐米，厚 0.14 釐米	
401	1103	竹	長 4.6 釐米，寬 0.5 釐米，厚 0.12 釐米	
402	1104	木	長 3.8 釐米，寬 0.6 釐米，厚 0.22 釐米	
403	1105	竹	長 3.9 釐米，寬 0.6 釐米，厚 0.14 釐米	
404	1107	竹	長 3.4 釐米，寬 0.8 釐米，厚 0.09 釐米	
405	1108	竹	長 2.8 釐米，寬 0.6 釐米，厚 0.2 釐米	
406	1109	竹	長 2.1 釐米，寬 0.6 釐米，厚 0.16 釐米	
407	1110	竹	長 6.1 釐米，寬 1.2 釐米，厚 0.27 釐米	
408	1111	竹	長 3.9 釐米，寬 1 釐米，厚 0.26 釐米	
409	1112	竹	長 3.7 釐米，寬 0.9 釐米，厚 0.18 釐米	
410	1114	竹	長 2.5 釐米，寬 1.2 釐米，厚 0.21 釐米	
411	1115	竹	長 2.5 釐米，寬 0.4 釐米，厚 0.15 釐米	

卷内號	原始簡號	材質	尺寸	備注
412	1116	竹	長 2.1 釐米，寬 1.1 釐米，厚 0.13 釐米	
413	1117	竹	長 10.8 釐米，寬 0.9 釐米，厚 0.15 釐米	
414	1119	竹	長 8 釐米，寬 0.7 釐米，厚 0.12 釐米	
415	1120	竹	長 7 釐米，寬 0.7 釐米，厚 0.14 釐米	
416	1121	竹	長 6.1 釐米，寬 1.5 釐米，厚 0.25 釐米	
417	1122	竹	長 6.3 釐米，寬 0.8 釐米，厚 0.15 釐米	
418	1123	竹	長 5.6 釐米，寬 1 釐米，厚 0.14 釐米	
419	1124	竹	長 2.8 釐米，寬 1.1 釐米，厚 0.19 釐米	
420	1125	竹	長 2.7 釐米，寬 0.6 釐米，厚 0.24 釐米	
421	1126	竹	長 3.3 釐米，寬 0.9 釐米，厚 0.19 釐米	
422	1128	竹	長 4.6 釐米，寬 1 釐米，厚 0.12 釐米	
423	1129	竹	長 5.2 釐米，寬 0.9 釐米，厚 0.11 釐米	
424	1130	竹	長 5.7 釐米，寬 0.8 釐米，厚 0.22 釐米	
425	1131	竹	長 5.7 釐米，寬 0.4 釐米，厚 0.07 釐米	1131+1702
	1702	竹	長 10.8 釐米，寬 0.3 釐米，厚 0.07 釐米	
426	1132	竹	長 7 釐米，寬 0.8 釐米，厚 0.08 釐米	
427	1133	竹	長 3.6 釐米，寬 1.1 釐米，厚 0.09 釐米	
428	1134	竹	長 3.2 釐米，寬 1.2 釐米，厚 0.18 釐米	
429	1135	竹	長 2.9 釐米，寬 0.9 釐米，厚 0.17 釐米	
430	1136	竹	長 3.5 釐米，寬 1 釐米，厚 0.16 釐米	
431	1137	竹	長 2.4 釐米，寬 0.9 釐米，厚 0.11 釐米	
432	1138	竹	長 9.2 釐米，寬 1.3 釐米，厚 0.28 釐米	
433	1140	竹	長 10.5 釐米，寬 1 釐米，厚 0.14 釐米	
434	1141	竹	長 10.1 釐米，寬 0.8 釐米，厚 0.12 釐米	
435	1142	竹	長 10 釐米，寬 0.6 釐米，厚 0.12 釐米	
436	1143	竹	長 11.2 釐米，寬 1.6 釐米，厚 0.27 釐米	
437	1146	竹	長 8.7 釐米，寬 1.5 釐米，厚 0.24 釐米	
438	1150	竹	長 12.2 釐米，寬 1.4 釐米，厚 0.17 釐米	
439	1151	竹	長 10.8 釐米，寬 1.7 釐米，厚 0.16 釐米	
440	1152	竹	長 5.3 釐米，寬 1.3 釐米，厚 0.2 釐米	
441	1153	竹	長 4.2 釐米，寬 0.8 釐米，厚 0.11 釐米	
442	1154	竹	長 5.5 釐米，寬 1.5 釐米，厚 0.16 釐米	
443	1155	竹	長 2.9 釐米，寬 1.2 釐米，厚 0.14 釐米	
444	1156	竹	長 4.4 釐米，寬 1 釐米，厚 0.18 釐米	
445	1157	竹	長 4.6 釐米，寬 1.1 釐米，厚 0.25 釐米	
446	1158	竹	長 4.8 釐米，寬 1.5 釐米，厚 0.15 釐米	
447	1159	竹	長 4 釐米，寬 0.8 釐米，厚 0.16 釐米	
448	1160	竹	長 2.2 釐米，寬 0.7 釐米，厚 0.17 釐米	
449	1161	竹	長 3.5 釐米，寬 0.9 釐米，厚 0.28 釐米	
450	1162	竹	長 5.7 釐米，寬 1.3 釐米，厚 0.24 釐米	
451	1163	竹	長 3.4 釐米，寬 1.3 釐米，厚 0.17 釐米	
452	1164	竹	長 3.6 釐米，寬 0.7 釐米，厚 0.2 釐米	
453	1165	竹	長 7.8 釐米，寬 1.4 釐米，厚 0.3 釐米	
454	1166	竹	長 8.2 釐米，寬 1.5 釐米，厚 0.19 釐米	
455	1167	竹	長 11.4 釐米，寬 1.5 釐米，厚 0.33 釐米	
456	1168	竹	長 16 釐米，寬 1.5 釐米，厚 0.18 釐米	雙面有字
457	1169	竹	長 16.8 釐米，寬 1.5 釐米，厚 0.27 釐米	
458	1170	竹	長 6.6 釐米，寬 1.3 釐米，厚 0.16 釐米	

卷内號	原始簡號	材質	尺寸	備注
459	1173	竹	長4.6釐米，寬1.6釐米，厚0.26釐米	
460	1174	竹	長5.1釐米，寬1.7釐米，厚0.23釐米	
461	1175	竹	長12.5釐米，寬1.4釐米，厚0.29釐米	
462	1177	竹	長10.3釐米，寬1.4釐米，厚0.18釐米	
463	1178	竹	長9.1釐米，寬1.5釐米，厚0.11釐米	
464	1179	竹	長7.4釐米，寬1.6釐米，厚0.37釐米	
465	1180	竹	長5釐米，寬1.3釐米，厚0.19釐米	
466	1181	竹	長6.4釐米，寬1.6釐米，厚0.3釐米	
467	1182	竹	長7.2釐米，寬1.5釐米，厚0.27釐米	
468	1183	竹	長8.5釐米，寬1.4釐米，厚0.15釐米	
469	1184	竹	長9.7釐米，寬1.6釐米，厚0.25釐米	
470	1185	竹	長11釐米，寬0.6釐米，厚0.16釐米	
471	1186	竹	長11釐米，寬0.7釐米，厚0.12釐米	
472	1187	竹	長9.1釐米，寬0.8釐米，厚0.13釐米	
473	1189	竹	長4釐米，寬0.4釐米，厚0.15釐米	
474	1190	竹	長7.8釐米，寬0.8釐米，厚0.11釐米	
475	1193	竹	長8.8釐米，寬0.6釐米，厚0.17釐米	
476	1195	竹	長7.2釐米，寬1.1釐米，厚0.22釐米	
477	1196	竹	長4.6釐米，寬0.9釐米，厚0.19釐米	
478	1198	竹	長7.5釐米，寬0.6釐米，厚0.11釐米	
479	1199	竹	長4.4釐米，寬0.8釐米，厚0.17釐米	
480	1200	竹	長2.8釐米，寬0.9釐米，厚0.15釐米	
481	1201	竹	長4.1釐米，寬1.5釐米，厚0.18釐米	
482	1203	竹	長4釐米，寬1釐米，厚0.2釐米	
483	1204	竹	長4.2釐米，寬0.6釐米，厚0.29釐米	
484	1205	竹	長5.4釐米，寬0.8釐米，厚0.25釐米	
485	1206	竹	長3.9釐米，寬0.7釐米，厚0.11釐米	
486	1207	竹	長4.3釐米，寬0.7釐米，厚0.11釐米	
487	1208	竹	長4.5釐米，寬0.8釐米，厚0.15釐米	
488	1209	竹	長4.1釐米，寬0.6釐米，厚0.27釐米	
489	1211	竹	長3.3釐米，寬0.7釐米，厚0.13釐米	
490	1212	竹	長1.9釐米，寬0.8釐米，厚0.18釐米	
491	1213	竹	長2.3釐米，寬0.5釐米，厚0.26釐米	
492	1214	竹	長1.9釐米，寬0.5釐米，厚0.15釐米	
493	1215	竹	長2.7釐米，寬0.7釐米，厚0.14釐米	
494	1216	竹	長4.4釐米，寬0.8釐米，厚0.1釐米	
495	1217	竹	長3.7釐米，寬1釐米，厚0.19釐米	
496	1218	竹	長5.5釐米，寬0.9釐米，厚0.16釐米	
497	1219	竹	長6.3釐米，寬0.8釐米，厚0.13釐米	
498	1220	竹	長7.3釐米，寬0.7釐米，厚0.13釐米	
499	1221	竹	長7.0釐米，寬0.9釐米，厚0.15釐米	
500	1222	木	長5.9釐米，寬0.6釐米，厚0.25釐米	
501	1223	竹	長3.8釐米，寬0.8釐米，厚0.19釐米	
502	1224	竹	長4.4釐米，寬1.1釐米，厚0.26釐米	
503	1225	竹	長4.3釐米，寬1.2釐米，厚0.22釐米	
504	1226	竹	長3.1釐米，寬0.5釐米，厚0.09釐米	
505	1227	竹	長2釐米，寬0.5釐米，厚0.16釐米	
506	1228	竹	長4.3釐米，寬0.8釐米，厚0.09釐米	
507	1229	竹	長4釐米，寬0.7釐米，厚0.11釐米	

卷内號	原始簡號	材質	尺寸	備注
508	1230	竹	長 3.3 釐米，寬 0.9 釐米，厚 0.12 釐米	
509	1231	竹	長 4.4 釐米，寬 0.7 釐米，厚 0.16 釐米	
510	1232	竹	長 6 釐米，寬 0.8 釐米，厚 0.11 釐米	
511	1233	竹	長 6.4 釐米，寬 0.8 釐米，厚 0.25 釐米	
512	1234	竹	長 2.9 釐米，寬 0.9 釐米，厚 0.19 釐米	
513	1235	竹	長 3.1 釐米，寬 0.7 釐米，厚 0.12 釐米	
514	1237	竹	長 4.5 釐米，寬 0.7 釐米，厚 0.13 釐米	
515	1238	竹	長 6.1 釐米，寬 0.7 釐米，厚 0.15 釐米	
516	1239	竹	長 5.9 釐米，寬 0.8 釐米，厚 0.17 釐米	
517	1241	竹	長 4.3 釐米，寬 0.7 釐米，厚 0.19 釐米	
518	1242	竹	長 4.9 釐米，寬 0.8 釐米，厚 0.17 釐米	
519	1243	竹	長 5 釐米，寬 0.8 釐米，厚 0.1 釐米	
520	1244	竹	長 5.4 釐米，寬 0.9 釐米，厚 0.14 釐米	
521	1245	竹	長 5.4 釐米，寬 0.9 釐米，厚 0.11 釐米	
522	1246	竹	長 4.9 釐米，寬 0.6 釐米，厚 0.21 釐米	
523	1247	竹	長 6.5 釐米，寬 0.9 釐米，厚 0.18 釐米	
524	1248	竹	長 6.3 釐米，寬 0.7 釐米，厚 0.16 釐米	
525	1249	竹	長 6.7 釐米，寬 0.5 釐米，厚 0.15 釐米	
526	1250	竹	長 3.9 釐米，寬 0.8 釐米，厚 0.13 釐米	
527	1251	竹	長 3.4 釐米，寬 1 釐米，厚 0.18 釐米	
528	1253	竹	長 2.9 釐米，寬 0.9 釐米，厚 0.15 釐米	
529	1254	竹	長 2.3 釐米，寬 1.1 釐米，厚 0.18 釐米	
530	1255	竹	長 8 釐米，寬 0.6 釐米，厚 0.13 釐米	
531	1256	竹	長 7.3 釐米，寬 0.9 釐米，厚 0.15 釐米	
532	1257	竹	長 6.2 釐米，寬 0.7 釐米，厚 0.11 釐米	
533	1258	竹	長 7.7 釐米，寬 0.7 釐米，厚 0.12 釐米	
534	1259	竹	長 6.3 釐米，寬 0.8 釐米，厚 0.22 釐米	
535	1260	竹	長 6.6 釐米，寬 0.8 釐米，厚 0.17 釐米	
536	1261	竹	長 4.4 釐米，寬 0.6 釐米，厚 0.12 釐米	
537	1262	竹	長 4.2 釐米，寬 0.6 釐米，厚 0.1 釐米	
538	1262-1	竹	長 3.3 釐米，寬 0.5 釐米，厚 0.1 釐米	
539	1264	竹	長 2.9 釐米，寬 0.6 釐米，厚 0.17 釐米	
540	1266	竹	長 3.5 釐米，寬 0.5 釐米，厚 0.15 釐米	
541	1267	竹	長 2.6 釐米，寬 1.5 釐米，厚 0.17 釐米	
542	1268	竹	長 12 釐米，寬 1.6 釐米，厚 0.21 釐米	
543	1269	竹	長 14.2 釐米，寬 1.4 釐米，厚 0.18 釐米	
544	1271	竹	長 17.9 釐米，寬 1.5 釐米，厚 0.21 釐米	
545	1272	竹	長 21.4 釐米，寬 1.5 釐米，厚 0.2 釐米	
546	1273	竹	長 5 釐米，寬 1.1 釐米，厚 0.15 釐米	
547	1274	竹	長 4.5 釐米，寬 1.2 釐米，厚 0.15 釐米	
548	1276	竹	長 6.4 釐米，寬 1 釐米，厚 0.17 釐米	
549	1277	竹	長 8.6 釐米，寬 1.4 釐米，厚 0.28 釐米	
550	1278	竹	長 8.5 釐米，寬 1.5 釐米，厚 0.12 釐米	
551	1280	竹	長 11.5 釐米，寬 1.5 釐米，厚 0.16 釐米	
552	1281	竹	長 5.2 釐米，寬 1.3 釐米，厚 0.23 釐米	
553	1283	竹	長 7.3 釐米，寬 1.8 釐米，厚 0.23 釐米	
554	1284	竹	長 8.1 釐米，寬 1.7 釐米，厚 0.24 釐米	
555	1286	竹	長 8.8 釐米，寬 1.2 釐米，厚 0.2 釐米